高等职业教育智能制造领域人才培养系列教材
高等职业教育机电类专业立体化系列教材

工业机器人工作站技术及应用

主编　王　冰　于　磊
参编　王海玲　王存雷　刘振昌　张桂英

机械工业出版社

本书根据工业机器人行业发展趋势，从生产实际出发，以实际操作流程为主线，对雕刻、去毛刺、焊接三种典型的工业机器人工作站进行介绍，主要内容包括机器人工作站的结构组成、特点、技术参数和具体应用案例，可操作性强。

本书适合高等职业院校工业机器人技术，以及电气自动化技术、机电一体化技术和工业过程自动化技术等专业的学生使用，也可作为从事工业机器人应用开发、调试与现场维护的工程技术人员的培训教材。

本书配有电子课件，凡使用本书作为教材的教师可登录机械工业出版社教育服务网 www.cmpedu.com 注册后下载。咨询电话：010-88379375。

图书在版编目（CIP）数据

工业机器人工作站技术及应用 / 王冰，于磊主编 . —北京：机械工业出版社，2022.6

高等职业教育智能制造领域人才培养系列教材　高等职业教育机电类专业立体化系列教材

ISBN 978-7-111-70455-3

Ⅰ . ①工…　Ⅱ . ①王…　②于…　Ⅲ . ①工业机器人 – 工作站 – 高等职业教育 – 教材　Ⅳ . ① TP242.2

中国版本图书馆 CIP 数据核字（2022）第 050848 号

机械工业出版社（北京市百万庄大街 22 号　邮政编码 100037）

策划编辑：薛　礼　　　　责任编辑：薛　礼　刘良超　杜丽君

责任校对：张晓蓉　张　薇　封面设计：张　静

责任印制：常天培

天津翔远印刷有限公司印刷

2022 年 7 月第 1 版第 1 次印刷

184mm × 260mm · 11.5 印张 · 267 千字

标准书号：ISBN 978-7-111-70455-3

定价：40.00 元

电话服务　　　　　　　　　　网络服务

客服电话：010-88361066　机　工　官　网：www.cmpbook.com

010-88379833　机　工　官　博：weibo.com/cmp1952

010-68326294　金　　书　　网：www.golden-book.com

机工教育服务网：www.cmpedu.com

前言
PREFACE

近年来，随着工业 4.0 及中国制造 2025 等概念的持续推进，我国工业机器人产业得到了较好的发展。国内工业机器人市场从最早的被国外品牌垄断，到现在国产工业机器人能在国内市场占有超过 30% 的市场份额，发生了很大变化。

工业机器人作为一种高科技集成装备，对专业人才有着多层次的需求。其中，需求量大的是基础操作及维护人员、掌握基本工业机器人应用技术的调试工程师和更高层次的应用工程师。工业机器人专业人才的培养要更加着力于应用型人才的培养。

为了适应机器人行业发展的趋势，满足从业人员学习机器人技术相关知识的需求，我们从生产实际出发编写了本书，主要介绍了工业机器人典型工作站组成及其应用案例，以期给从业人员和高等职业院校相关专业的师生提供实用性指导与帮助。本书特色如下：

1）内容精炼，实用性较强，符合高职、高专学生未来工作岗位的基本要求。

2）选用应用最多的 ABB 机器人为对象，针对性较强。

3）选用雕刻、去毛刺、焊接等典型的工业机器人工作站为介绍对象，素材选择上具有代表性。

4）采用项目化、任务驱动设计，示例素材来自教学一线的最新实用案例，新颖、简单、实用。

5）每个案例以实际操作流程为主线，思路清晰、图文并茂、简单易懂，可操作性强。

本书由王冰、于磊主编，王海玲、王存雷、刘振昌、张桂英参编。王冰、王海玲负责编写项目一，于磊、王存雷负责编写项目二，王冰、刘振昌、张桂英负责编写项目三。

由于编者水平所限，书中不足之处在所难免，恳请广大读者给予批评指正。

编　者

二维码索引

（续）

名称	二维码	页码	名称	二维码	页码
工业机器人去毛刺实训工作站		64	去毛刺工作站编写例行程序		78
认识工业机器人去毛刺		64	去毛刺工作站编写主程序 main		82
去毛刺工作站的启动及关闭		72	去毛刺 RobotArt 创建程序		85
简单路径工件的去毛刺 - 建立工具坐标系		76	加载程序执行去毛刺任务		97
简单路径工件的去毛刺 - 建立工件坐标系		76	工业机器人焊接实训工作站		101
去毛刺工作站建立 RAPID 程序构架		76	初识工业机器人焊接		101
去毛刺工作站建立程序数据		78	焊接实训工作站的基本操作		111

目录
CONTENTS

项目一　工业机器人雕刻实训工作站

> **项目描述**

基于对雕刻概念的理解，了解工业机器人雕刻的特点和分类。在此基础上，熟悉工业机器人雕刻实训工作站的主要组成和技术参数，并进一步掌握应用雕刻实训工作站进行雕刻的操作步骤。

工业机器人雕刻实训工作站

> **学习目标**

1）了解雕刻的概念。

2）了解工业机器人雕刻的特点及优势。

3）熟悉雕刻的分类。

4）了解雕刻实训工作站的主要组成。

5）熟悉雕刻实训工作站的主要技术参数。

6）掌握工业机器人系统 ABB IRB 2600 的组成与主要技术参数。

7）熟悉雕刻加工组件中电主轴和刀具的特点。

8）掌握应用雕刻实训工作站进行雕刻的方法。

任务一　认识工业机器人雕刻

认识工业机器人雕刻

雕刻是我国历史悠久的一门传统手工艺术，在历史文明发展的过程中占据着非常重要的位置。但是，传统手工雕刻费时费力，雕刻失误频率高；工业机器人雕刻能方便、快捷地在各种材质上雕刻出逼真、精致、耐久的二维图形或三维立体浮雕。与传统手工雕刻相比，工业机器人雕刻具有精度高、质量稳定，编程方便，灵活性强等特点。

1. 工业机器人雕刻概述

中国古代的建筑、家具及室内装饰中，大都会有一些精美的雕刻饰品和图案，这些传统的雕刻艺术品饱含了雕刻大师高超的技艺和文化底蕴，具有精湛的加工工艺并蕴含着深厚的文化内涵，具有极高的艺术欣赏价值和深刻的文化寓意，表达着当时人们的思想和情趣，对美好生活的愿望和追求。

传统手工雕刻，如图 1-1 所示，费时费力且失误频率高，每个雕刻产品的质量也不稳定，一点小的疏漏都会对雕刻产品整体外观造成影响，十分依赖工人经验与技巧。传统手工雕刻的环境恶劣，空气中含有大量粉尘以及刺鼻的味道，严重影响工人的身体健康且存在一定的安全隐患。因此，可采用图 1-2 所示的工业机器人雕刻的方法解决此问题。

雕刻工业机器人是 CAD/CAM 一体化的典型产品，运用多轴联动控制、轨迹插补、离线编程等机器人相关技术，可应用于模具（如轮胎模具）、图文雕刻、广告标志和工艺美术制作等。图 1-3 所示为工业机器人雕刻过程，工业机器人雕刻系统分为三个模块：

1）规划模块：根据雕刻的任务要求生成相应的运动轨迹。

2）控制模块：控制机器人运行速度，调整雕刻时切削力的大小。

3）执行模块：输出机器人实际雕刻时的运动轨迹和雕刻力。

为了使工业机器人在雕刻作业中能够更安全、更流畅地完成任务，操作人员应该根据雕刻任务的特点用最简单、最直观的方式去描述待雕刻任务。将雕刻轨迹转化成连续的位置与姿态，机器人通过对这些输入量的读取，完成机器人的雕刻任务。在研究工业机器人的某些控制算法时，还需要加入雕刻时的速度或者加速度等作为参考量。简单言之，雕刻时轨迹规划就是以输入量为雕刻模型，输出量为机器人的运动轨迹，机器人根据生成的轨迹点完成点对点的运动。

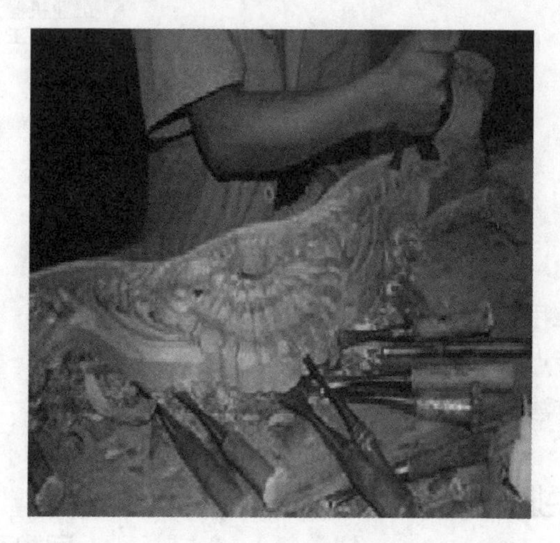

图 1-1　传统手工雕刻

图 1-2　工业机器人雕刻

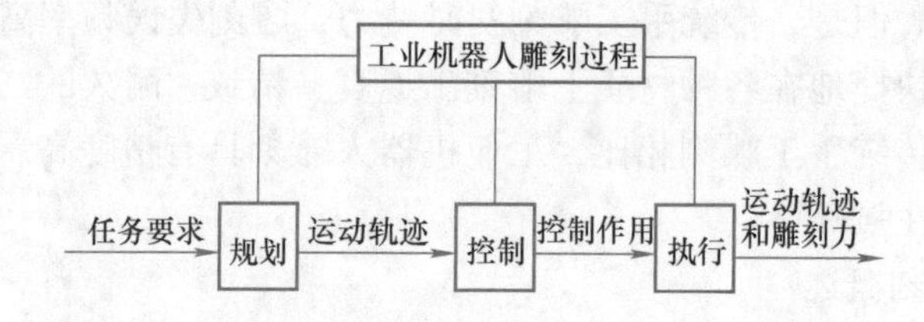

图 1-3　工业机器人雕刻过程

2. 雕刻的分类

（1）根据工业机器人雕刻方式的不同分类　根据工业机器人雕刻方式的不同，雕刻可以分为恒切削力雕刻和定进给雕刻。

1）恒切削力雕刻是指控制雕刻切入压力为恒定值的雕刻方式，即控制机器人末端铣刀对工件的压力为恒定值。

2）定进给雕刻是指控制雕刻切入进给速度为恒定值的雕刻方式，即控制垂直于工件表面的雕刻切入进给速度为恒定值。

在恒切削力雕刻方式下，雕刻加工的质量很大程度上取决于雕刻加工时的法向压力能否保持恒定，而在实际情况下，机器人受外界环境的扰动，雕刻时根本无法将雕刻力保持为恒定值，所以在实际操作过程中只要保持雕刻力在一定范围内波动即可。

（2）根据雕刻技术的不同分类　根据雕刻技术的不同，雕刻可以分为沉雕、圆雕、浮雕和透雕等。

1）沉雕。沉雕又称线刻、阴刻、阴雕，类似于印章中阴刻的雕刻方法，是一种雕刻图案形象凹下，低于木材平面的一种雕刻装饰方法。其工艺相对容易，以雕刀的切削刃来雕刻图案花纹。沉雕雕刻以刀代笔，讲究刀法，雕刻出来的图案线条优美、自然。雕刻时应根据材料板面的大小，进行周密的构思，意在刀前，画面忌大面积的“满花”，强调留白，效果类似于传统中国画中的写意表现手法，其性质接近于中国绘画，意境也追求像国画一样强调空灵的感觉。

沉雕易于表现图案物体的外形，雕刻凹下去的线条与原料平滑的表面形成很鲜明的对比，有增强图案形状的装饰效果，通常具有很强的表现力，能使人产生一种美感。沉雕对于花纹的刻画和形象的勾勒有着较强的表现作用，可以雕刻纹理，表现景物的美感，多出现在各类板式结构构件（如箱、床、柜及屏风等）和古建筑构件（如围屏、门等），用以雕刻类似绘画形式的梅、兰、竹、菊等题材的图案，如图 1-4 所示。

2）圆雕。圆雕又称立体雕，是一种三维空间的立体造型雕刻，即传统的混雕技术，是完全立体的仿真实物雕刻手法，雕刻的作品前后左右各面均须具备实体画面，可不依附于任何背景，使观赏者可以在作品四周进行观赏，具有三维的立体雕刻效果。圆雕的木雕作品形态可随着人们观赏视线的移动而变化，每个角度均能体现出实体画面，且皆呈现出完美的立体感，表现出不同的形象。

图 1-4　沉雕雕刻作品

圆雕工艺在雕刻造型上基本分为两种。一种是独立的、浑厚的圆雕造型风格，它不属于任何一种产品的附属部件或装饰配件，而是手工艺人根据木材的自然风貌和形状来塑造形体，因势造型。其作品的最大特点是能够显示出体积感、浑厚感和对空间的占据感，如单体的人物、动物等多适用圆雕技法。另一种是虚实相间的圆雕，又称“半圆雕”，这种雕刻方法既有整体的造型，又穿插着变化各异、大小不同的镂空形态，进而形成虚与实、有与无的空间变化，其作品不仅占据着一定的空间，而且也充满着灵气和活力，这一类造型多适于装饰性的木雕构件，如在建筑木雕构件中的撑拱、垂花等部位多是利用圆雕的表现手法来使产品形象刻画饱满而又灵透。

利用圆雕技法可以增强木雕作品图案的装饰效果，提高被装饰作品的审美价值和艺术价值。其用料多是天然的圆柱形或开料后的方形木料，还可以用木料拼接的方式。作品多取材于人物、动物和植物，而且多以艺术性较强的、具欣赏性的摆件居多。图 1-5 所示为圆雕贴金箔木雕狮子摆件。

图 1-5　圆雕贴金箔木雕狮子摆件

3）浮雕。浮雕在传统工艺中又称剔地雕，通常指在平面上的浮凸图案，即在材料平面上剔除花形以外的木质，使表现的图案花样形象凸显出来，是传统木雕中最基本、最常用的雕刻技法，也是广式木雕中用得较多的表现技法。浮雕是在古建筑木雕中运用最广的一种艺术形式，如门窗、厅堂隔扇的裙板、天花板及梁柱等，多适宜运用此种艺术形式进行雕刻加工装饰。

从某种意义上来说，浮雕与圆雕有一些相似之处，但它是介于三维空间与二维平面之间的一种中间形式，是将雕刻形体的高度根据需要按一定比例进行了压缩，至于压缩多少，则根据浮雕的高度而定。浮雕一般分为浅浮雕和深浮雕两种形式：如果表现对象各部分的压缩体形凹凸不足圆雕的 1/2 时，称为浅浮雕；如果表现对象各部分的压缩体形凹凸超过圆雕的 1/2 时，则称为深浮雕。图 1-6 和图 1-7 所示分别为浅浮雕和深浮雕雕刻作品。

图 1-6 浅浮雕雕刻作品

图 1-7 深浮雕雕刻作品

4）透雕。透雕又称通雕、镂空雕、镂雕等，是以雕刻刀在一块平整的木板或其他形状木料上雕刻景物，木板（木料）其他部分镂通。透雕是在浮雕、镂空刻等基础上发展起来的，介于圆雕和浮雕之间的一种特殊工艺技法，即镂空、雕空、挖空，刻意去掉形象之外的部分，使作品雕刻具有通透、灵动的空间感，其画面可以多层次地镂通、重叠，所以透雕的内容有很大的包容性，如图 1-8 所示。

透雕取圆雕、浮雕、阴雕及绘画的某些长处，将其融会成一种独特的形式。透雕需要将材料刻穿，造成上下左右的穿透，然后再做剔地刻或线刻，其层次的多少，视材质和刻画工艺水平而定。画面可以多层次地镂通，少则二三层，多则四五层，超过七层者极少见。

图 1-8 透雕雕刻作品

（3）根据雕刻材料的不同分类　根据雕刻材料的不同，雕刻可以分为木雕、石雕、雪雕、冰雕、沙雕、铜雕等。

（4）根据环境和功能的不同分类　根据环境和功能的不同，雕刻可以分为城市雕刻、园林雕刻、室内雕刻、室外雕刻、案头雕刻、架上雕刻等。

任务二　认识工业机器人雕刻实训工作站

目前已有不少厂家研发了各种工业机器人雕刻工作站，本书将选用华航唯实的工业机器人雕刻实训工作站（以下简称雕刻实训工作站）为例来进行讲解。

1. 雕刻实训工作站的组成

雕刻实训工作站是实现雕刻加工的实训平台，利用工业机器人配合电主轴和工装对零件进行加工，特别适合针对木材等完成个性化雕刻加工，借助 RobotArt 软件的轨迹生成和自定义曲线功能，可以充分发挥想象力，个性化地加工所设计的图案（图 1-9），同时也可利用 CAM 软件生成复杂图形或立体模型的加工程序代码，通过 RobotArt 软件自动转化为工业机器人轨迹信息，实现立体模型雕刻。

图 1-9　木板图案雕刻作品

雕刻实训工作站的构成如图 1-10 所示，它由工业机器人系统、雕刻加工组件、安全防护组件及配套设备构成。工业机器人系统包括工业机器人本体（ABB IRB 2600）、工业机器人控制柜、示教器和底座。雕刻加工组件包括电主轴、合金刀具、工作台及夹具。配套设备包括工业吸尘器和电气控制柜。

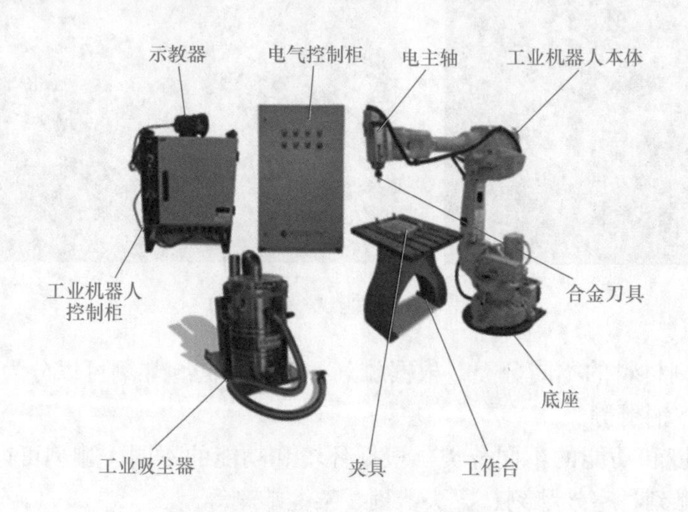

图 1-10　雕刻实训工作站的构成

雕刻实训工作站以真实工厂雕刻产品的制作要求为基础，采用先进工业机器人技术、离线编程与仿真技术，结合多种雕刻作业工艺，搭建了雕刻机器人系统。本雕刻机器人工作站功能模块齐全，具有高灵活性、高精准度、编程方便、作业空间大等特点，可以作为学习机器人雕刻编程与调试技术的实训平台。

2. 工业机器人系统

雕刻实训工作站采用型号为 ABB IRB 2600 的六自由度工业机器人，工业机器人系统由工业机器人本体、工业机器人控制柜、示教器和底座组成，如图 1-11 所示。底座采用碳素钢材质，结构坚固稳定，通过螺栓固定在地面上；工业机器人本体安装在底座上，通过螺钉固定。

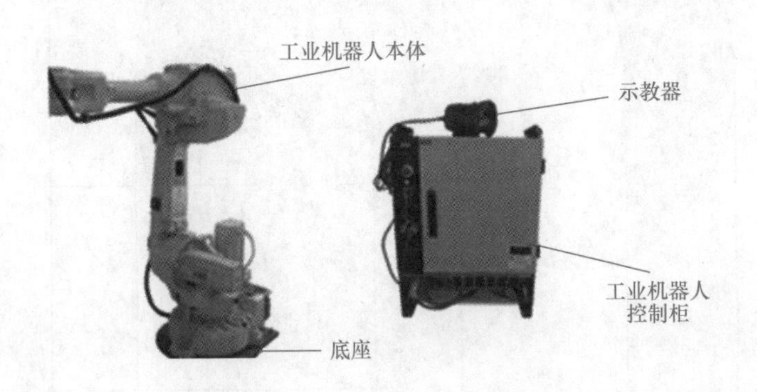

图 1-11　工业机器人系统组成

（1）工业机器人本体　ABB IRB 2600 型工业机器人本体采用六个自由度的关节手臂，该机型机身紧凑，负载能力强，适合弧焊、物料搬运、上下料等目标应用。它还提供三种子型号，可灵活选择落地、壁挂、支架、斜置、倒装等安装方式。雕刻过程是工业机器人六个关节协同作用使末端铣刀按照生成轨迹进行运动的过程，在雕刻过程中工业机器人的最优姿态需根据当前环境以及加工对象精度要求调整。而在实际操作过程中，应注意当雕刻轨迹中某相邻两点之间的姿态变化过大时，随着机器人姿态的调整，铣刀的高速运动是否会损害工件，这在机器人多轴雕刻中尤为重要。ABB IRB 2600 型工业机器人的技术参数见表 1-1，其工作范围如图 1-12 所示。

表 1-1　ABB IRB 2600 型工业机器人的技术参数

技术参数		说　明		
机器人版本		ABB IRB 2600-20/1.65	ABB IRB 2600-12/1.65	ABB IRB 2600-12/1.85
工作范围 /m		1.65	1.65	1.85
负载能力 /kg		20	12	12
手臂负载 /（N·m）	轴 4 和轴 5	36.3	21.8	21.8
	轴 6	16.7	10	10
轴数		6 轴 +3 外轴（配备 MultiMove 功能最多可达 36 轴）		
重复定位精度 /mm		0.04		
防护		标配 IP67；可选配铸造专家 2 代		
安装方式		落地、壁挂、支架、斜置、倒装		
控制器类型		IRC5 单柜型、IRC5 双柜型		

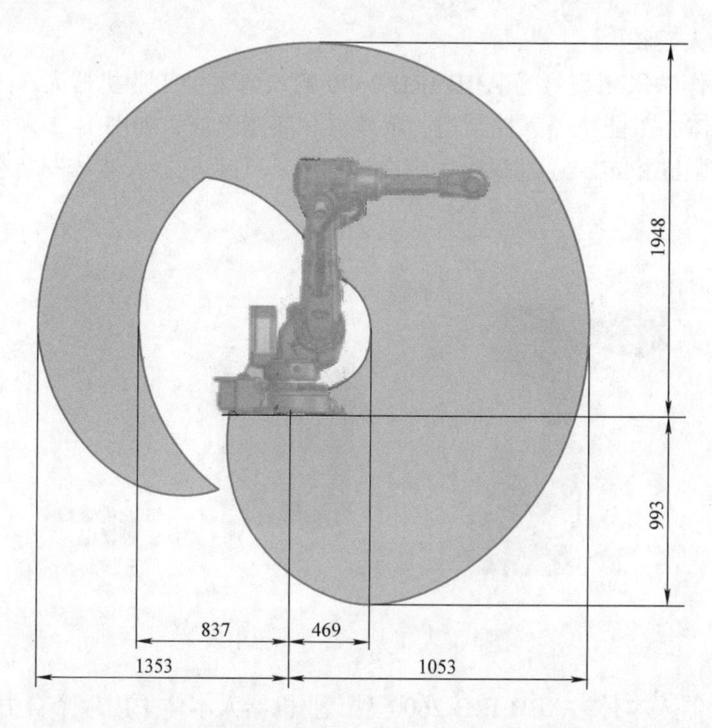

图 1-12　ABB IRB 2600 型工业机器人工作范围（单位：mm）

（2）控制柜与示教器　该雕刻实训工作站的控制柜 IRC5 如图 1-13 所示，它结构紧凑，功能强大，是 ABB 公司研发的一款专门用于机器人操作的控制器。它通过以太网连接、串口连接、USB 连接的方式完成信息的交互，操作人员可直接使用示教器对机器人运动进行控制。示教器 FlexPendant 如图 1-14 所示。机器人信号的连接必须使用屏蔽电缆，屏蔽的方式可以通过两端接地来进行。

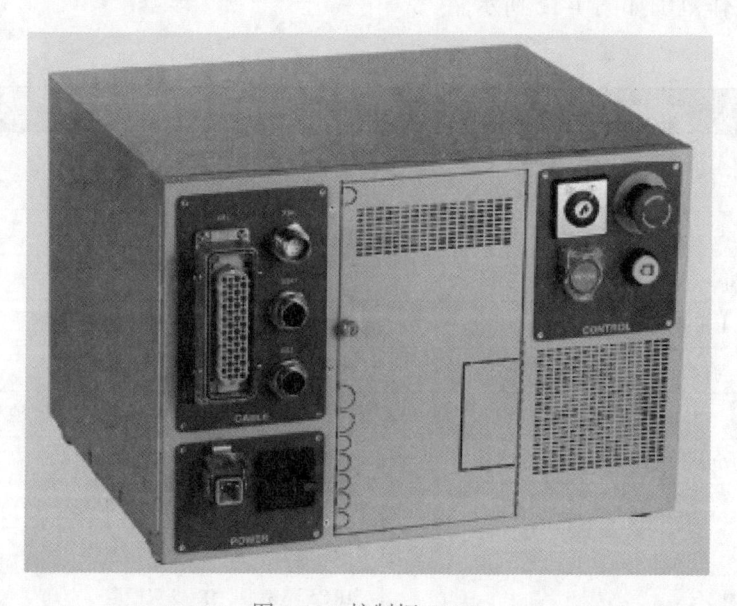

图 1-13　控制柜 IRC5

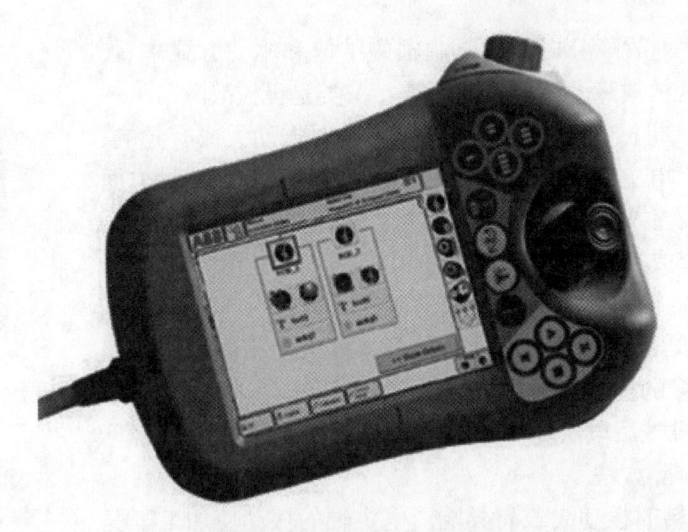

图 1-14 示教器 FlexPendant

示教器的工作模式分为自动模式和手动模式。在自动模式下，机器人的运动轨迹完全由程序控制，在相对封闭的空间里，机器人高速运动完成指定任务；在手动模式下，机器人的运动通过示教器控制，以手动的方式将机器人运行到指定位置去完成轨迹示教、坐标标定等工作，其中机器人有 Joint、Frame、Tool、Point 四种运动模式。

3. 雕刻加工组件

雕刻加工组件由电主轴、变频器、合金刀具、工作台及夹具组成。

（1）电主轴

1）电主轴概述。电主轴是近几年在数控机床领域出现的将机床主轴与主轴电动机融为一体的新技术。高速数控机床主传动系统取消了带传动和齿轮传动。机床主轴由内装式电动机直接驱动，从而把机床主传动链的长度缩短为零，实现了机床的“零传动”。这种主轴电动机与机床主轴“合二为一”的传动结构型式，使主轴部件从机床的传动系统和整体结构中相对独立出来，因此可做成主轴单元，又称电主轴（Electric Spindle/Motor Spindle）。

电主轴具有结构紧凑、自重轻、惯性小、振动小、噪声低、响应快、转速高、功率大等优点，且它简化了机床设计，易于实现主轴定位，是高速主轴单元中的一种理想结构。

对于电主轴产品的型号，不同生产厂家的命名规则会略有不同。例如，本雕刻实训工作站中用到的电主轴为韩国 AY 的 GDZ93X82-2.2 型号，其含义如下：

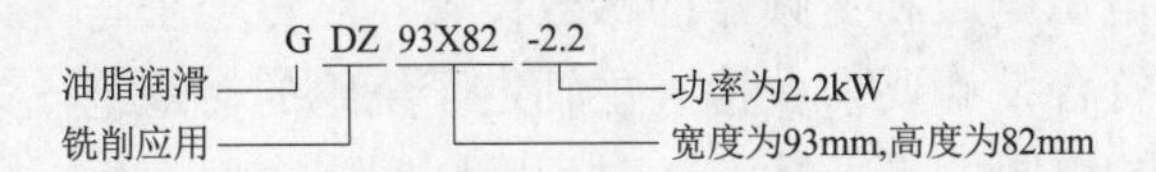

在本雕刻实训工作站中，电主轴为机器人末端加载的执行器，安装合金刀具来完成对雕刻毛坯料的铣削加工。图 1-15 所示为本设备所选用的电主轴，其主要性能参数见表 1-4 中的电主轴部分。

2）电主轴常见故障分析。从电主轴的结构和驱动方式来看，电主轴使用中出现的故障大致能分为两类：一类是机械故障，另一类则是电气故障。机械故障主要有电主轴运转时振动大或有异响、电主轴密封泄漏、电主轴发热严重、电主轴抱死以及其他机械方面的故障；电气故障主要有电主轴起动困难、电主轴升速或减速慢、电主轴出现过电流或过电压现象以及其他电气方面的故障。

图 1-15　电主轴

虽然根据电主轴发生故障时出现的现象将故障分为机械和电气两大类，但是实际遇到的问题可能是多个故障互相作用而引起的，不过机械故障的检测相对比电气故障更容易，所以在排除故障时，可以按先机械后电气的顺序。下面介绍电主轴的几种常见故障分析及故障排除方法。

① 电主轴运转时振动大或有异响。电主轴的振动使加工工况不稳定，影响加工精度。主轴振动或异响的原因有：主轴动不平衡量过大、轴承安装精度低或轴承已经磨损损坏、轴承预载荷过小、电动机转子与定子同轴度太差导致气隙不均匀等。

故障排除：对于只出现振动大而没有异响现象的主轴，可先对主轴重新做动平衡检测，如果重新调整动平衡后仍无改善，则需要拆卸主轴对轴承座、机体、轴芯等零件做尺寸精度检测，然后更换轴承，重新装配调试。

② 电主轴发热严重。电主轴运转时主要的热量来源有内装电动机发热、轴承转动发热以及加工切削热等。因此，主轴发热的原因有冷却水路堵塞、不通畅，选用了低等级精度的轴承、安装配合过紧，轴承预载荷太大，轴承磨损损坏，电动机电流过大，加工进刀量过大等。

故障排除：检查并疏通冷却水路；复查装配过程记录，检查轴承的精度等级、配合公差和预载荷是否合适；检查电动机三相电阻是否平衡，耐电压测试是否通过，变频器参数设置是否正确；控制加工进刀量。

③ 电主轴起动困难。电主轴起动困难的原因有插头接触不良或没有接通，变频器功率太小，变频器参数设置错误，电动机定子引出线接线错误或定子绕组损坏等。大多数情况下，电主轴起动困难的原因都是电动机定子出现问题。

故障排除：首先检查电主轴的接线是否正确，然后再确认变频器功率是否与主轴匹配，变频器的参数按使用说明书重新设置，最后再对电动机做三相电阻平衡检测、耐电压测试。

④ 电主轴出现过电流现象。电主轴出现过电流现象的原因有：电源电压太高；转子和定子的气隙过大；定子绕组匝间耐压性能不良，长期运转时匝间放电而导致击穿。

故障排除：检查电源电压和变频器的参数设置；测量定子与转子之间的气隙是否符合设计要求；检查主轴定子绕组的对地绝缘、耐电压测试和三相电阻的平衡状态，对于因匝间击穿而产生过电流的定子应改用漆皮较厚和耐电压性能更好的铜线。

（2）变频器　变频器安装在电气控制柜内，控制电主轴持续稳定地运转，如图 1-16 所示。该工作站采用的变频器与电主轴完全配套，无需过多参数设置，便于实施使用。

图 1-16　变频器

（3）合金刀具

1）合金刀具的分类：按工件加工表面的形式，合金刀具可分为以下五类。

① 外表面加工刀具，包括车刀、刨刀、铣刀、外表面拉刀和锉刀等，下面以铣刀为例进行详细介绍。

铣刀的旋转为主运动，工件或铣刀的移动为进给运动。铣刀可加工平面、台阶面、沟槽、成形面等，如图 1-17 所示。铣刀按用途的不同可以分为多种类型，如图 1-18 所示。

图 1-17 铣刀的加工类型

图 1-18 铣刀的类型

铣刀铣削的方式主要有周铣和端铣两种。

a. 周铣有逆铣和顺铣两种方式，如图 1-19 所示。顺铣切削厚度大，接触长度短，铣刀寿命长，加工表面光洁，但不宜加工带硬皮工件，且进给丝杠与螺母间应消除间隙。否则，应采用逆铣。

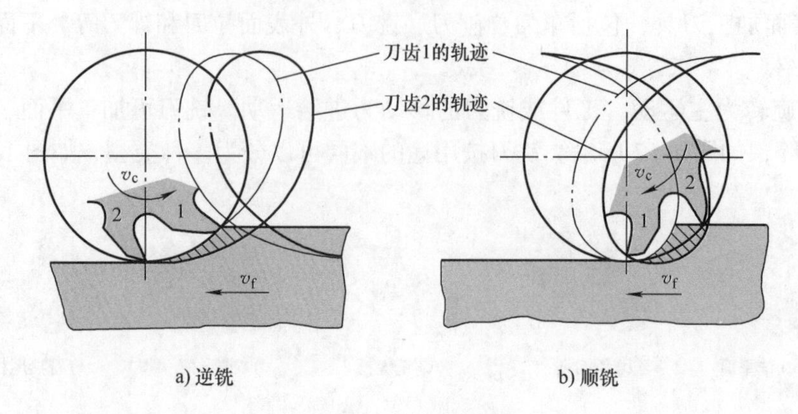

图 1-19　逆铣和顺铣

b. 端铣有对称铣与不对称逆铣、不对称顺铣三种方式，如图 1-20 所示。铣淬硬钢采用对称铣；铣碳钢和合金钢用不对称逆铣，减小切入冲击，延长刀具寿命；铣不锈钢和耐热合金用不对称顺铣。

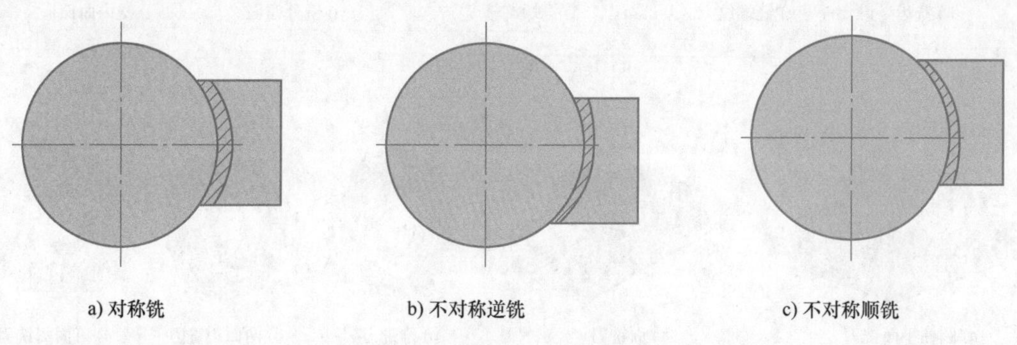

图 1-20　端铣的三种铣削方式

② 孔加工刀具，包括钻头、扩孔钻、镗刀、铰刀和内表面拉刀等。

③ 螺纹加工工具，包括丝锥、板牙、自动开合螺纹切头、螺纹车刀和螺纹铣刀等。

④ 齿轮加工刀具，包括滚刀、插齿刀、剃齿刀、锥齿轮加工刀具等。

⑤ 切断刀具，包括镶齿圆锯片、带锯、弓锯、切断车刀和锯片铣刀等。此外，还有组合刀具。

按切削运动方式和相应的切削刃形状，合金刀具又可分为以下三类。

① 通用刀具，如车刀、刨刀、铣刀（不包括成形车刀、成形刨刀和成形铣刀）、镗刀、钻头、扩孔钻、铰刀和锯等。

② 成形刀具，这类刀具的切削刃具有与被加工工件断面相同或类似的形状，如成形车刀、成形刨刀、成形铣刀、拉刀、圆锥铰刀和各种螺纹加工刀具等。

③ 展成刀具，这类刀具是用展成法加工齿轮的齿面或类似的工件，如滚刀、插齿刀、剃齿刀、锥齿轮刨刀和锥齿轮铣刀盘等。

2）合金刀具的结构：各种合金刀具的结构都由装夹部分和工作部分组成。整体结构刀具的装夹部分和工作部分都在刀体上；镶齿结构刀具的工作部分（刀齿或刀片）则镶装在刀体上。

① 刀具的装夹部分有带孔和带柄两类。带孔刀具依靠内孔套装在机床的主轴或心轴上，借助轴向键或端面键传递转矩，如圆柱形铣刀、套式面铣刀等。

带柄的刀具通常有矩形柄、圆柱柄和圆锥柄三种。车刀、刨刀等一般为矩形柄；圆锥柄靠锥度承受轴向推力，并借助摩擦力传递转矩；圆柱柄一般适用于较小的麻花钻、立铣刀等刀具，切削时借助夹紧时所产生的摩擦力传递扭矩。很多带柄的刀具的柄部用低合金钢制成，而工作部分则用高速工具钢把两部分对焊而成。

② 刀具的工作部分就是产生和处理切屑的部分，包括切削刃、使切屑断碎或卷拢的结构、排屑或存储切屑的空间、切削液的通道等结构要素。有的刀具的工作部分就是切削部分，如车刀、刨刀、镗刀和铣刀等；有的刀具的工作部分则包含切削部分和校准部分，如钻头、扩孔钻、铰刀、内表面拉刀和丝锥等。切削部分的作用是用切削刃切除材料，校准部分的作用是修光已切削的加工表面和引导刀具。

该工业机器人雕刻实训工作站提供的合金刀具如图 1-21 所示，刀柄直径为 6mm，刃径规格包括 ϕ2mm 和 ϕ6mm 两种。有立铣刀和球头铣刀两种铣刀，以满足铝合金、塑料、木材等材料的加工。

（4）工作台及夹具　工作台底座的尺寸为 600mm × 300mm × 660mm。工作台面的尺寸为 700mm × 500mm，厚度 40mm，包含通用 T 形槽。工作台及夹具如图 1-22 所示。

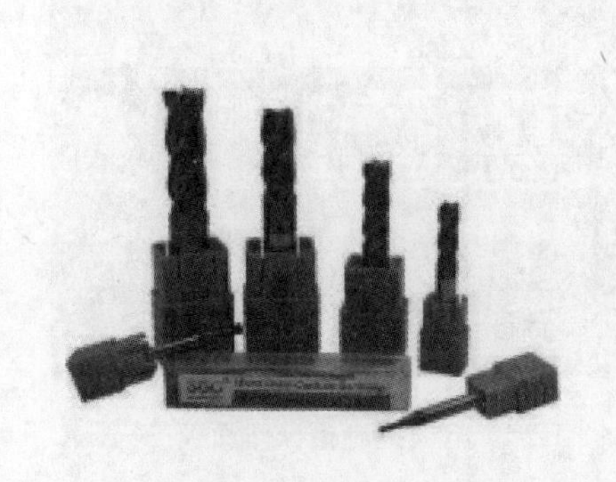

图 1-21　合金刀具

图 1-22　工作台及夹具

4. 安全防护组件

雕刻实训工作站配备有安全防护组件，包括安全防护栏与安全门、三色警报灯和安全门传感器，如图 1-23 所示，可将工作站主要设备与人实现物理隔离，保证作业时的安全性。安全门上装有安全门传感器，当安全门关闭时，安全门传感器会检测到门已经关闭。安全防护栏上配备有三色警报指示灯，当机器人处于手动模式时，三色警报灯的黄灯亮起，示意操作人员应注意安全；当机器人处于自动模式时，三色警报灯的绿灯亮起，示意系统运行正常；在自动模式下，当检测到有人进入工作站时，机器人会紧急停止，同时三色警报灯的红灯亮起、报警器报警，以保护操作人员的人身安全。

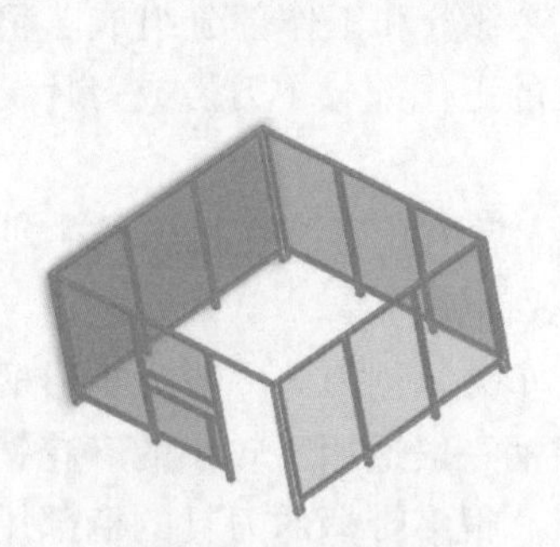

a) 安全防护栏与安全门

b) 三色报警灯

c) 安全门传感器

图 1-23　安全防护组件

5. 配套设备

该雕刻实训工作站配套设备包括工业吸尘器和电气控制柜。

1）工业吸尘器。工业吸尘器的主要功能是除去机器人雕刻过程中产生的切屑，如图 1-24 所示。工业吸尘器的开启和停止通过两个开关即可实现，其中黑色开关为开启，红色开关为停止。

2）电气控制柜。电气控制柜用来对工作站进行供电控制和运行控制，包括系统上电按钮、主轴上电按钮、除尘开关按钮、安全确认按钮、系统断电按钮、主轴断电按钮、报警复位按钮和紧急停止按钮。电气控制柜操作面板如图 1-25 所示，操作面板上各按钮的功能说明见表 1-2。

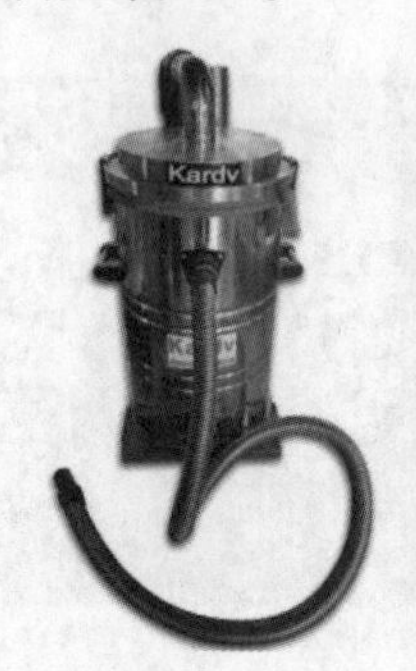

图 1-24　工业吸尘器

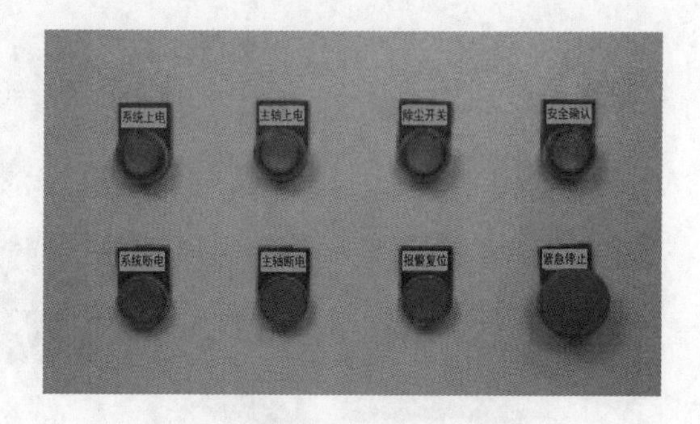

图 1-25　电气控制柜操作面板

表 1-2　操作面板上各按钮的功能

序号	按钮名称	功能介绍
1	系统上电	工业机器人雕刻实训工作站系统上电总开关
2	主轴上电	控制工业机器人雕刻实训工作站主轴上电
3	除尘开关	控制工业机器人雕刻实训工作站工业吸尘器上电和断电
4	安全确认	自动模式下安全门确认
5	系统断电	工业机器人雕刻实训工作站系统断电总开关
6	主轴断电	控制工业机器人雕刻实训工作站电主轴断电
7	报警复位	解除工业机器人雕刻实训工作站报警器报警状态
8	紧急停止	在出现危险情况下紧急停止工业机器人雕刻实训工作站的运行

3）易损件。雕刻实训工作站的硬件系统里有一些组件属于易损件，使用时需爱护，同时应准备好备件。该工作站的易损件清单见表 1-3。

表 1-3　易损件清单

序号	零件编号	零件名称	图　示
1	CHL-GY-13-A-PJ-01	合金刀具	
2	CHL-GY-13-A-PJ-02	雕刻毛坯料	
3	CHL-GY-13-A-PJ-03	夹具	

6. 雕刻实训工作站的技术参数

雕刻实训工作站的技术参数见表 1-4。

表 1-4　雕刻实训工作站的技术参数

序号	项　目	关键参数	备　注
1	电源规格	AC 380V/50Hz/20kW	过载保护、短路保护、漏电保护
2	工作环境温度	5～45℃	
3	工作相对湿度	最高为 80%	
4	整体尺寸	3000mm×3500mm×2000mm	
5	工业机器人本体	具有 6 个自由度，串联关节型工业机器人 工作范围为 1650mm 负载能力为 20kg 重复定位精度为 0.05mm	ABB IRB 2600-20/1.65
6	电主轴	额定功率为 2200W 额定转速为 18000r/min 额定电源电压为 220V，电流为 7A 频率为 300Hz 轴端连接尺寸为 ER20mm 采用油脂润滑 质量为 6kg	韩国 AY GDZ93X82-2.2

（续）

序号	项　目	关键参数	备　注
7	变频器	输入电压为单相 220V，电压波动范围为 −15%～20% 额定容量为 4kV · A 额定输入电流为 23A 额定输出电流为 9.6A 适配电动机功率为 2200W	韩国 AY
8	合金刀具	材质为硬质合金 刀柄直径为 ϕ6mm 刀具直径为 ϕ2mm、ϕ6mm	
9	工业吸尘器	电动机风量为 40L/s 桶容量为 80L 电动机功率为 1200W	
10	安全防护组件	铝合金框架结构，透明材质隔断 可将工作站主要设备与人实现物理隔离 包含安全门传感器 包含三色警报灯	

任务三　工业机器人雕刻实训工作站的安全注意事项及基本操作

雕刻工作站的安全注意事项及基本操作

1. 雕刻实训工作站安全操作注意事项

（1）常规安全注意事项　在操作工业机器人时需要注意的一些常规安全注意事项见表 1-5。

表 1-5　工业机器人操作安全注意事项

安全事项及警示图标	说　明
记得关闭总电源	在进行机器人的安装、维修、保养时切记要将总电源关闭。带电作业可能会产生致命性后果。如果不慎遭高压电击，可能会导致心跳停止、烧伤或其他严重伤害 在得到停电通知时，要预先关断机器人的主电源及气源 突然停电后，要在来电之前预先关闭机器人的主电源开关，并及时取下夹具上的工件
与机器人保持足够安全距离	在调试与运行机器人时，它可能会执行一些意外的或不规范的运动。并且，所有的运动都会产生很大的力量，严重伤害人员或损坏机器人工作范围内的机器设备。所以，要时刻警惕与机器人保持足够的安全距离
静电放电危险	静电放电（ESD）是电势不同的两个物体间的静电传导，它可以通过直接接触传导，也可以通过感应电场传导。搬运部件或部件容器时，未接地的人员可能会传递大量的静电荷。这一放电过程可能会损坏敏感的电子设备。所以在有此标识的情况下，要做好静电放电防护

（续）

安全事项及警示图标	说　明
紧急停止	紧急停止优先于任何其他机器人控制操作，它会断开机器人电动机的驱动电源，停止所有运转部件，并切断由机器人系统控制且存在潜在危险的功能部件的电源。出现下列情况时请立即按下任意紧急停止按钮： 机器人运行时，工作区域内有工作人员 机器人伤害了工作人员或损伤了机器设备
灭火	发生火灾时，在确保全体人员安全撤离后再进行灭火，应先处理受伤人员。当电气设备（例如机器人或控制器）起火时，使用 CO_2 灭火器，切勿使用水或泡沫灭火器

（2）工作中的安全

1）如果在保护空间内有工作人员，请手动操作机器人系统。

2）当进入保护空间时，请准备好示教器，以便随时控制机器人。

3）注意旋转或运动的工具，例如切削工具和锯。确保在接近机器人之前，这些工具已经停止运动。

4）注意工件和机器人系统的高温表面。机器人电动机长期运转后温度很高。

5）注意夹具并确保夹好工件。如果夹具打开，工件会脱落并导致人员伤害或设备损坏。夹具非常有力，如果不按照正确方法操作，也会导致人员伤害。机器人停机时，夹具上不应置物，必须空机。

6）注意液压、气压系统以及带电部件。即使断电，这些电路上的残余电量也很危险。

（3）示教器的安全

1）小心操作。不要摔打、抛掷或重击，这样会导致设备破损或故障。在不使用该设备时，将它挂到专门存放它的支架上，以防意外掉到地上。

2）示教器的使用和存放应避免被人踩踏电缆。

3）切勿使用锋利的物体（例如螺钉、刀具或笔尖）操作触摸屏。这样可能会使触摸屏受损。应用手指或触摸笔去操作示教器触摸屏。

4）定期清洁触摸屏。灰尘和小颗粒可能会挡住屏幕造成故障。

5）切勿使用溶剂、洗涤剂或擦洗海绵清洁示教器，应使用软布蘸少量水或中性清洁剂清洁。

6）没有连接 USB 设备时务必盖上 USB 端口的保护盖。如果端口暴露到灰尘中，会导致中断或发生其他故障。

（4）手动模式下的安全

1）在手动减速模式下，机器人只能减速操作。只要在安全保护空间之内工作，就应始终以手动速度进行操作。

2）在手动全速模式下，机器人以程序预设速度移动。手动全速模式仅用于所有人员都处于安全保护空间之外时，而且操作人必须经过特殊训练，熟知潜在的危险。

雕刻工作站的启动及关闭

（5）自动模式下的安全　自动模式用于在生产中运行机器人程序。在自动模式操作情况下，常规模式停止（GS）机制、自动模式停止（AS）机制和上级停止（SS）机制都将处于活动状态。

2. 雕刻实训工作站的启动及关闭

（1）启动雕刻实训工作站　启动雕刻工作站的操作步骤见表 1-6。

（2）系统关闭雕刻实训工作站　关闭雕刻工作站的操作步骤见表 1-7。

表 1-6　启动雕刻实训工作站的操作步骤

步骤	图　示	操作说明
1		打开电气控制柜，向上闭合设备电源开关
2		按下电气控制柜上的系统上电按钮
3		将控制器开关旋钮由 OFF 旋转至 ON 的位置

表 1-7　关闭雕刻实训工作站的操作步骤

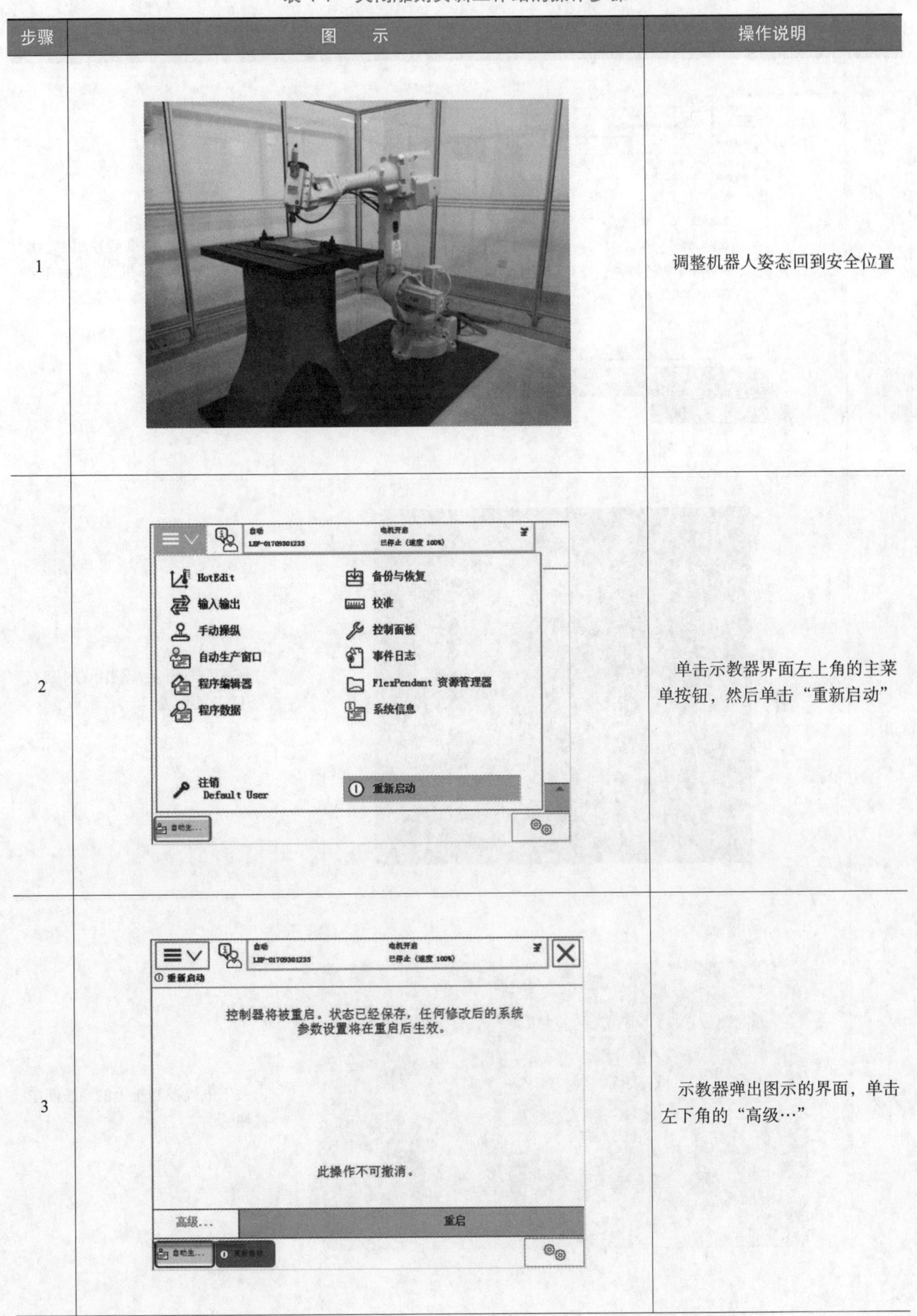

步骤	图　示	操作说明
1		调整机器人姿态回到安全位置
2		单击示教器界面左上角的主菜单按钮，然后单击“重新启动”
3		示教器弹出图示的界面，单击左下角的“高级…”

（续）

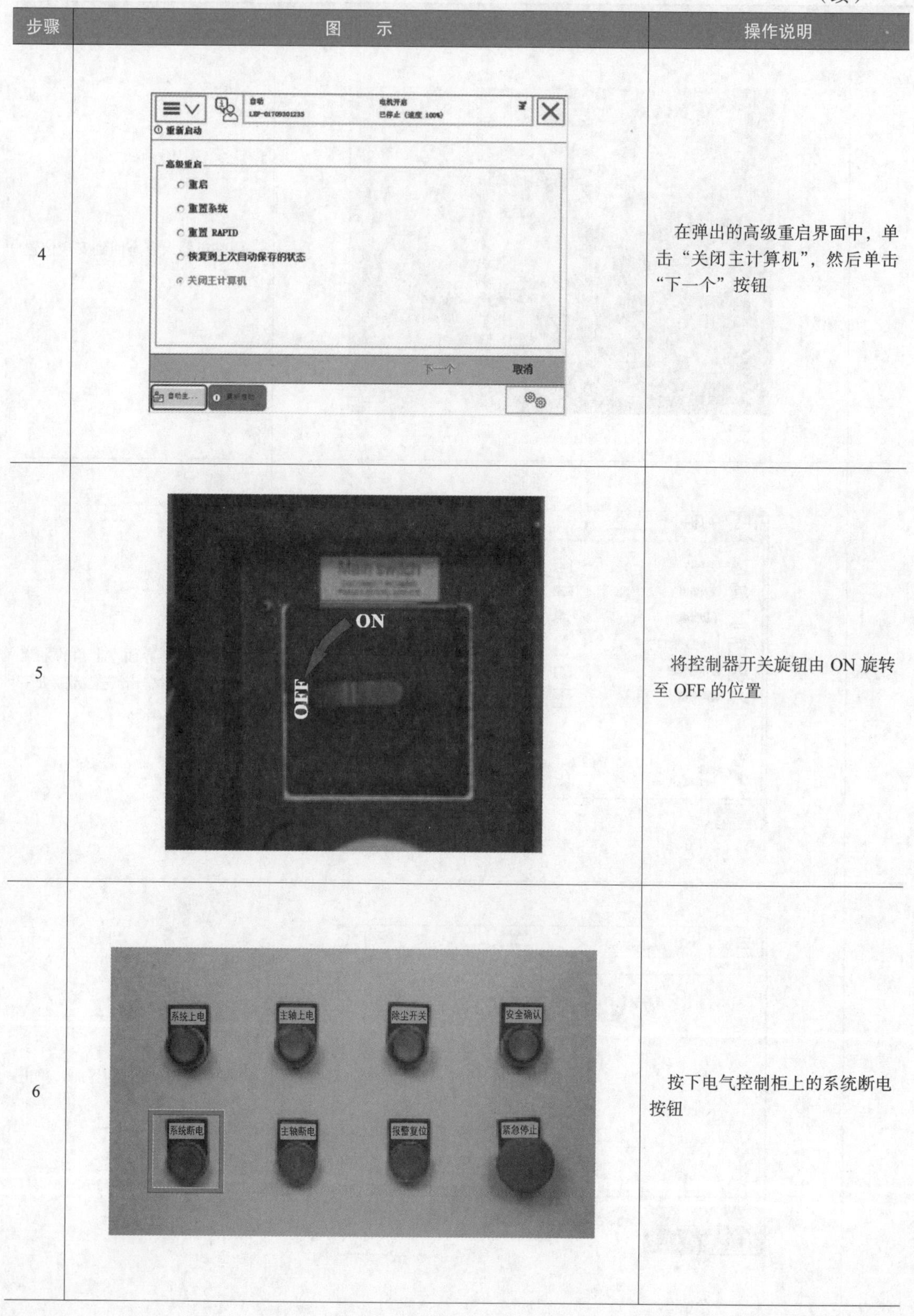

步骤	图　示	操作说明
4		在弹出的高级重启界面中，单击“关闭主计算机”，然后单击“下一个”按钮
5		将控制器开关旋钮由 ON 旋转至 OFF 的位置
6		按下电气控制柜上的系统断电按钮

（续）

步骤	图　示	操作说明
7	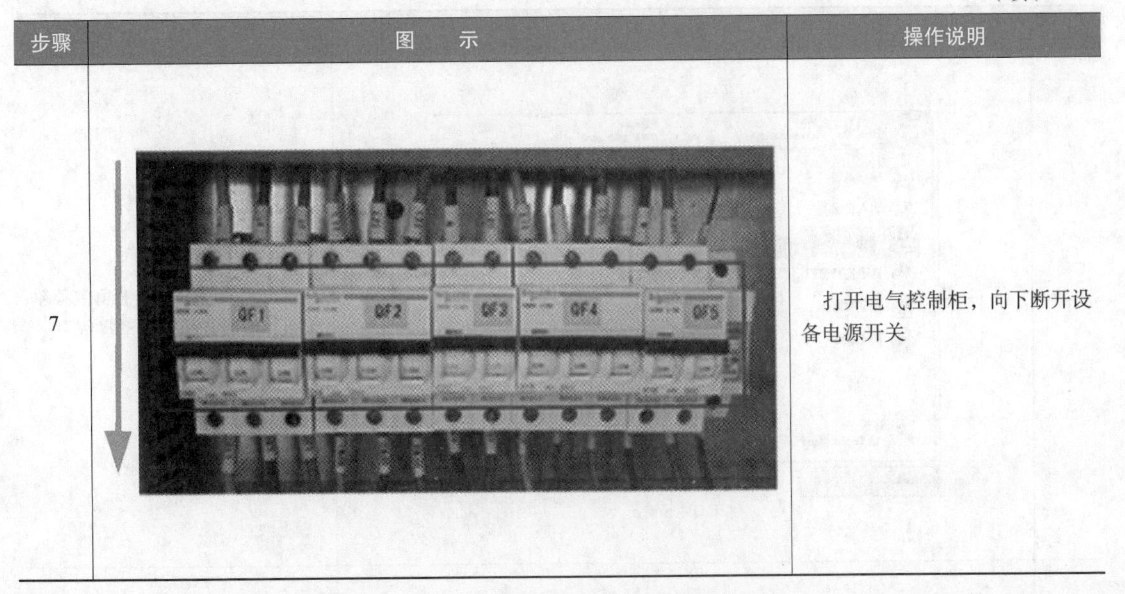	打开电气控制柜，向下断开设备电源开关

任务四　简单路径图案的雕刻

1. 任务要求

要求操纵工业机器人沿着以下路径工作：工作原点—*p*1 点—*p*2 点—*p*3 点—*p*1 点—工作原点。在雕刻毛坯料上完成三角形轨迹图案的雕刻，如图 1-26 所示。

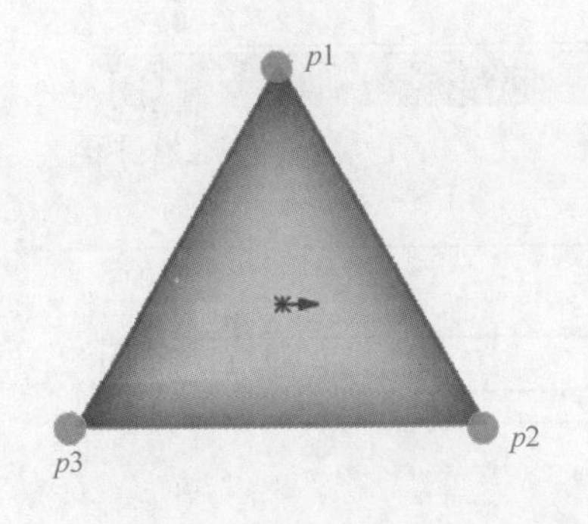

图 1-26　三角形轨迹图案

简单路径图案的雕刻 - 建立工件坐标系

2. 任务实施

（1）建立工具坐标系　通过示教器，给机器人新建一个工具坐标系 tool1，并设定工具中心点（Tool Center Point, TCP）。新建工具坐标系 tool1 的操作步骤见表 1-8，设定 TCP 的操作步骤见表 1-9。

表 1-8　新建工具坐标系 tool1 的操作步骤

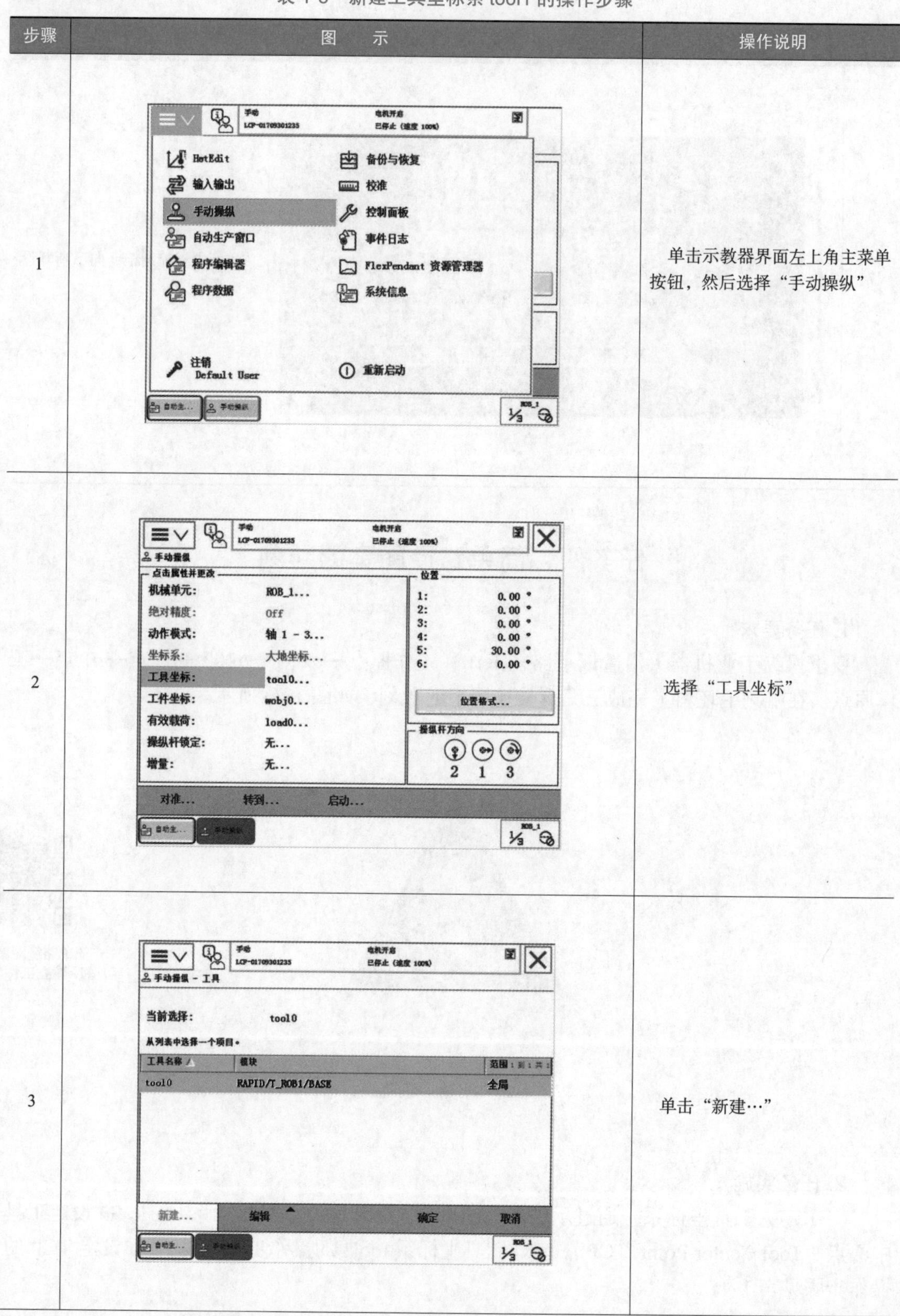

步骤	图　示	操作说明
1		单击示教器界面左上角主菜单按钮，然后选择“手动操纵”
2		选择“工具坐标”
3		单击“新建…”

（续）

步骤	图　示	操作说明
4	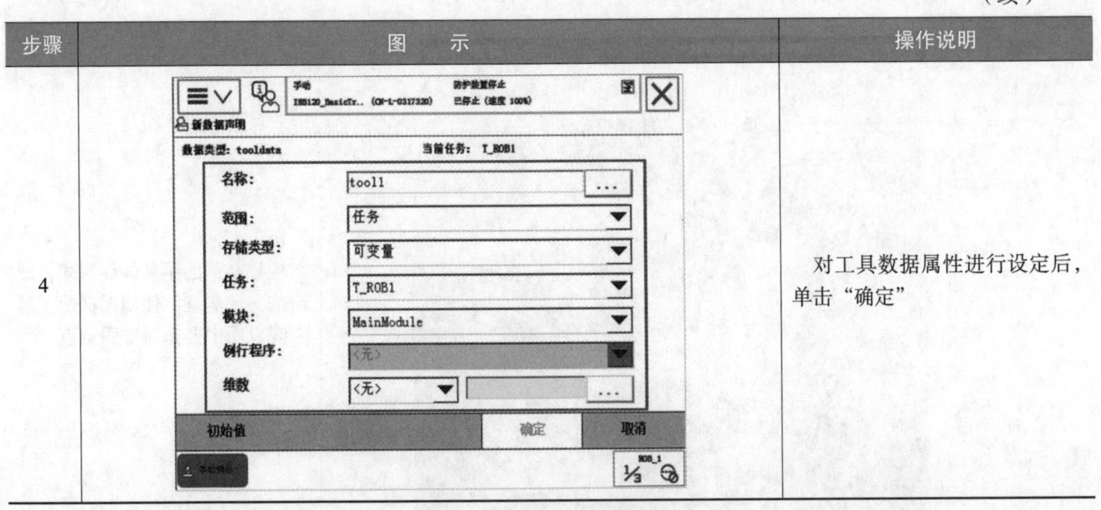	对工具数据属性进行设定后，单击“确定”

表 1-9　设定 TCP 的操作步骤

步骤	图　示	操作说明
1	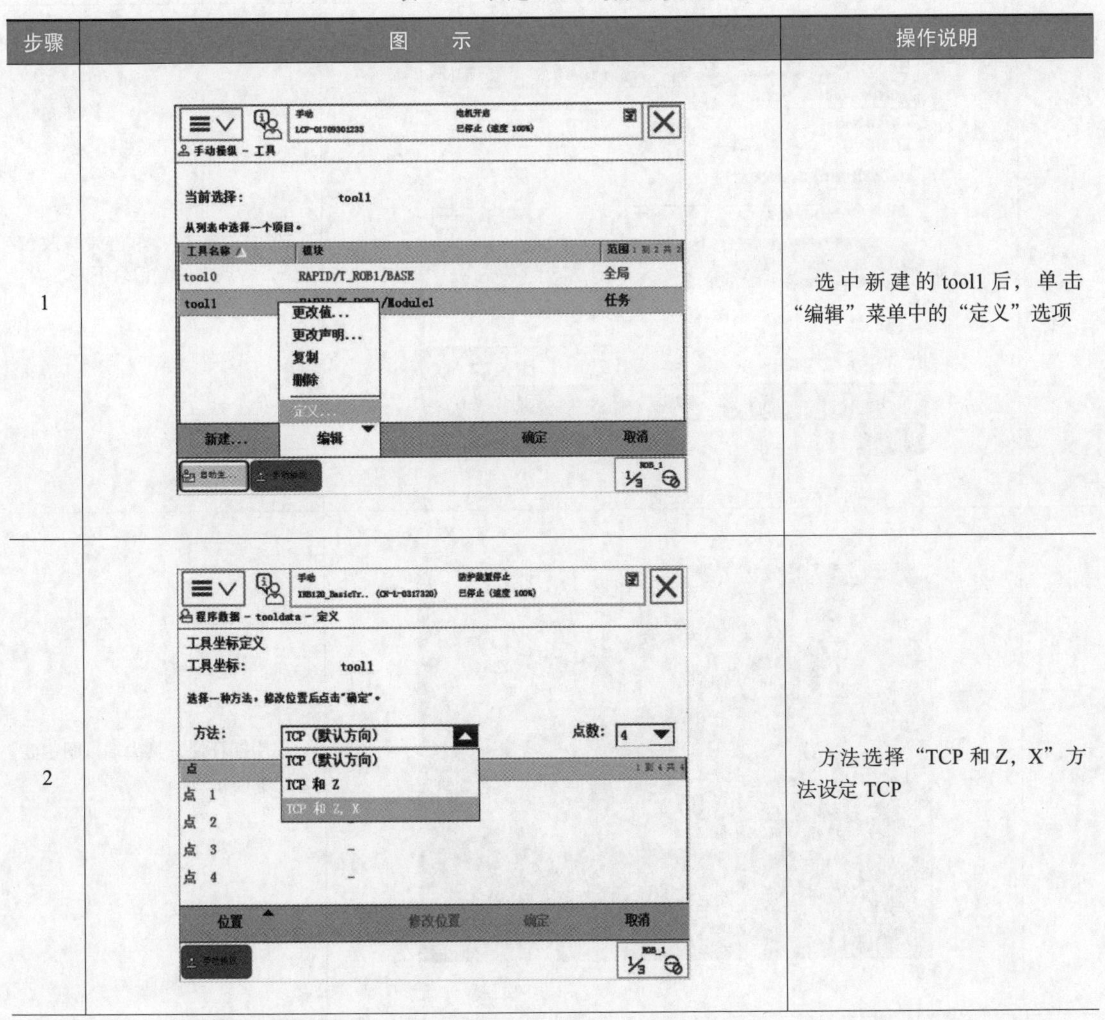	选中新建的 tool1 后，单击“编辑”菜单中的“定义”选项
2		方法选择“TCP 和 Z，X”方法设定 TCP

（续）

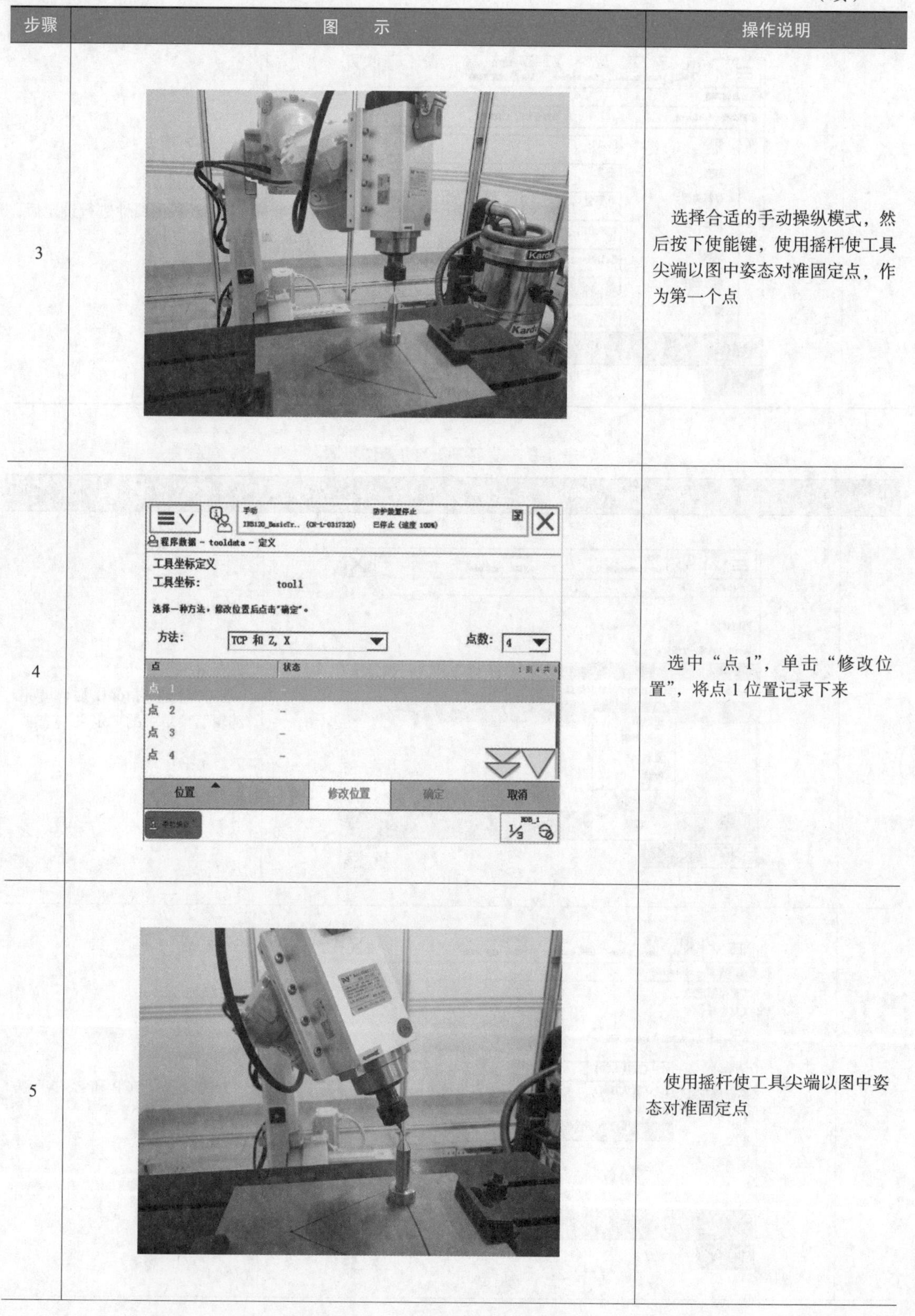

步骤	图　示	操作说明
3		选择合适的手动操纵模式，然后按下使能键，使用摇杆使工具尖端以图中姿态对准固定点，作为第一个点
4		选中“点 1”，单击“修改位置”，将点 1 位置记录下来
5		使用摇杆使工具尖端以图中姿态对准固定点

（续）

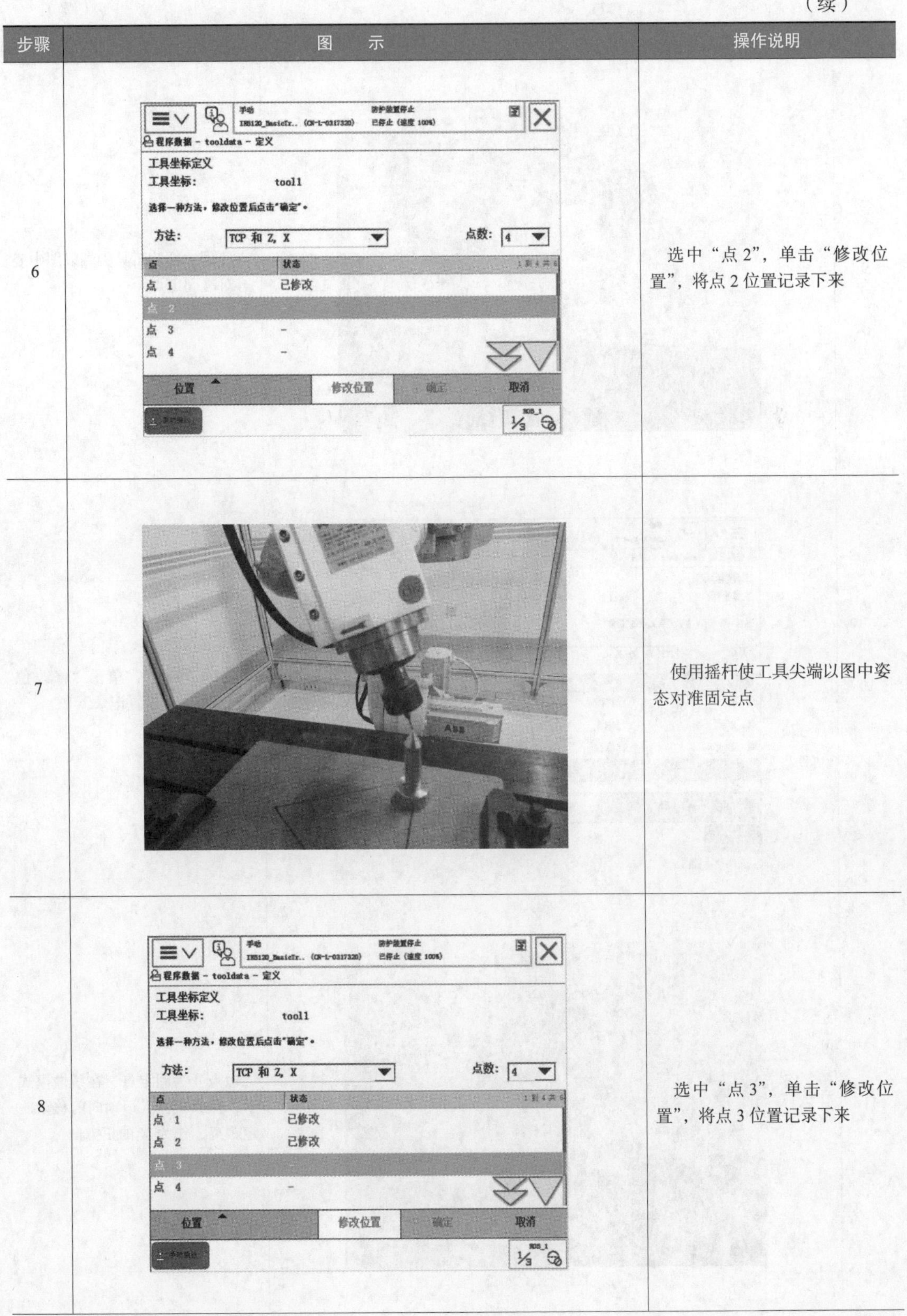

步骤	图　示	操作说明
6		选中“点 2”，单击“修改位置”，将点 2 位置记录下来
7		使用摇杆使工具尖端以图中姿态对准固定点
8		选中“点 3”，单击“修改位置”，将点 3 位置记录下来

（续）

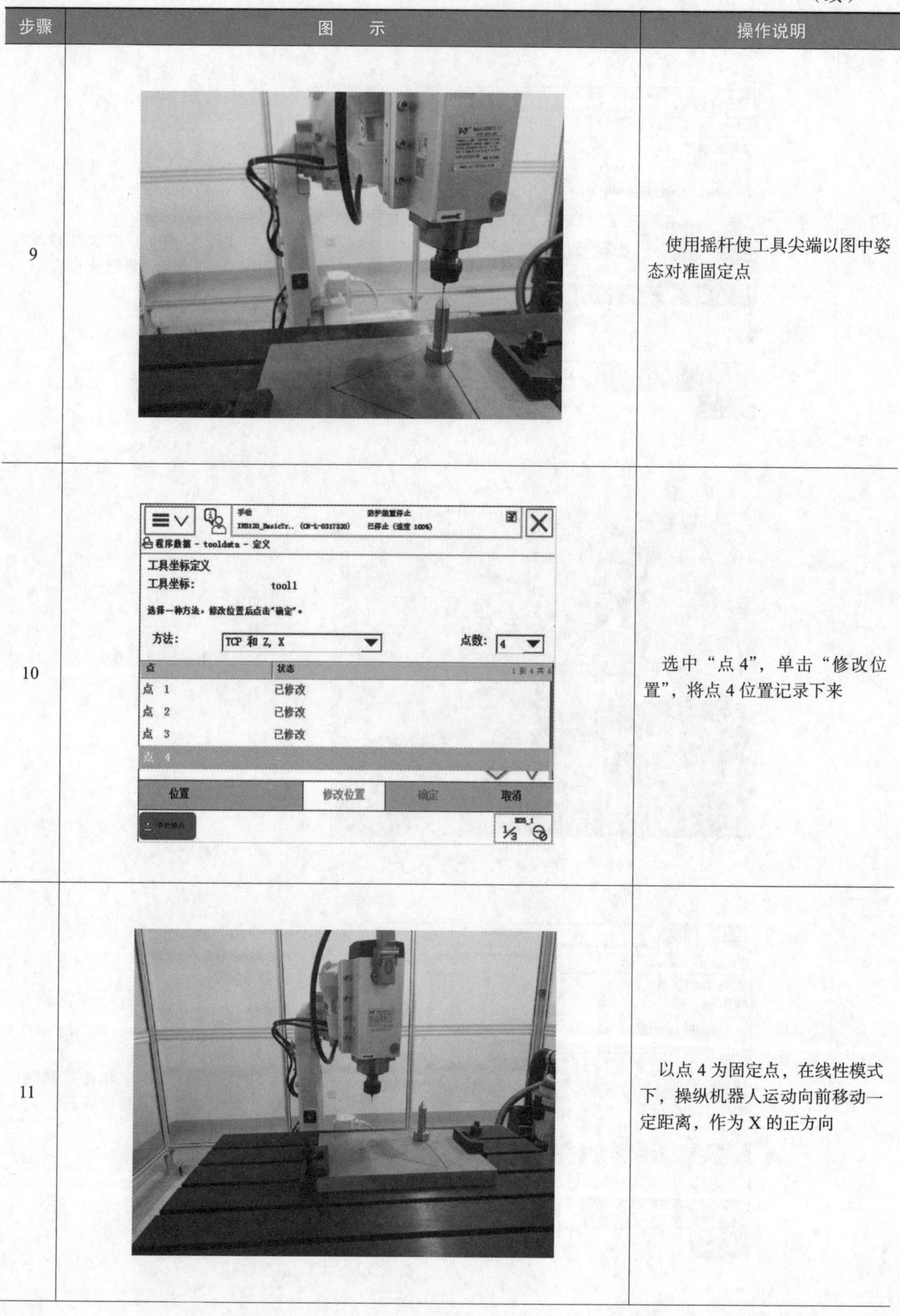

步骤	图示	操作说明
9		使用摇杆使工具尖端以图中姿态对准固定点
10		选中“点 4”，单击“修改位置”，将点 4 位置记录下来
11		以点 4 为固定点，在线性模式下，操纵机器人运动向前移动一定距离，作为 X 的正方向

（续）

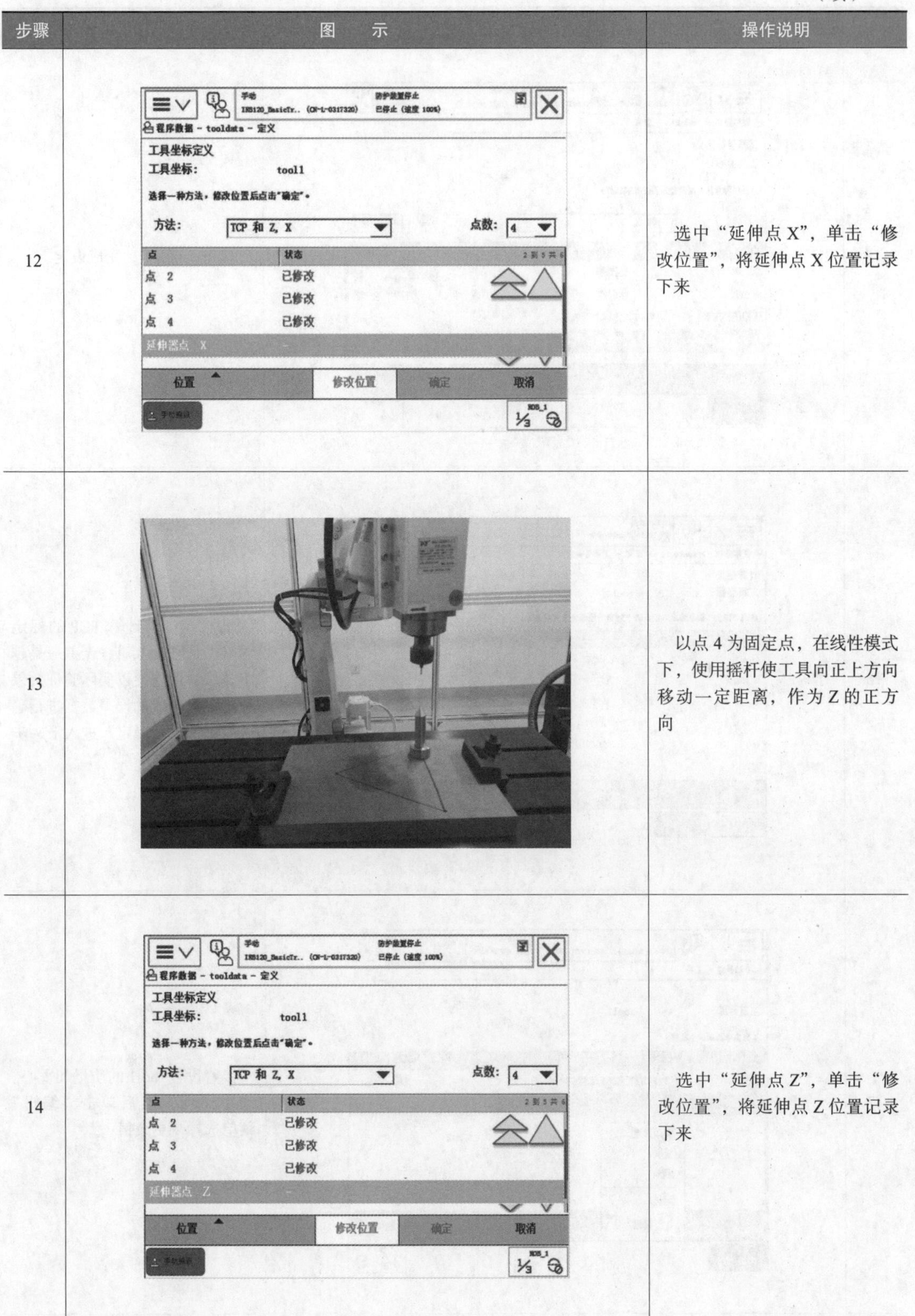

步骤	图　示	操作说明
12		选中“延伸点 X”，单击“修改位置”，将延伸点 X 位置记录下来
13		以点 4 为固定点，在线性模式下，使用摇杆使工具向正上方向移动一定距离，作为 Z 的正方向
14		选中“延伸点 Z”，单击“修改位置”，将延伸点 Z 位置记录下来

（续）

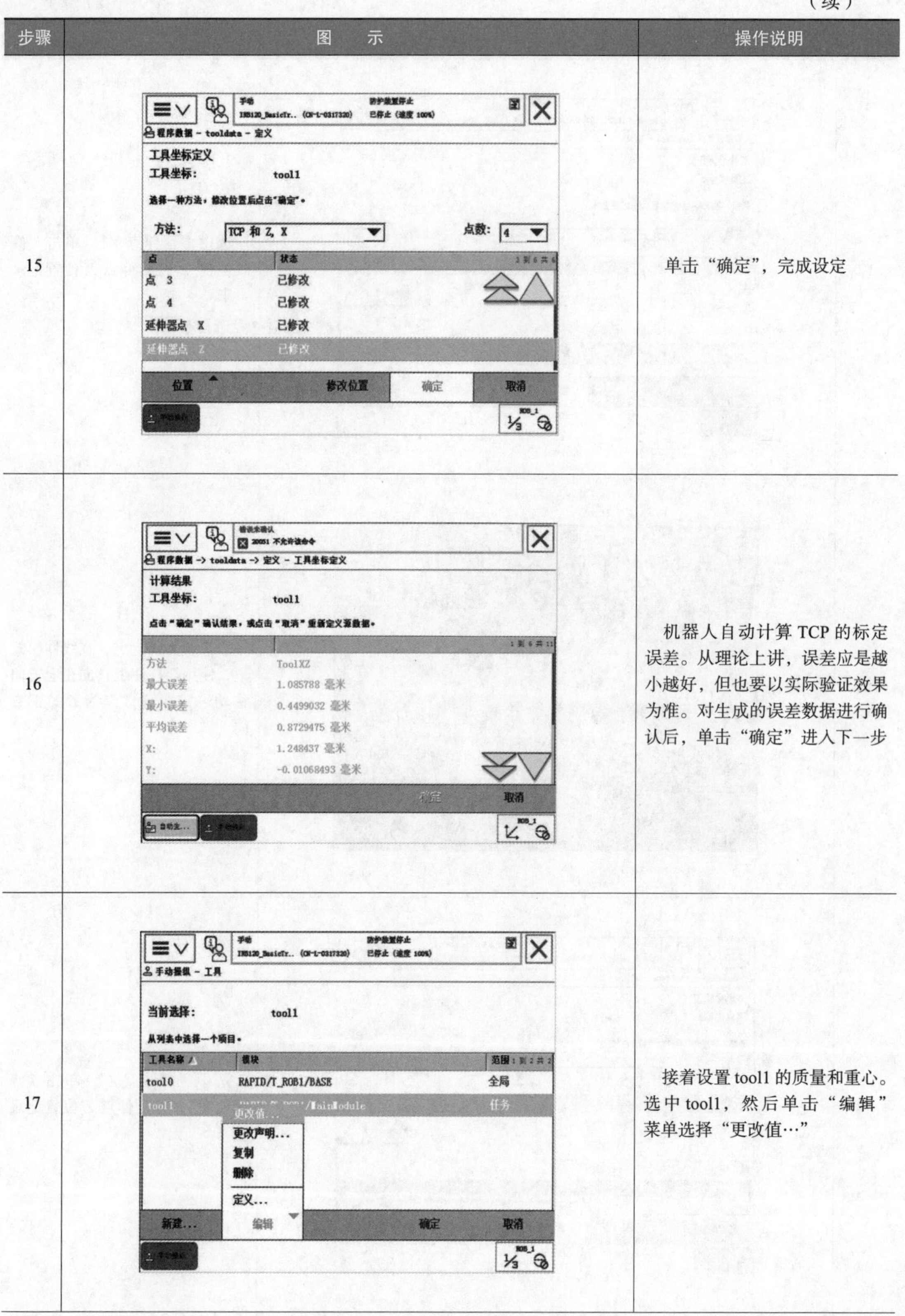

步骤	图　　示	操作说明
15		单击“确定”，完成设定
16		机器人自动计算 TCP 的标定误差。从理论上讲，误差应是越小越好，但也要以实际验证效果为准。对生成的误差数据进行确认后，单击“确定”进入下一步
17		接着设置 tool1 的质量和重心。选中 tool1，然后单击“编辑”菜单选择“更改值…”

（续）

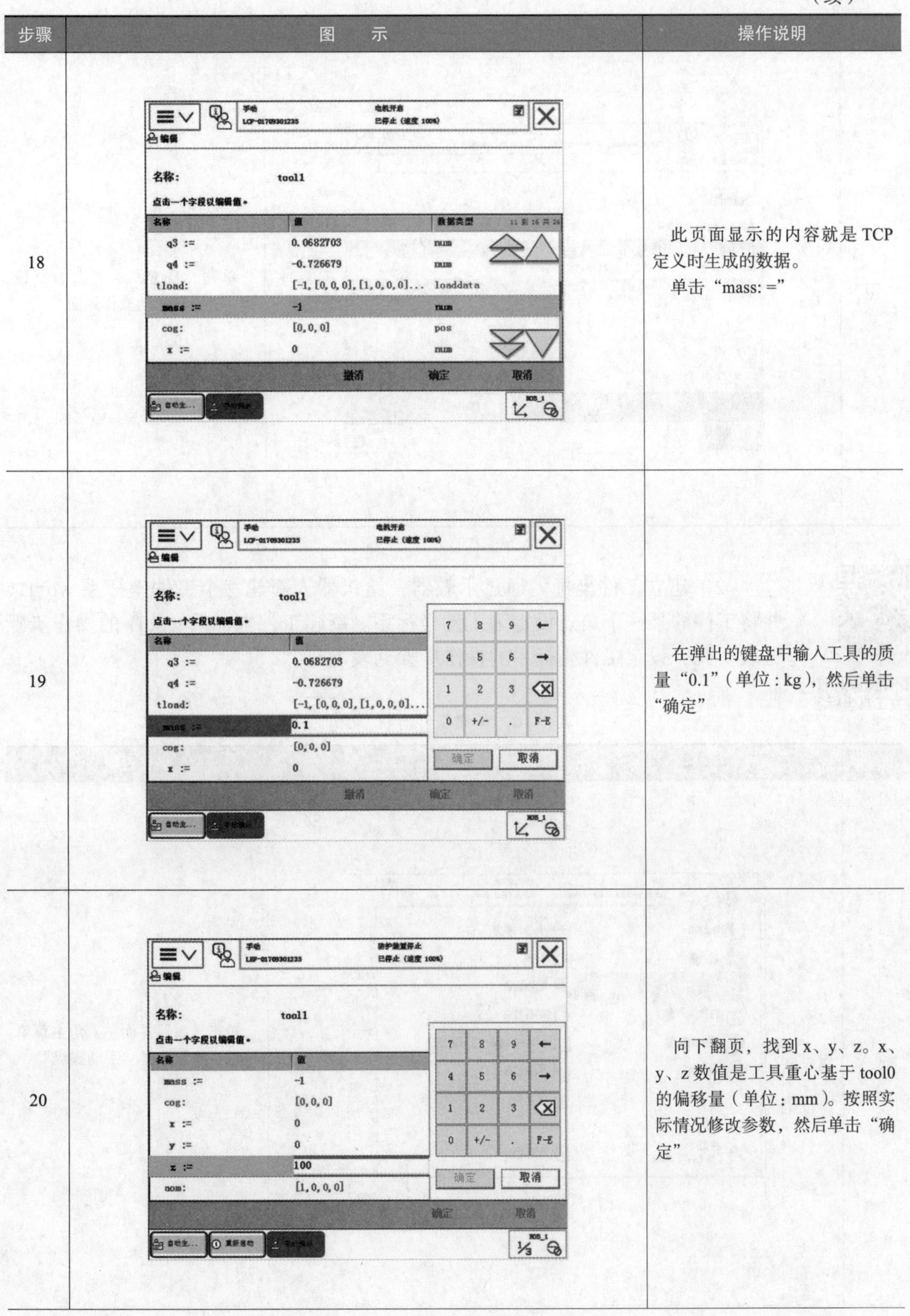

步骤	图　　示	操作说明
18		此页面显示的内容就是 TCP 定义时生成的数据。 单击“mass: =”
19		在弹出的键盘中输入工具的质量“0.1”（单位 : kg），然后单击“确定”
20		向下翻页，找到 x、y、z。x、y、z 数值是工具重心基于 tool0 的偏移量（单位 : mm）。按照实际情况修改参数，然后单击“确定”

（续）

步骤	图　示	操作说明
21	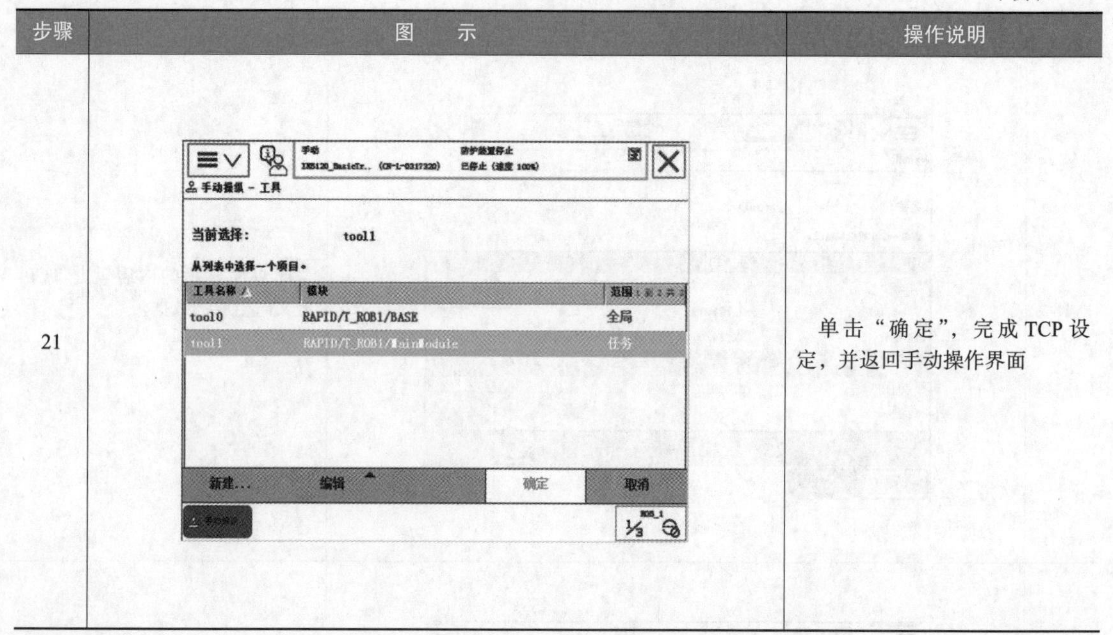	单击“确定”，完成 TCP 设定，并返回手动操作界面

简单路径图案的雕刻 - 建立工具坐标系

（2）建立工件坐标　通过示教器，给机器人新建一个工件坐标系 wobj1，并将工件的某一个角点设定为工件坐标系。新建工件坐标系 wobj1 的操作步骤见表 1-10，设定工件坐标系的操作步骤见表 1-11。

表 1-10　新建工件坐标 wobj1 的操作步骤

步骤	图　示	操作说明
1	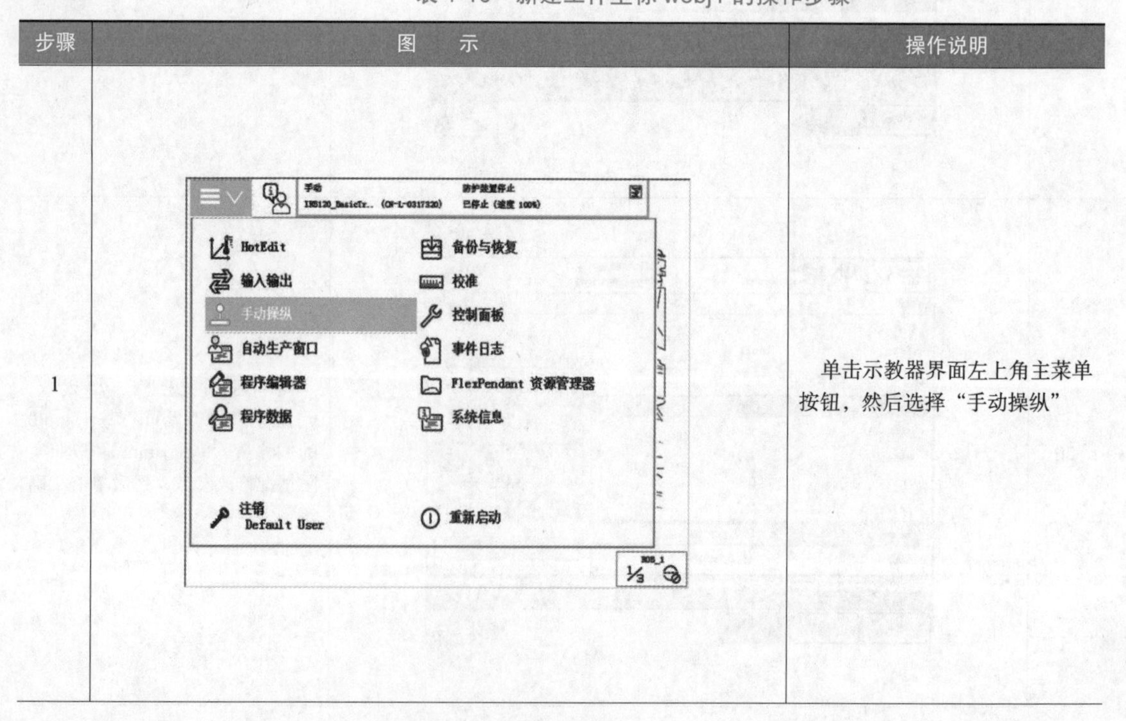	单击示教器界面左上角主菜单按钮，然后选择“手动操纵”

（续）

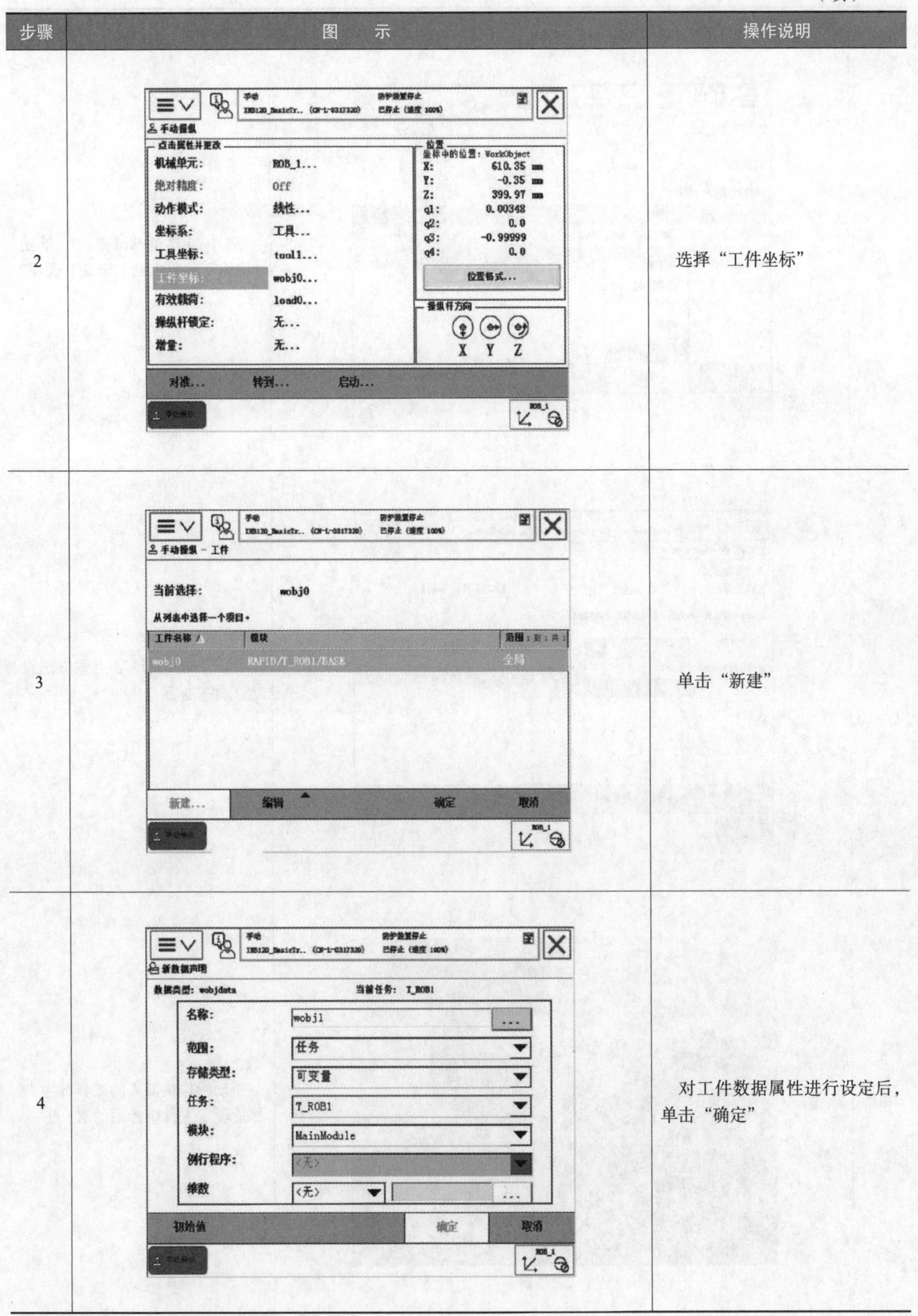

步骤	图示	操作说明
2		选择“工件坐标”
3		单击“新建”
4		对工件数据属性进行设定后，单击“确定”

表 1-11　设定工件坐标系的操作步骤

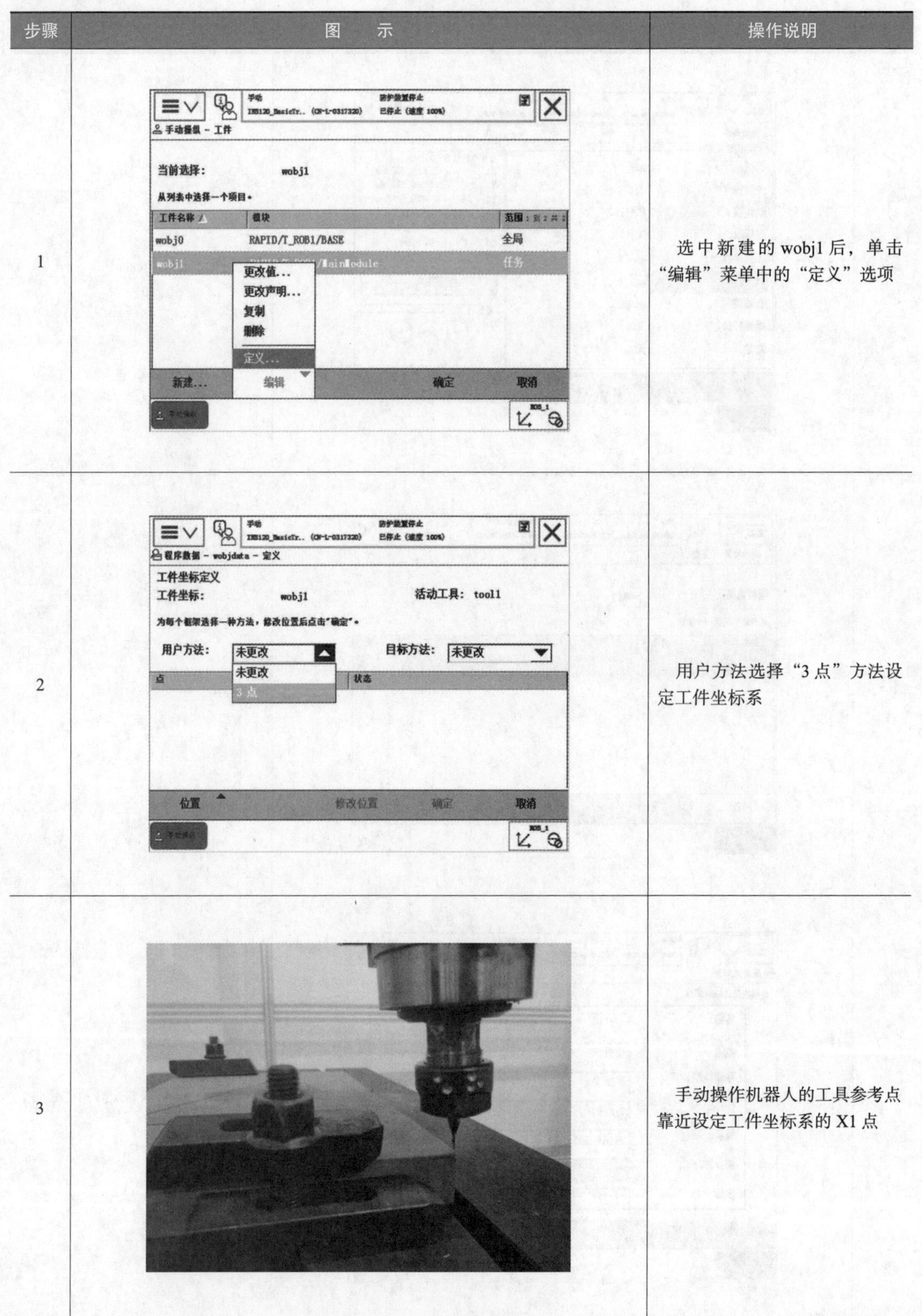

步骤	图　示	操作说明
1		选中新建的 wobj1 后，单击“编辑”菜单中的“定义”选项
2		用户方法选择“3 点”方法设定工件坐标系
3		手动操作机器人的工具参考点靠近设定工件坐标系的 X1 点

（续）

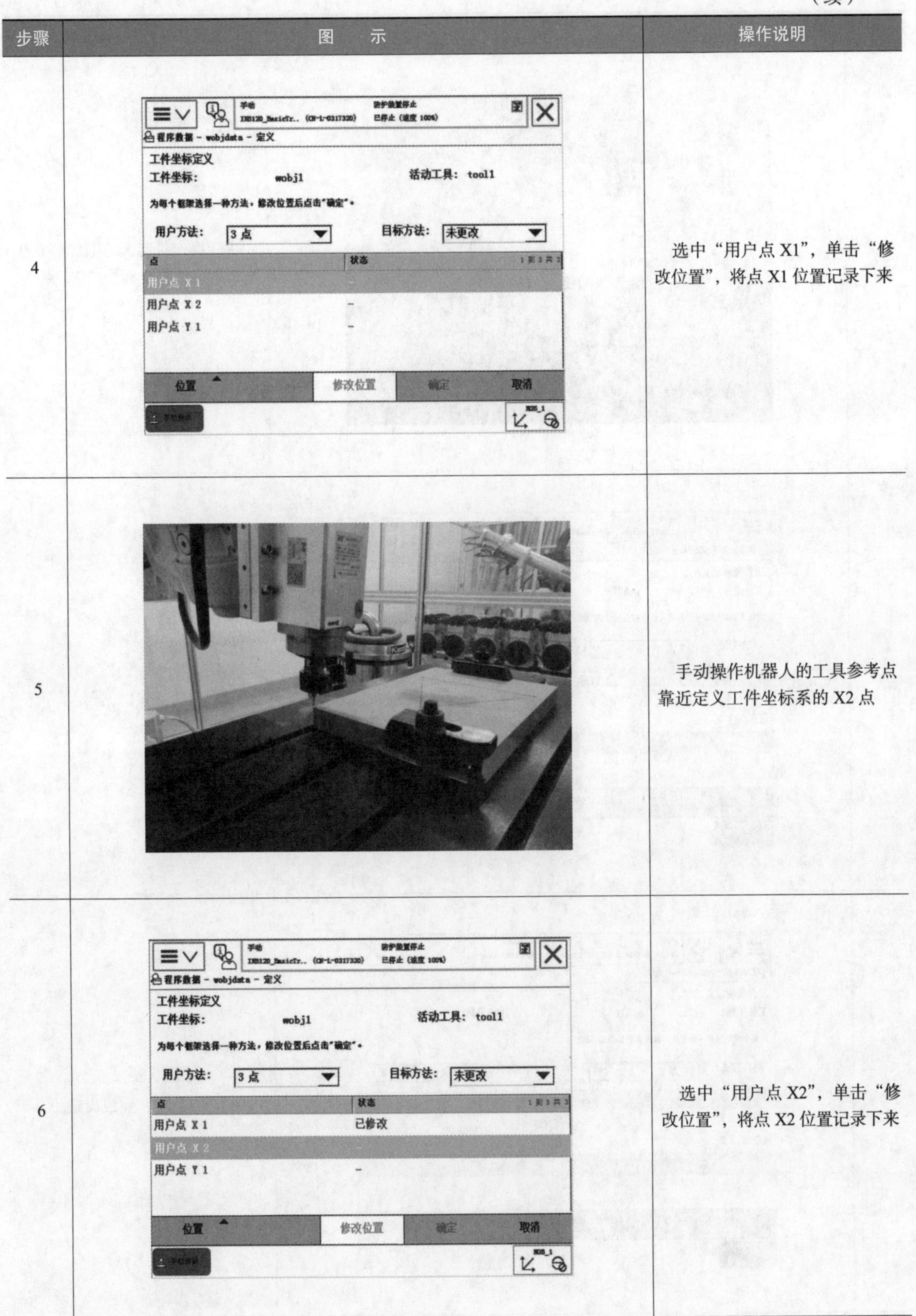

步骤	图　示	操作说明
4		选中“用户点 X1”，单击“修改位置”，将点 X1 位置记录下来
5		手动操作机器人的工具参考点靠近定义工件坐标系的 X2 点
6		选中“用户点 X2”，单击“修改位置”，将点 X2 位置记录下来

（续）

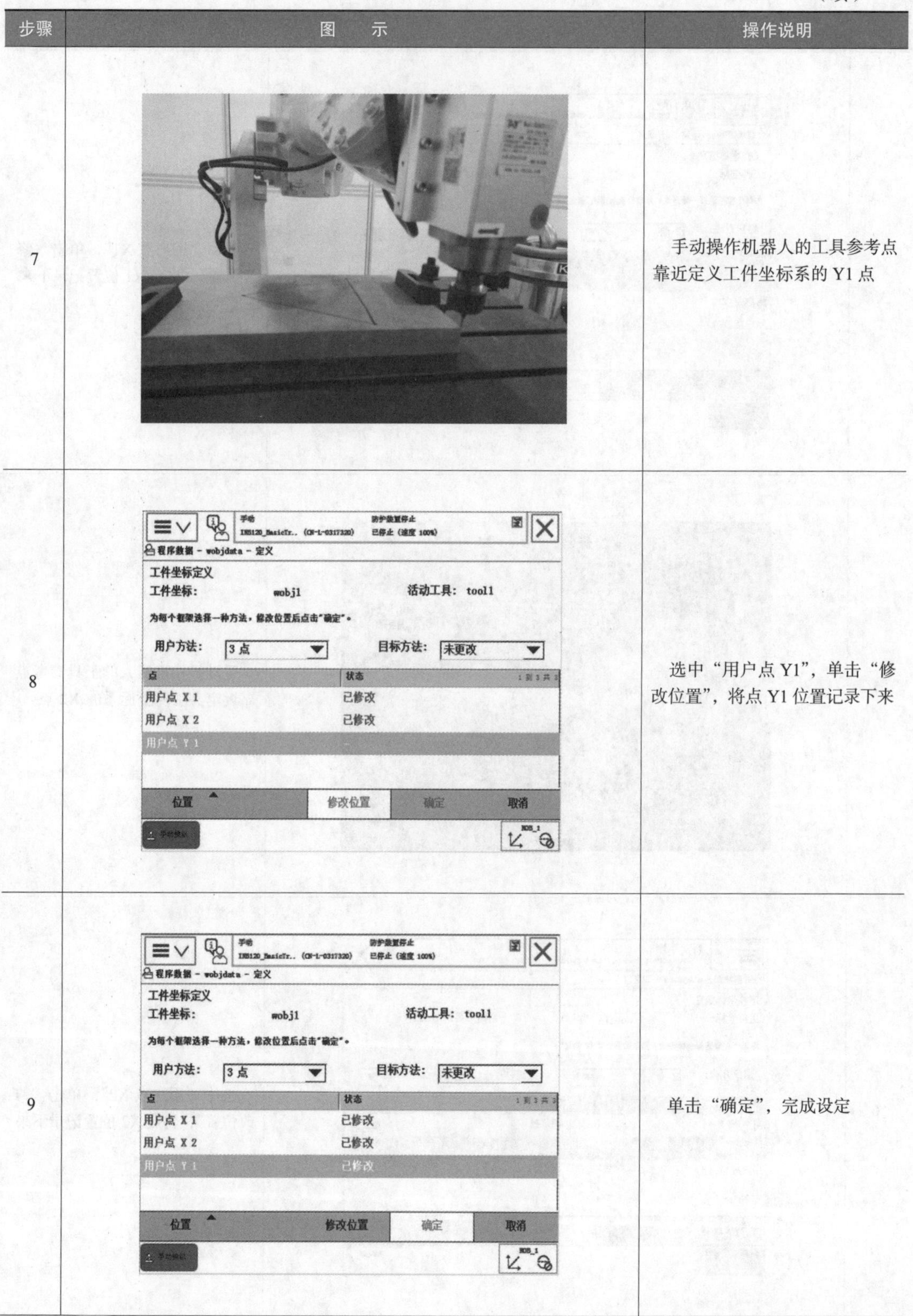

步骤	图　　示	操作说明
7		手动操作机器人的工具参考点靠近定义工件坐标系的 Y1 点
8		选中“用户点 Y1”，单击“修改位置”，将点 Y1 位置记录下来
9		单击“确定”，完成设定

（续）

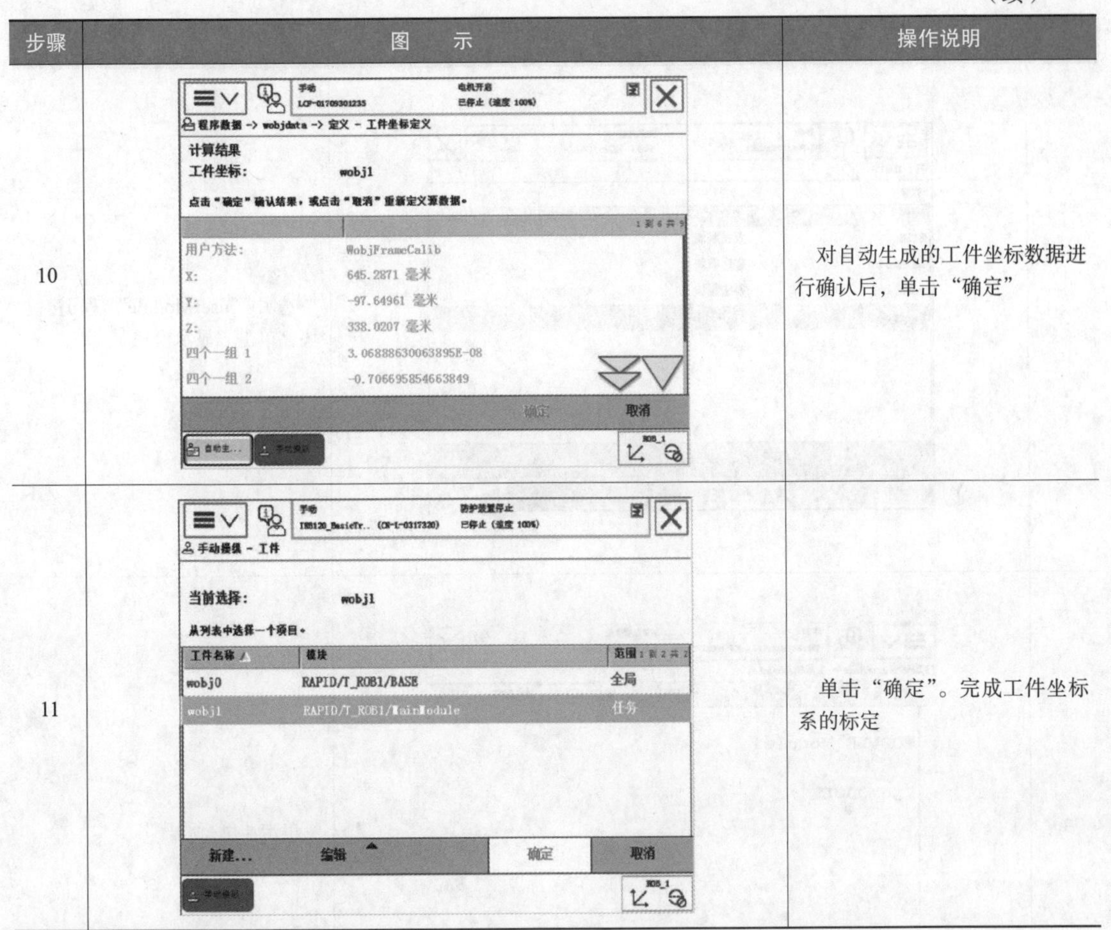

步骤	图　示	操作说明
10		对自动生成的工件坐标数据进行确认后，单击“确定”
11		单击“确定”。完成工件坐标系的标定

（3）建立 RAPID 程序构架　建立 RAPID 程序框架的操作步骤见表 1-12。

表 1-12　建立 RAPID 程序框架的操作步骤

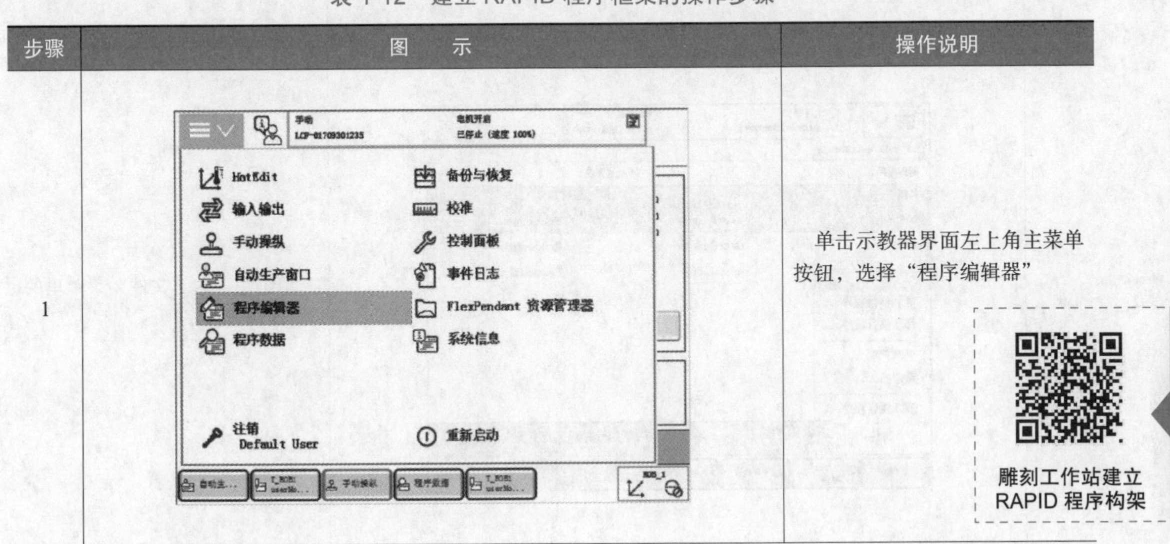

步骤	图　示	操作说明
1		单击示教器界面左上角主菜单按钮，选择“程序编辑器”

（续）

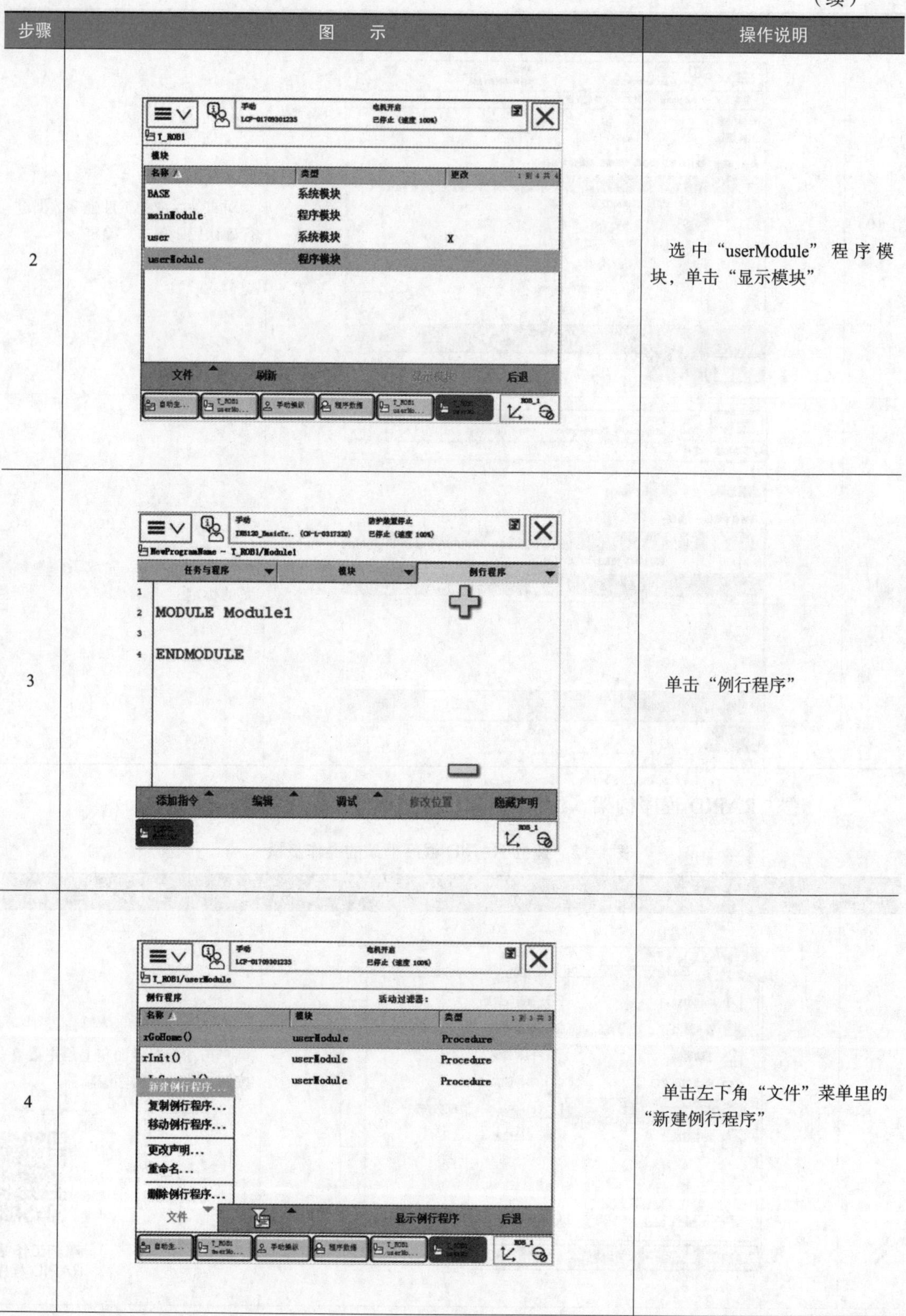

步骤	图示	操作说明
2		选中“userModule”程序模块，单击“显示模块”
3		单击“例行程序”
4		单击左下角“文件”菜单里的“新建例行程序”

（续）

步骤	图　　示	操作说明
5	手动 LCP-01709301235 电机开启 已停止（速度 100%） 新例行程序 - Program01 - T_ROB1/userModule 例行程序声明 名称：rTriangle( ) ABC... 类型：程序 参数：无 ... 数据类型：num ... 模块：userModule 本地声明：□ 撤消处理程序：□ 错误处理程序：□ 向后处理程序：□ 结果... 确定 取消 自动主... T_ROB1 userMo... 手动操纵 程序数据 T_ROB1 userMo... ROB_1	单击“ABC...”按钮，输入例行程序名称“rTriangle( )”，单击“确定”
6	手动 LCP-01709301235 电机开启 已停止（速度 100%） T_ROB1/userModule 例行程序 活动过滤器： 名称 / 模块 / 类型 1 到 4 共 4 rGoHome() userModule Procedure rInit() userModule Procedure rIoControl() userModule Procedure rTriangle() userModule Procedure 文件 显示例行程序 后退 自动主... T_ROB1 userMo... 手动操纵 程序数据 T_ROB1 userMo... ROB_1	显示已建立了一个新的例行程序“rTriangle( )”

（4）建立程序数据　本任务中需要用到四个 robtarget 类型的程序数据，分别代表运动轨迹当中的四个关键点：工作原点（home 点）、*p*1、*p*2 以及 *p*3 点。具体需要建立的程序数据见表 1-13。

雕刻工作站建立程序数据

表 1-13　需要建立的程序数据

程序参数	关键点			
	工作原点	*p*1 点	*p*2 点	*p*3 点
名称	pHome	pTriangle1	pTriangle2	pTriangle3
数据类型	robtarget			
范围	全局			
存储类型	常量			
任务	T_ROB1			
模块	userModule			

雕刻工作站编写例行程序

（5）编写程序　程序编写部分主要包含了例行程序 rTriangle( ) 和主程序 main( ) 的编写。编写两个程序的操作步骤分别见表 1-14 和表 1-15。

表 1-14　编写例行程序 rTriangle( ) 的操作步骤

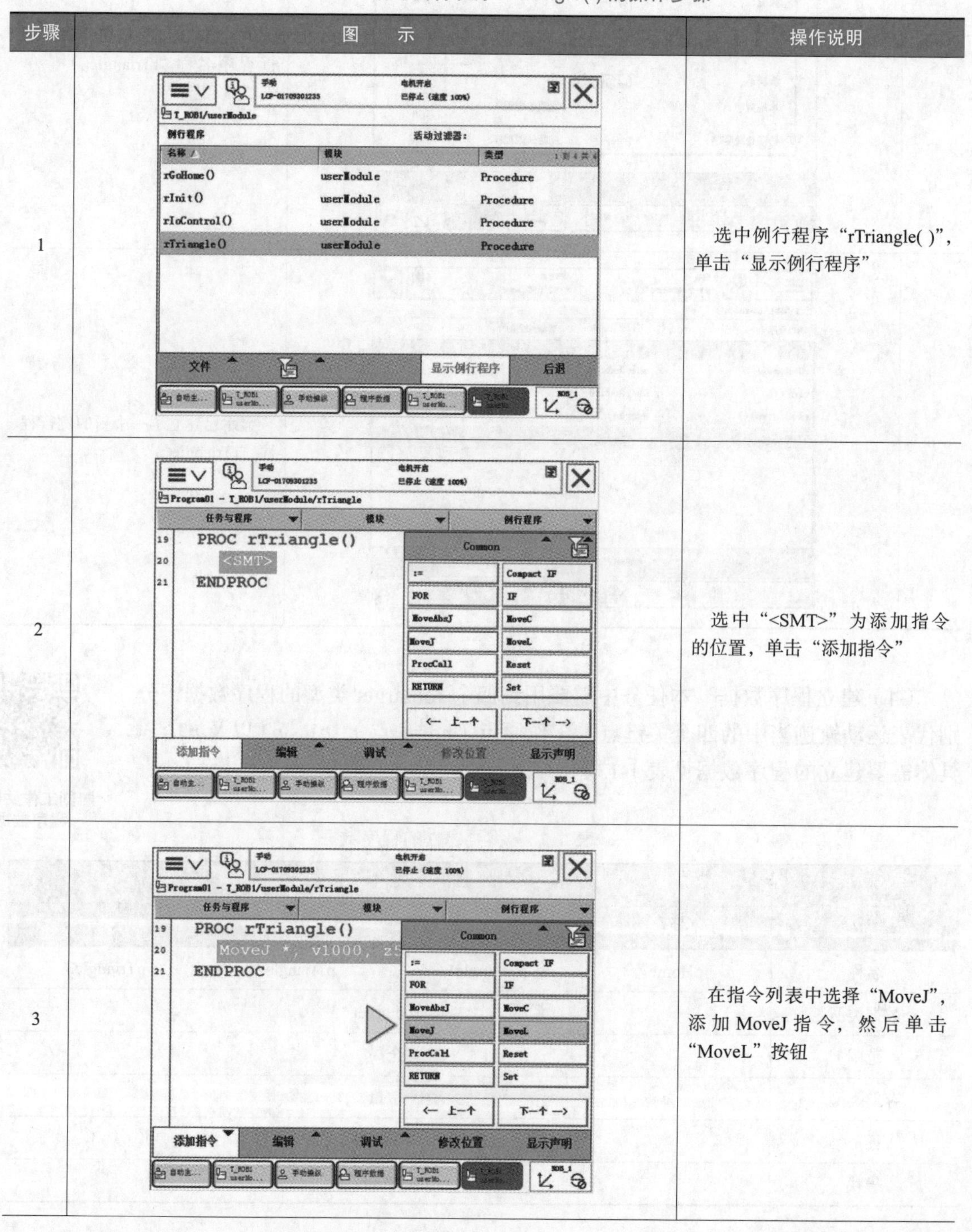

步骤	图　示	操作说明
1		选中例行程序“rTriangle( )”，单击“显示例行程序”
2		选中“<SMT>”为添加指令的位置，单击“添加指令”
3		在指令列表中选择“MoveJ”，添加 MoveJ 指令，然后单击“MoveL”按钮

（续）

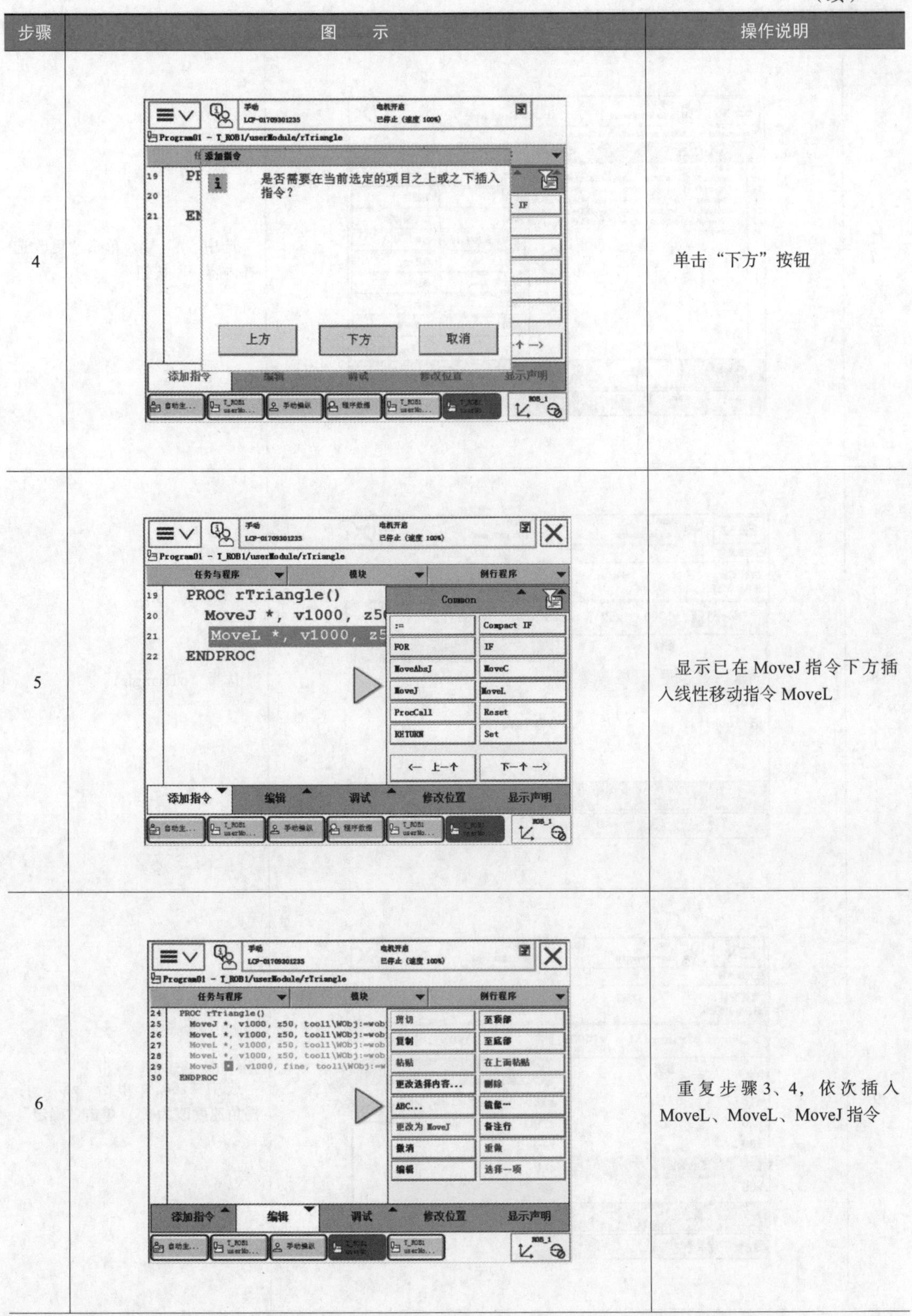

步骤	图示	操作说明
4		单击“下方”按钮
5		显示已在 MoveJ 指令下方插入线性移动指令 MoveL
6		重复步骤 3、4，依次插入 MoveL、MoveL、MoveJ 指令

（续）

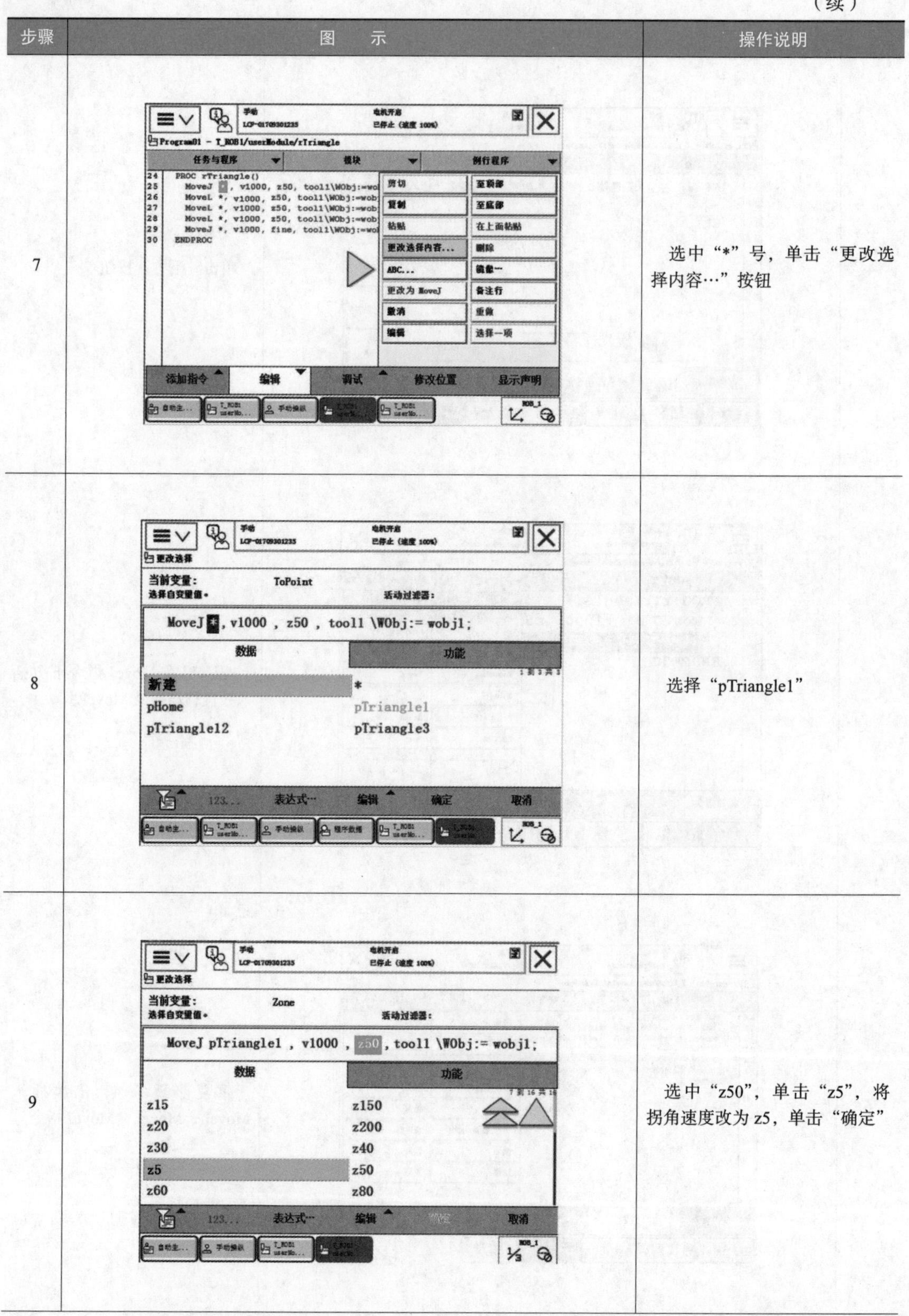

步骤	图　示	操作说明
7		选中“*”号，单击“更改选择内容…”按钮
8		选择“pTriangle1”
9		选中“z50”，单击“z5”，将拐角速度改为z5，单击“确定”

（续）

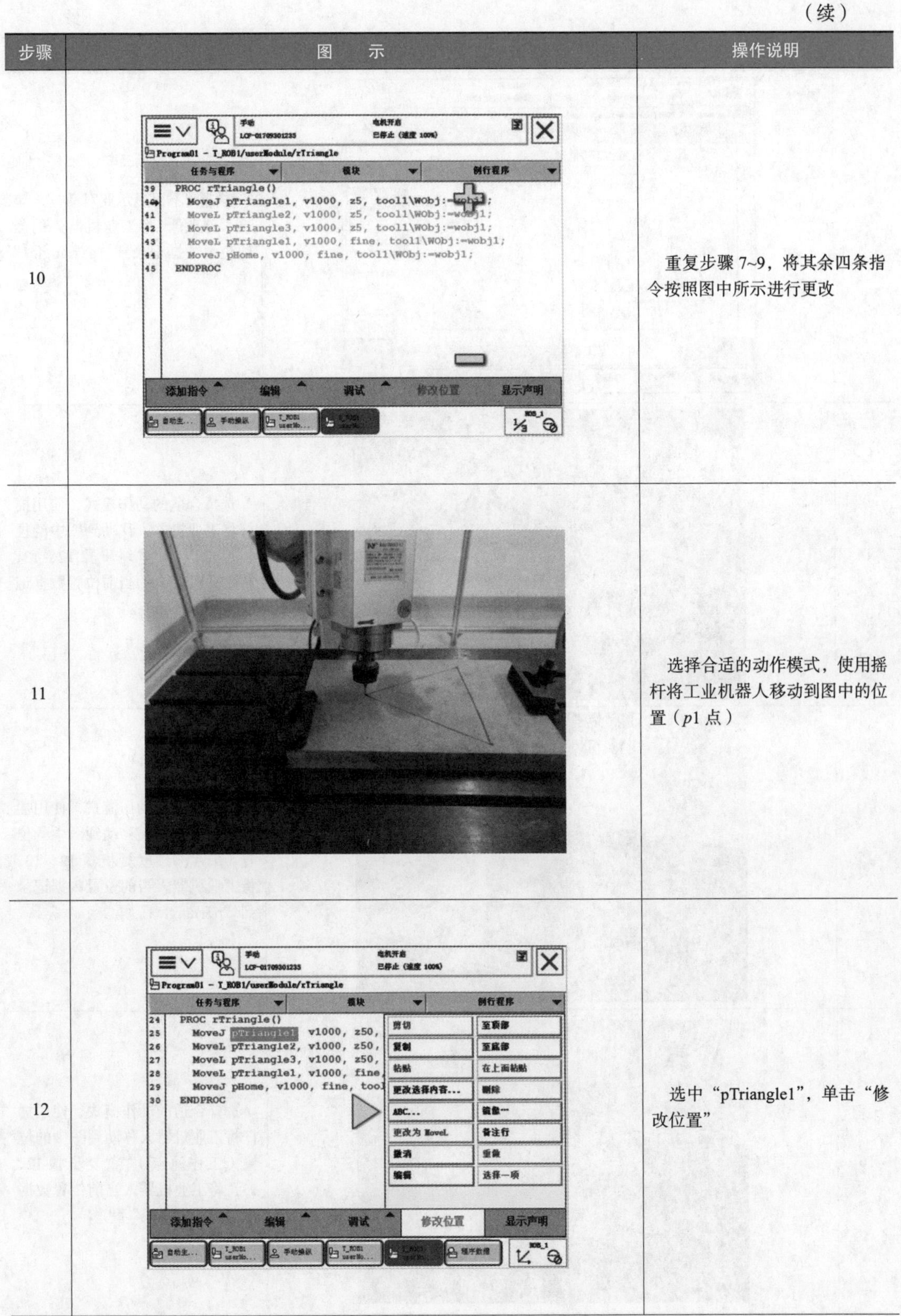

步骤	图 示	操作说明
10		重复步骤 7~9，将其余四条指令按照图中所示进行更改
11		选择合适的动作模式，使用摇杆将工业机器人移动到图中的位置（*p*1 点）
12		选中“pTriangle1”，单击“修改位置”

（续）

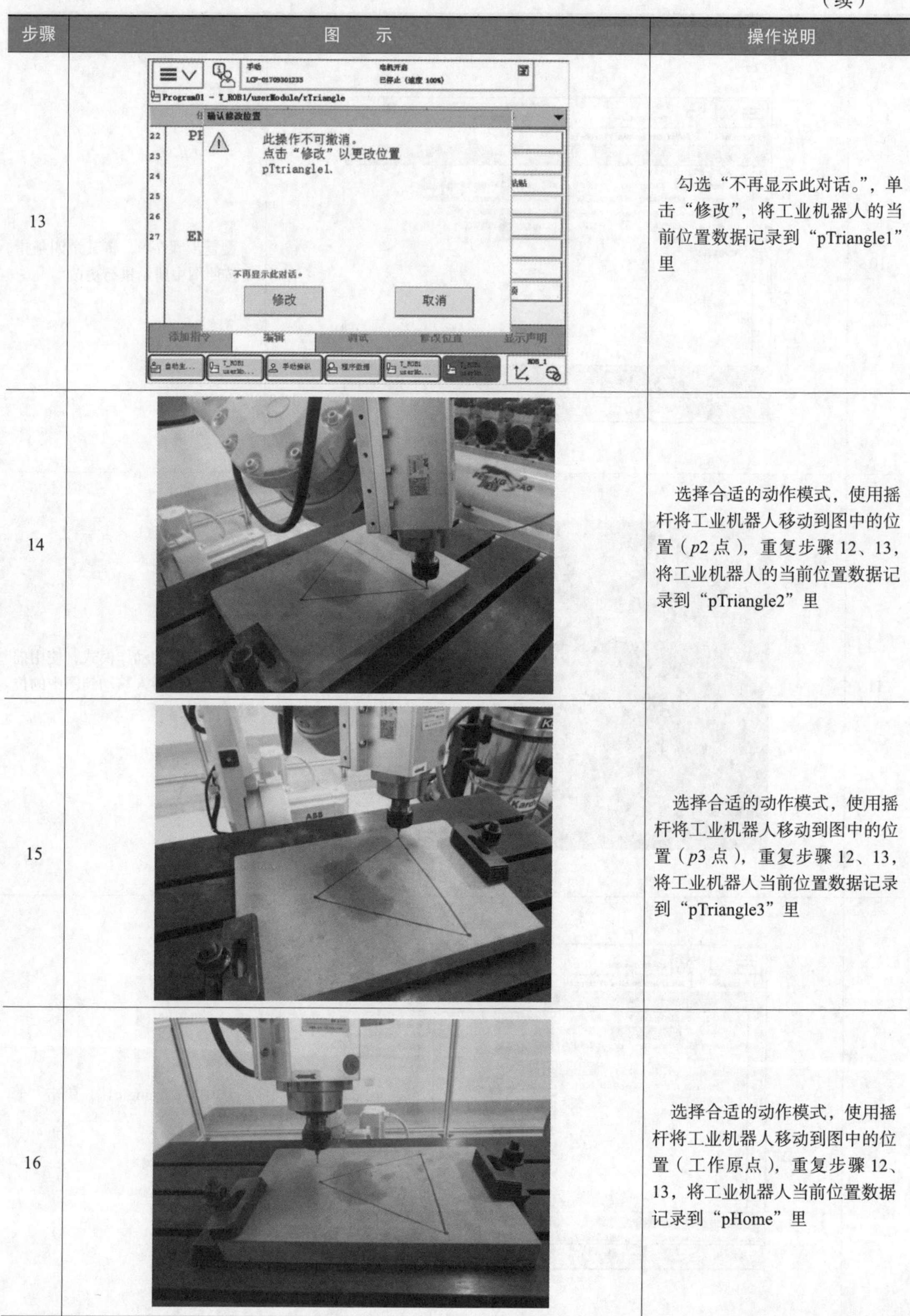

步骤	图　示	操作说明
13		勾选“不再显示此对话。”，单击“修改”，将工业机器人的当前位置数据记录到“pTriangle1”里
14		选择合适的动作模式，使用摇杆将工业机器人移动到图中的位置（*p*2 点），重复步骤 12、13，将工业机器人的当前位置数据记录到“pTriangle2”里
15		选择合适的动作模式，使用摇杆将工业机器人移动到图中的位置（*p*3 点），重复步骤 12、13，将工业机器人当前位置数据记录到“pTriangle3”里
16		选择合适的动作模式，使用摇杆将工业机器人移动到图中的位置（工作原点），重复步骤 12、13，将工业机器人当前位置数据记录到“pHome”里

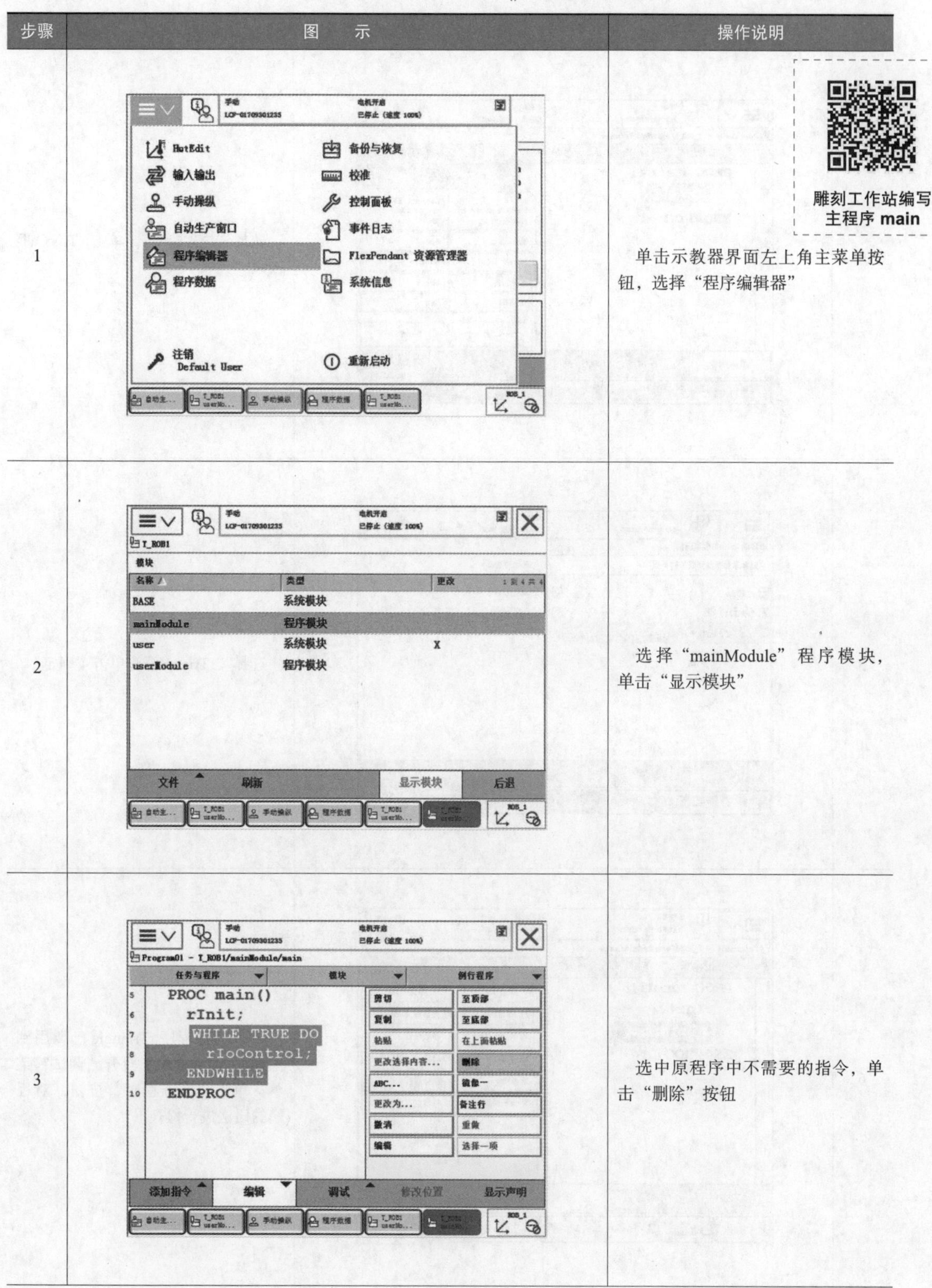

表 1-15 编写主程序 main() 的操作步骤

步骤	图示	操作说明
1		单击示教器界面左上角主菜单按钮，选择“程序编辑器”
2		选择“mainModule”程序模块，单击“显示模块”
3		选中原程序中不需要的指令，单击“删除”按钮

雕刻工作站编写主程序 main

（续）

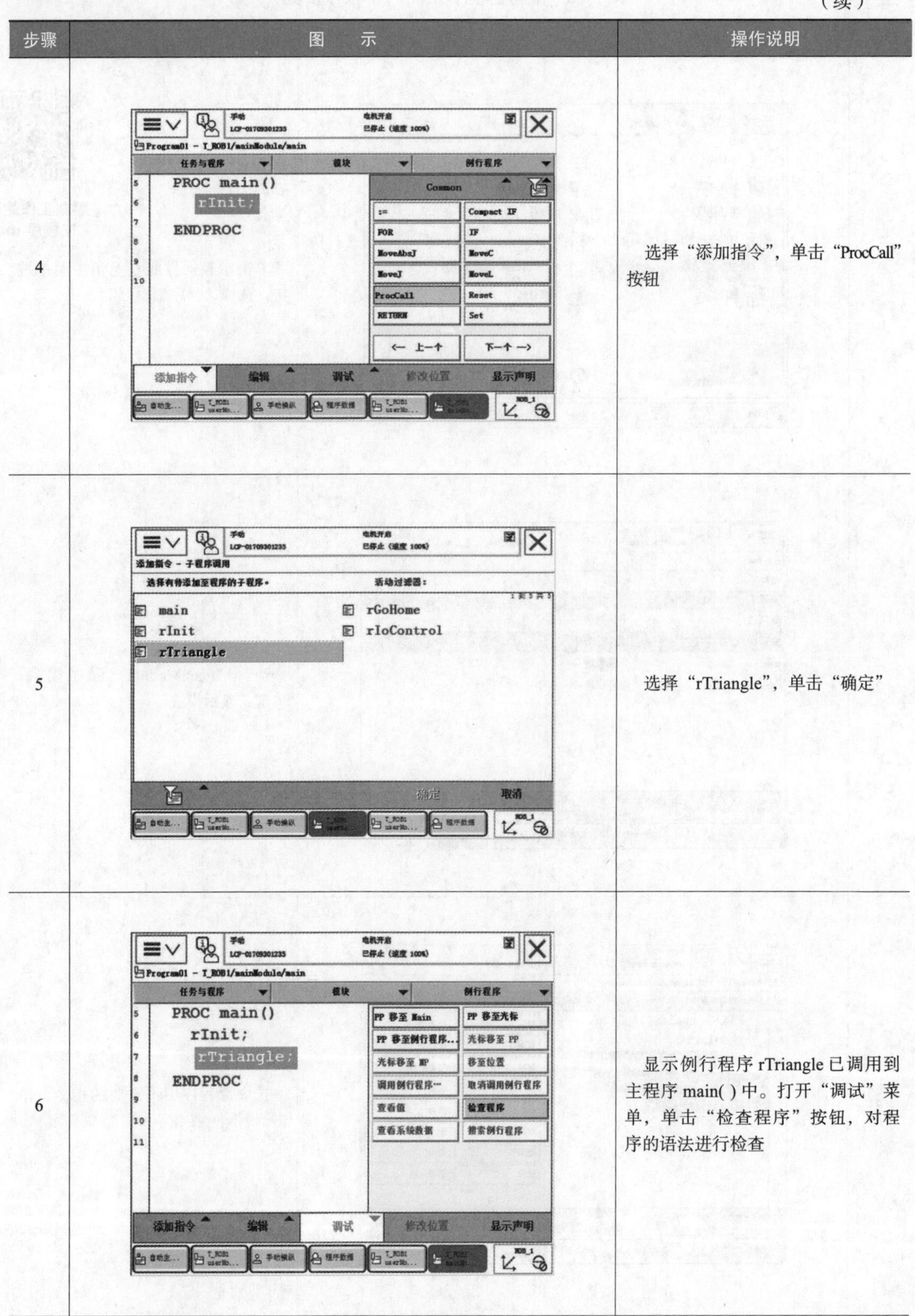

步骤	图示	操作说明
4		选择“添加指令”，单击“ProcCall”按钮
5		选择“rTriangle”，单击“确定”
6		显示例行程序 rTriangle 已调用到主程序 main( ) 中。打开“调试”菜单，单击“检查程序”按钮，对程序的语法进行检查

（续）

步骤	图　示	操作说明
7	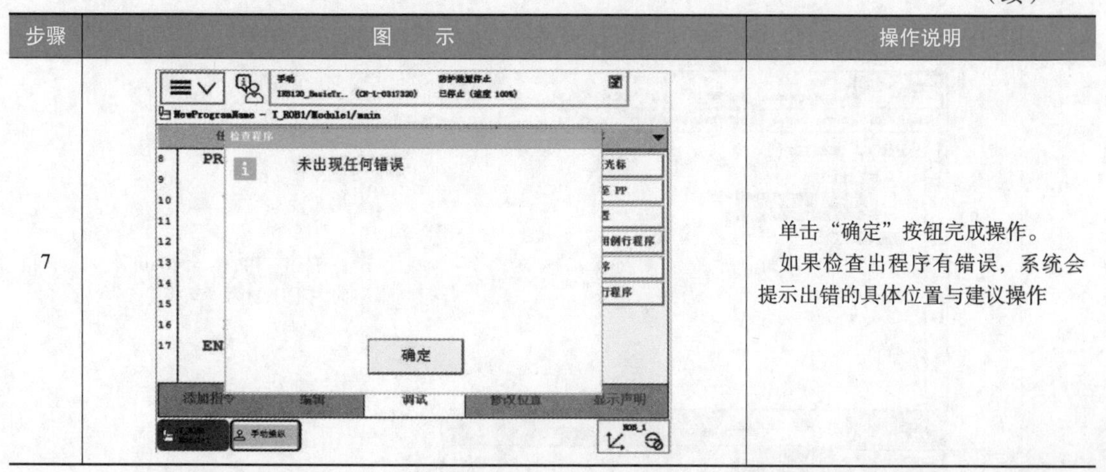	单击“确定”按钮完成操作。 如果检查出程序有错误，系统会提示出错的具体位置与建议操作

（6）自动试运行　在手动模式下，完成程序运行测试，确认运动轨迹与逻辑控制正确无误后，再将工业机器人系统切换到自动运行状态。RAPID 程序自动运行的操作步骤见表 1-16。

雕刻工作站的手动调试和自动运行

表 1-16　RAPID 程序自动运行的操作步骤

步骤	图　示	操作说明
1		将状态钥匙左旋至左侧的自动状态
2		单击“确定”按钮，确认状态的切换

（续）

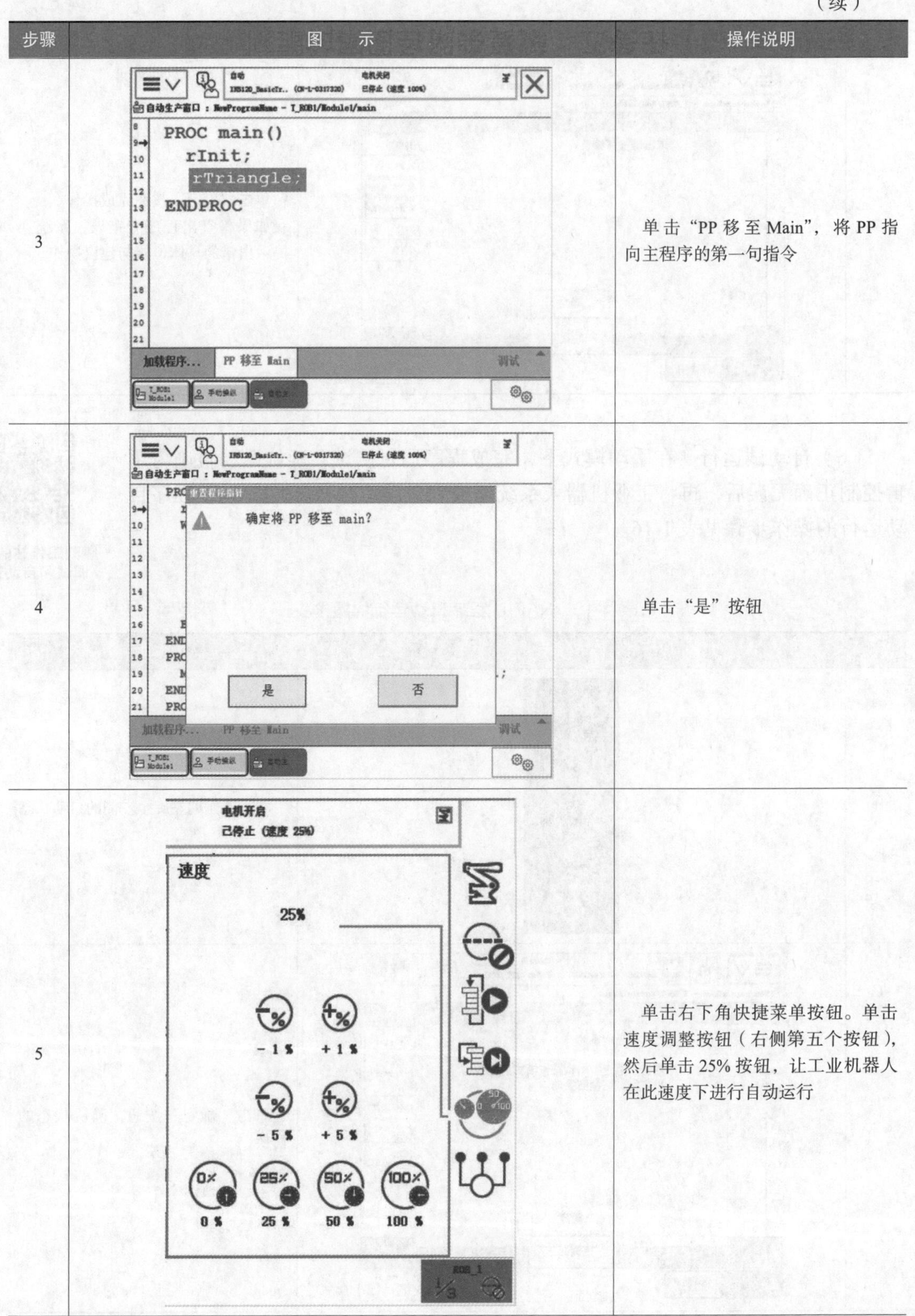

步骤	图示	操作说明
3		单击“PP 移至 Main”，将 PP 指向主程序的第一句指令
4		单击“是”按钮
5		单击右下角快捷菜单按钮。单击速度调整按钮（右侧第五个按钮），然后单击 25% 按钮，让工业机器人在此速度下进行自动运行

（续）

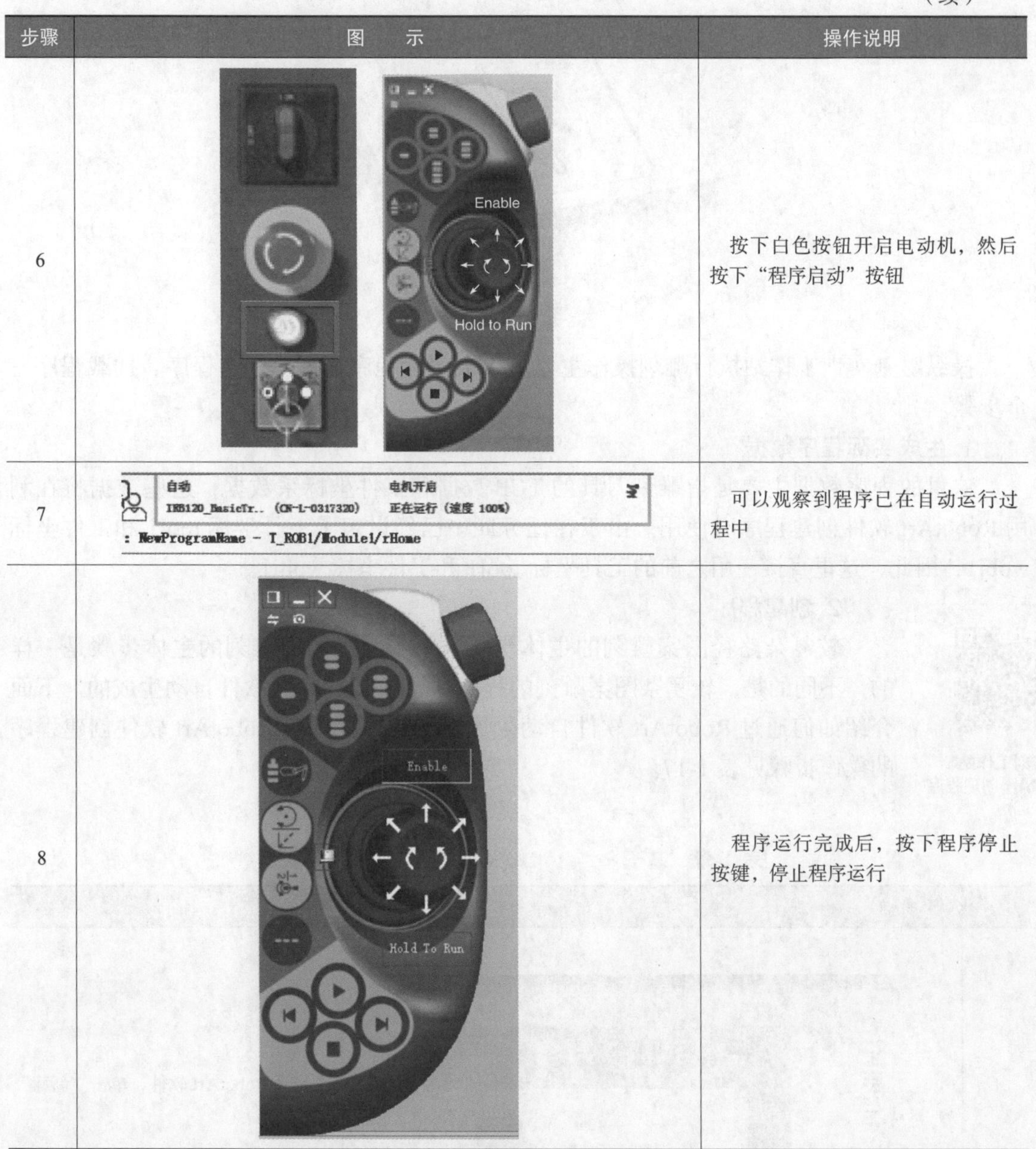

步骤	图示	操作说明
6	Enable Hold to Run	按下白色按钮开启电动机，然后按下“程序启动”按钮
7	自动 IRB120_BasicTr.. (CN-L-0317320) 电机开启 正在运行（速度 100%） : NewProgramName - T_ROB1/Module1/rHome	可以观察到程序已在自动运行过程中
8	Enable Hold To Run	程序运行完成后，按下程序停止按键，停止程序运行

任务五　较复杂路径图案的雕刻

雕刻实训工作站可以实现各种不同图案的雕刻。对于如直线、三角形等简单路径图案的雕刻，通过建立几个关键示教点，进行手动编程就可以完成。但是，对于稍显复杂的雕刻图案，如图 1-27 所示，想要依赖于手动编程实现是比较困难的。针对这种情况，就需要借助于 CAM 软件实现。下面就以雕刻汉字——天津机电为例，介绍借助于 CAM 软件中的 RobotArt 软件实现较复杂图案雕刻的方法。

图 1-27 较复杂的雕刻图案

操纵雕刻实训工作站执行雕刻操作主要有生成实际程序数据、创建程序、加载程序三个步骤。

1. 生成实际程序数据

这里的程序数据主要是指雕刻刀具的 TCP 数据和工件坐标系数据，这些数据将在利用 RobotArt 软件创建程序时使用。由于在任务四中已经设定了工具坐标 tool1 和工件坐标 wobj1，因此，这里直接使用之前的工具坐标 tool1 和工件坐标 wobj1。

雕刻工作站 RobotArt 创建程序

2. 创建程序

较复杂路径图案雕刻的主体步骤与简单路径图案雕刻的主体步骤是一样的，不同的是，较复杂图案雕刻的程序是通过 RobotArt 软件自动生成的。下面介绍如何通过 RobotArt 软件自动生成雕刻程序。基于 RobotArt 软件创建程序的操作步骤见表 1-17。

表 1-17 基于 RobotArt 软件创建程序的操作步骤

步骤	图　示	操作说明
1	开启工业智能化时代 新建 打开	打开 RobotArt 软件，单击“新建”
2	机器人编程 工艺包 自定义 草图 主页 工作站 新建 打开 保存 另存为 机器人库 工具库 设备库 输入 文件 场景搭建	单击“工作站”

（续）

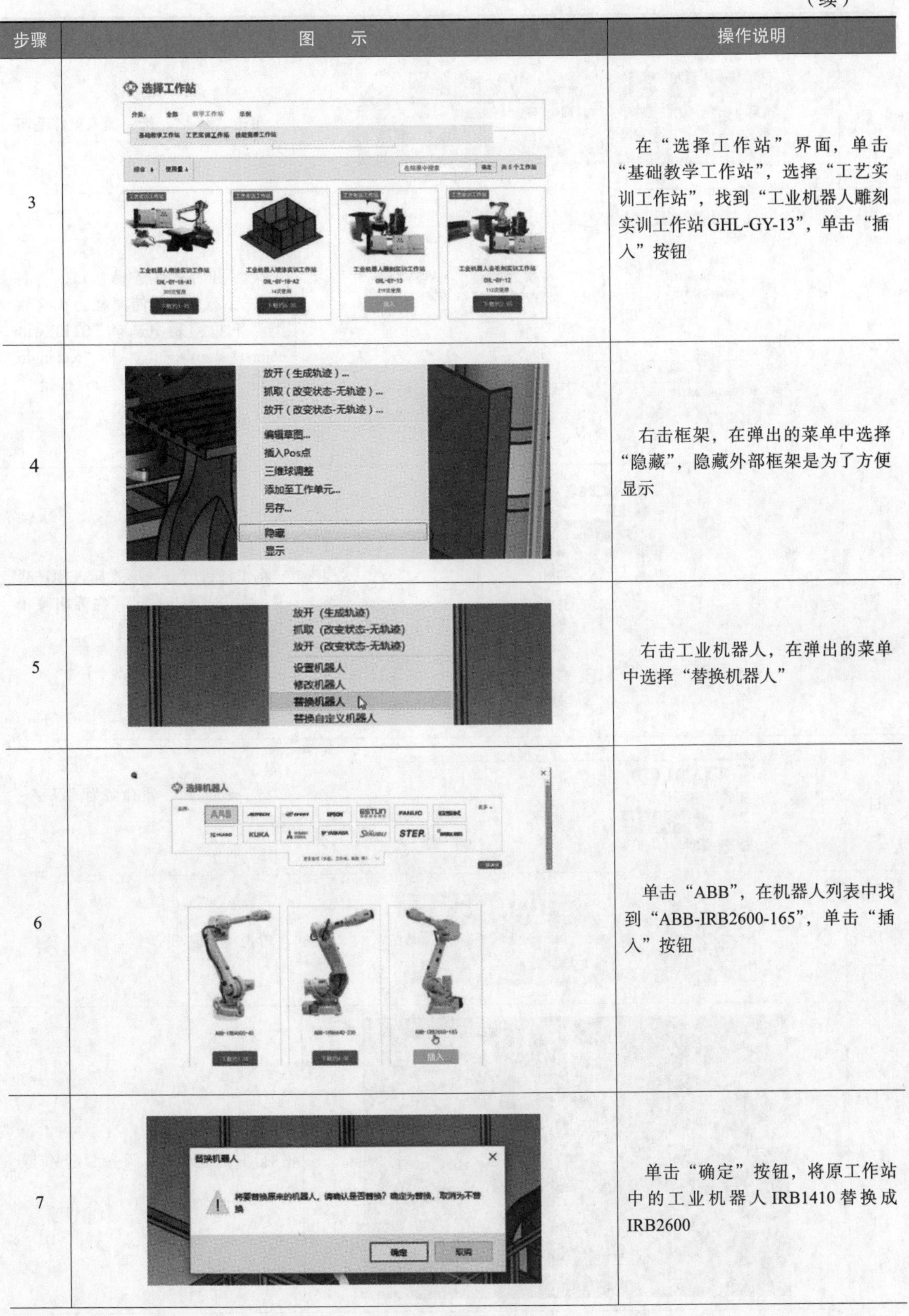

步骤	图示	操作说明
3		在“选择工作站”界面，单击“基础教学工作站”，选择“工艺实训工作站”，找到“工业机器人雕刻实训工作站 GHL-GY-13”，单击“插入”按钮
4		右击框架，在弹出的菜单中选择“隐藏”，隐藏外部框架是为了方便显示
5		右击工业机器人，在弹出的菜单中选择“替换机器人”
6		单击“ABB”，在机器人列表中找到“ABB-IRB2600-165”，单击“插入”按钮
7		单击“确定”按钮，将原工作站中的工业机器人 IRB1410 替换成 IRB2600

（续）

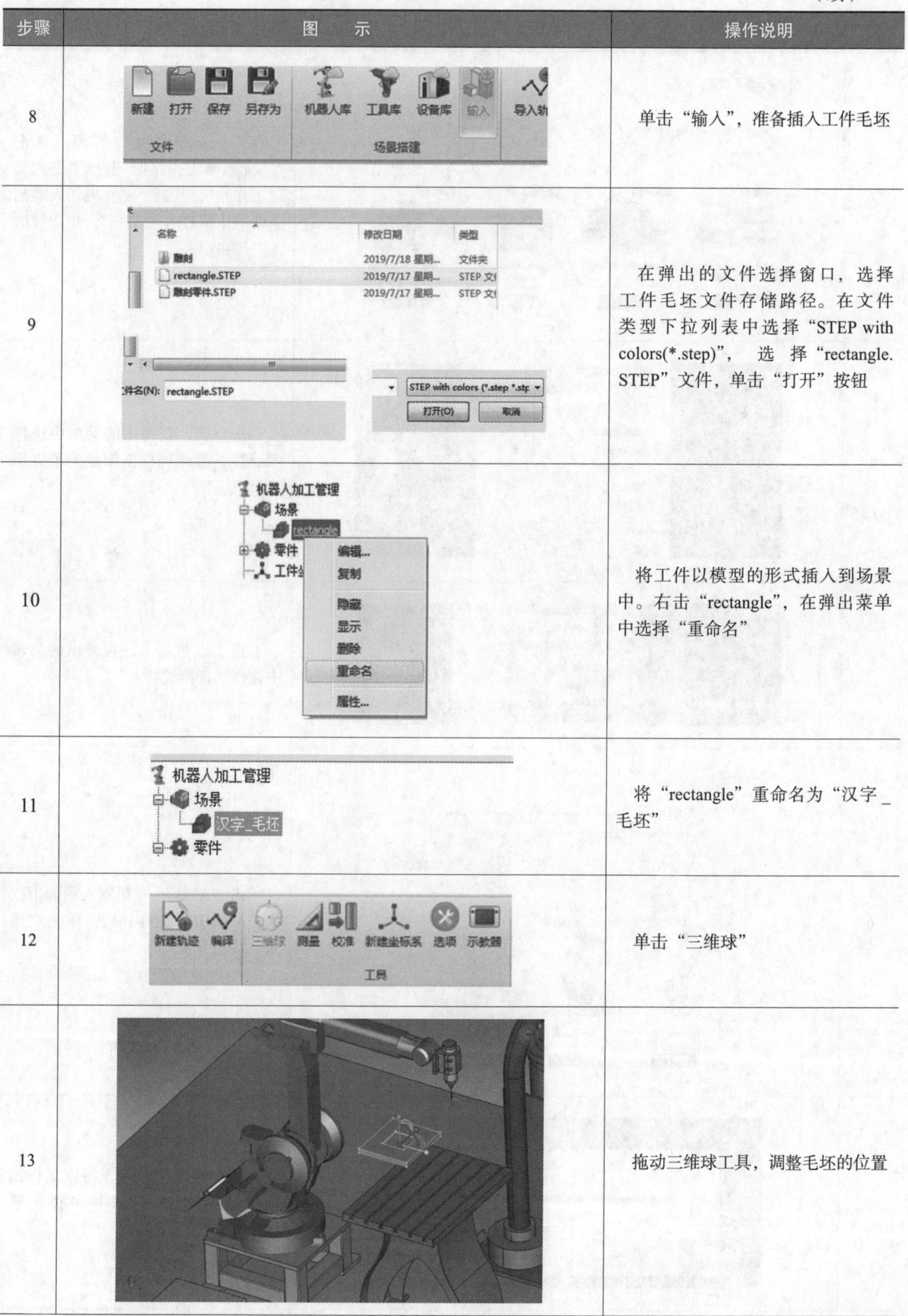

步骤	图示	操作说明
8		单击“输入”，准备插入工件毛坯
9		在弹出的文件选择窗口，选择工件毛坯文件存储路径。在文件类型下拉列表中选择“STEP with colors(*.step)”，选择“rectangle.STEP”文件，单击“打开”按钮
10		将工件以模型的形式插入到场景中。右击“rectangle”，在弹出菜单中选择“重命名”
11		将“rectangle”重命名为“汉字_毛坯”
12		单击“三维球”
13		拖动三维球工具，调整毛坯的位置

（续）

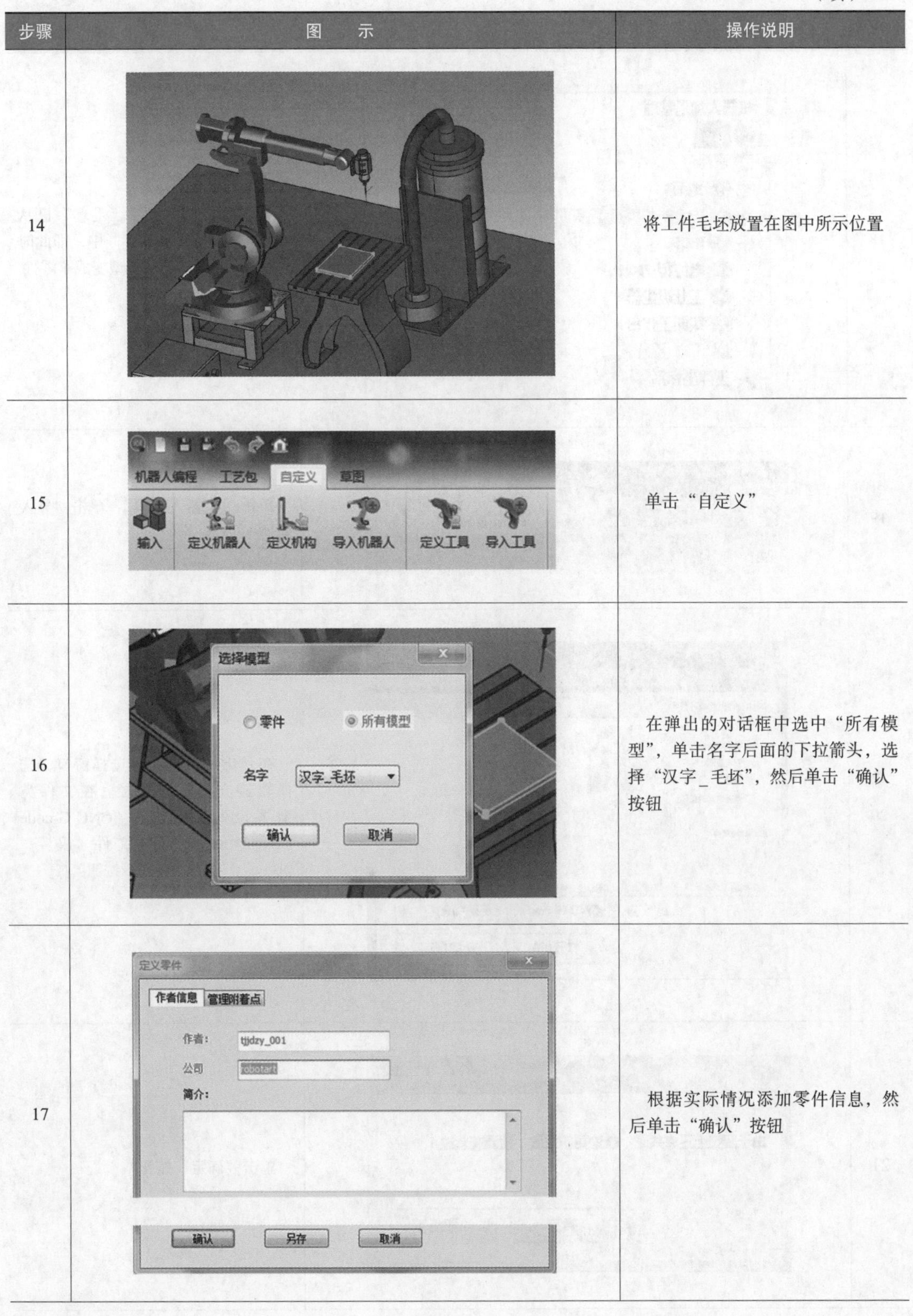

步骤	图示	操作说明
14		将工件毛坯放置在图中所示位置
15		单击“自定义”
16		在弹出的对话框中选中“所有模型”，单击名字后面的下拉箭头，选择“汉字_毛坯”，然后单击“确认”按钮
17		根据实际情况添加零件信息，然后单击“确认”按钮

（续）

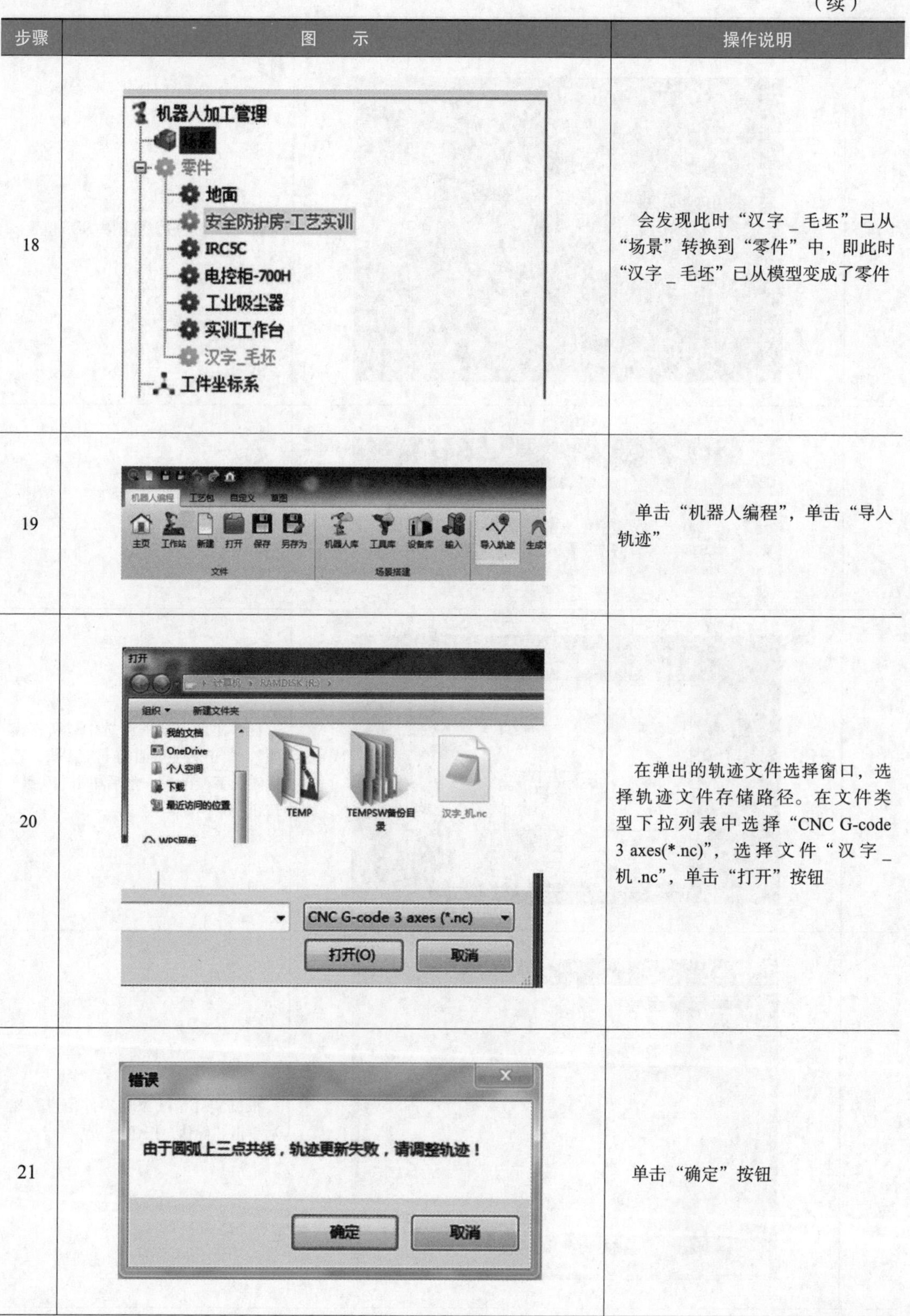

步骤	图示	操作说明
18		会发现此时“汉字 _ 毛坯”已从“场景”转换到“零件”中，即此时“汉字 _ 毛坯”已从模型变成了零件
19		单击“机器人编程”，单击“导入轨迹”
20		在弹出的轨迹文件选择窗口，选择轨迹文件存储路径。在文件类型下拉列表中选择“CNC G-code 3 axes(*.nc)”，选择文件“汉字 _ 机 .nc”，单击“打开”按钮
21		单击“确定”按钮

（续）

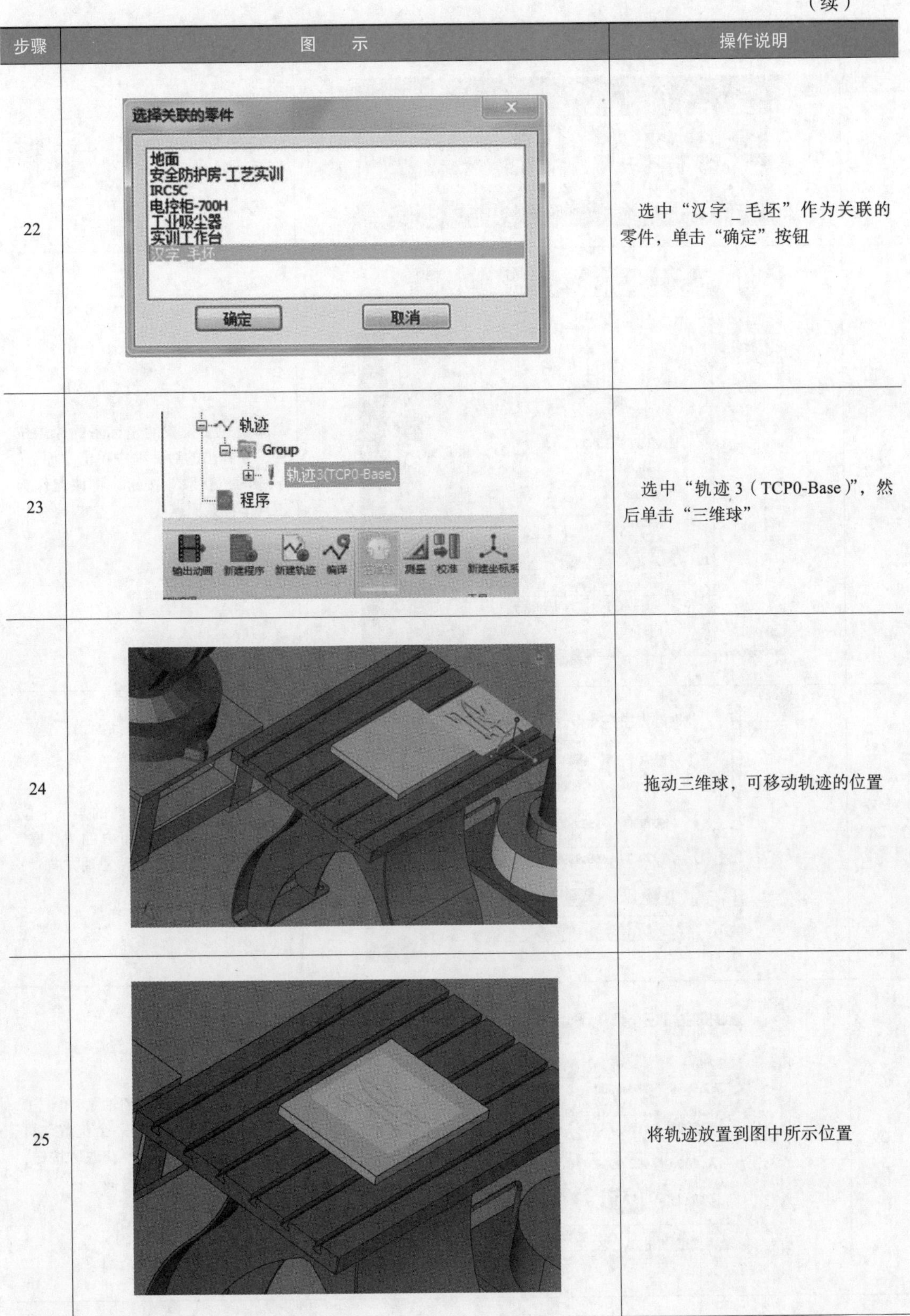

步骤	图　示	操作说明
22		选中“汉字 _ 毛坯”作为关联的零件，单击“确定”按钮
23		选中“轨迹 3（TCP0-Base）”，然后单击“三维球”
24		拖动三维球，可移动轨迹的位置
25		将轨迹放置到图中所示位置

（续）

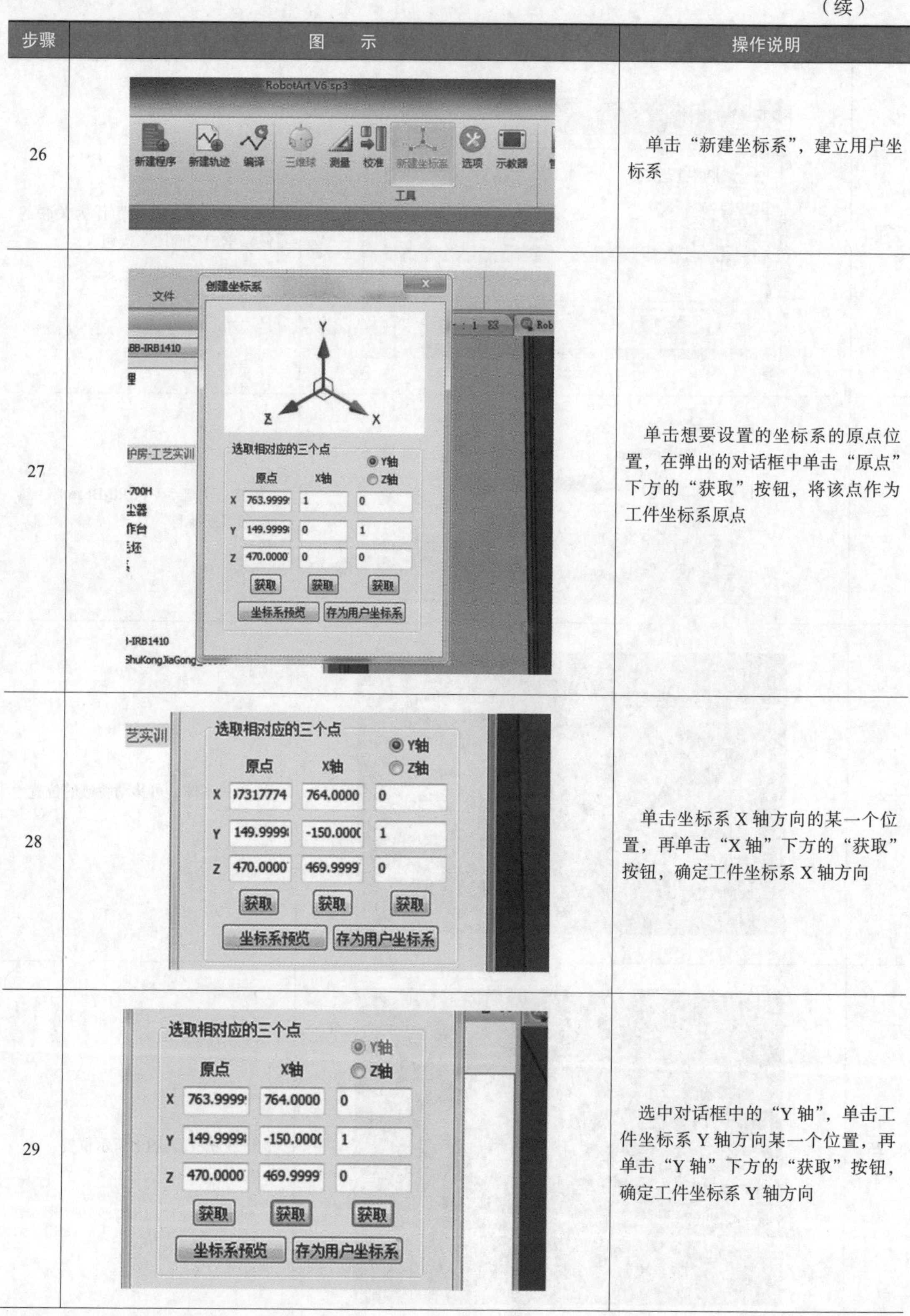

步骤	图　示	操作说明
26		单击“新建坐标系”，建立用户坐标系
27		单击想要设置的坐标系的原点位置，在弹出的对话框中单击“原点”下方的“获取”按钮，将该点作为工件坐标系原点
28		单击坐标系X轴方向的某一个位置，再单击“X轴”下方的“获取”按钮，确定工件坐标系X轴方向
29		选中对话框中的“Y轴”，单击工件坐标系Y轴方向某一个位置，再单击“Y轴”下方的“获取”按钮，确定工件坐标系Y轴方向

（续）

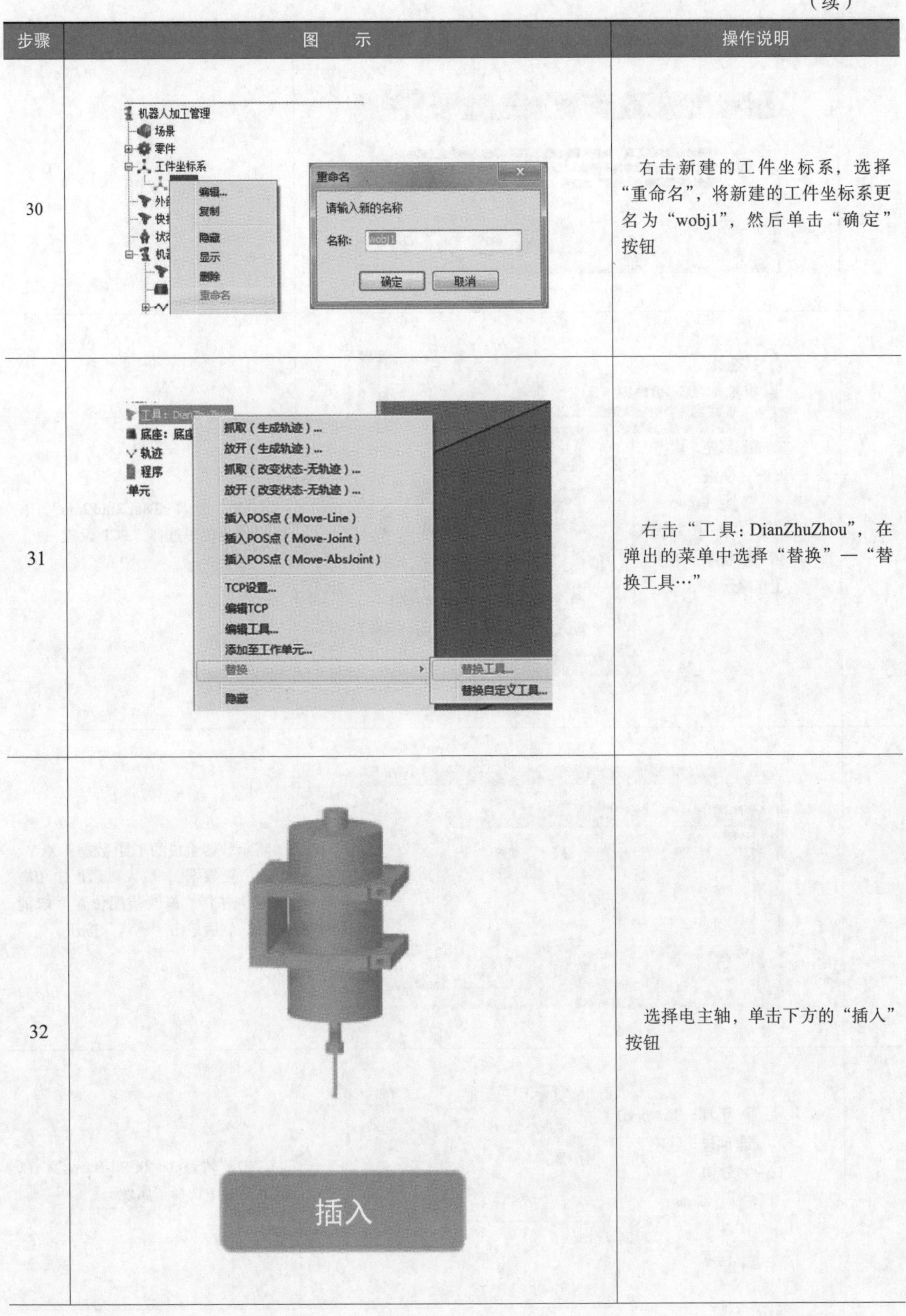

步骤	图 示	操作说明
30		右击新建的工件坐标系，选择“重命名”，将新建的工件坐标系更名为“wobj1”，然后单击“确定”按钮
31		右击“工具：DianZhuZhou”，在弹出的菜单中选择“替换”—“替换工具…”
32		选择电主轴，单击下方的“插入”按钮

（续）

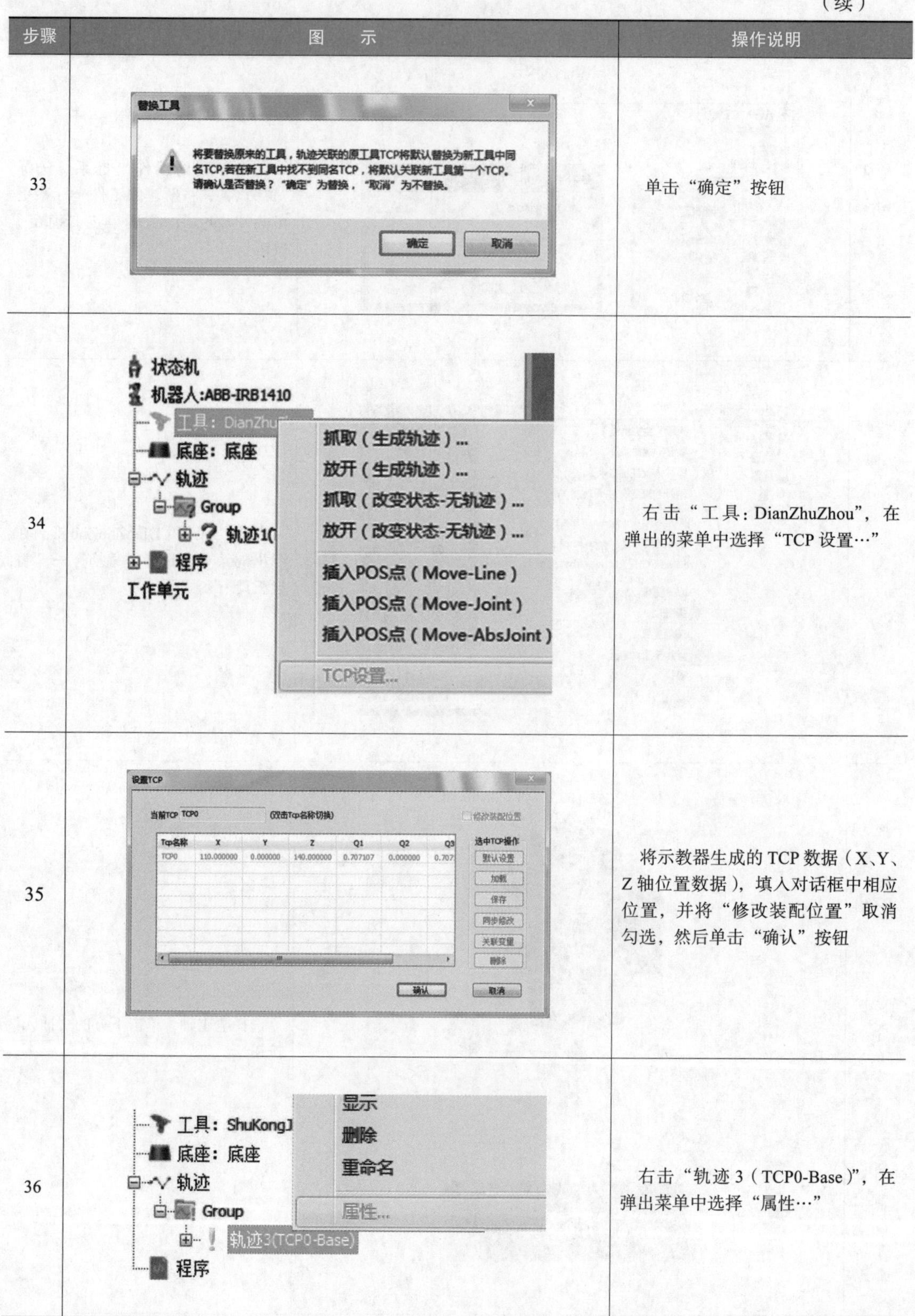

步骤	图　示	操作说明
33		单击“确定”按钮
34		右击“工具：DianZhuZhou”，在弹出的菜单中选择“TCP设置…”
35		将示教器生成的TCP数据（X、Y、Z轴位置数据），填入对话框中相应位置，并将“修改装配位置”取消勾选，然后单击“确认”按钮
36		右击“轨迹3（TCP0-Base）”，在弹出菜单中选择“属性…”

（续）

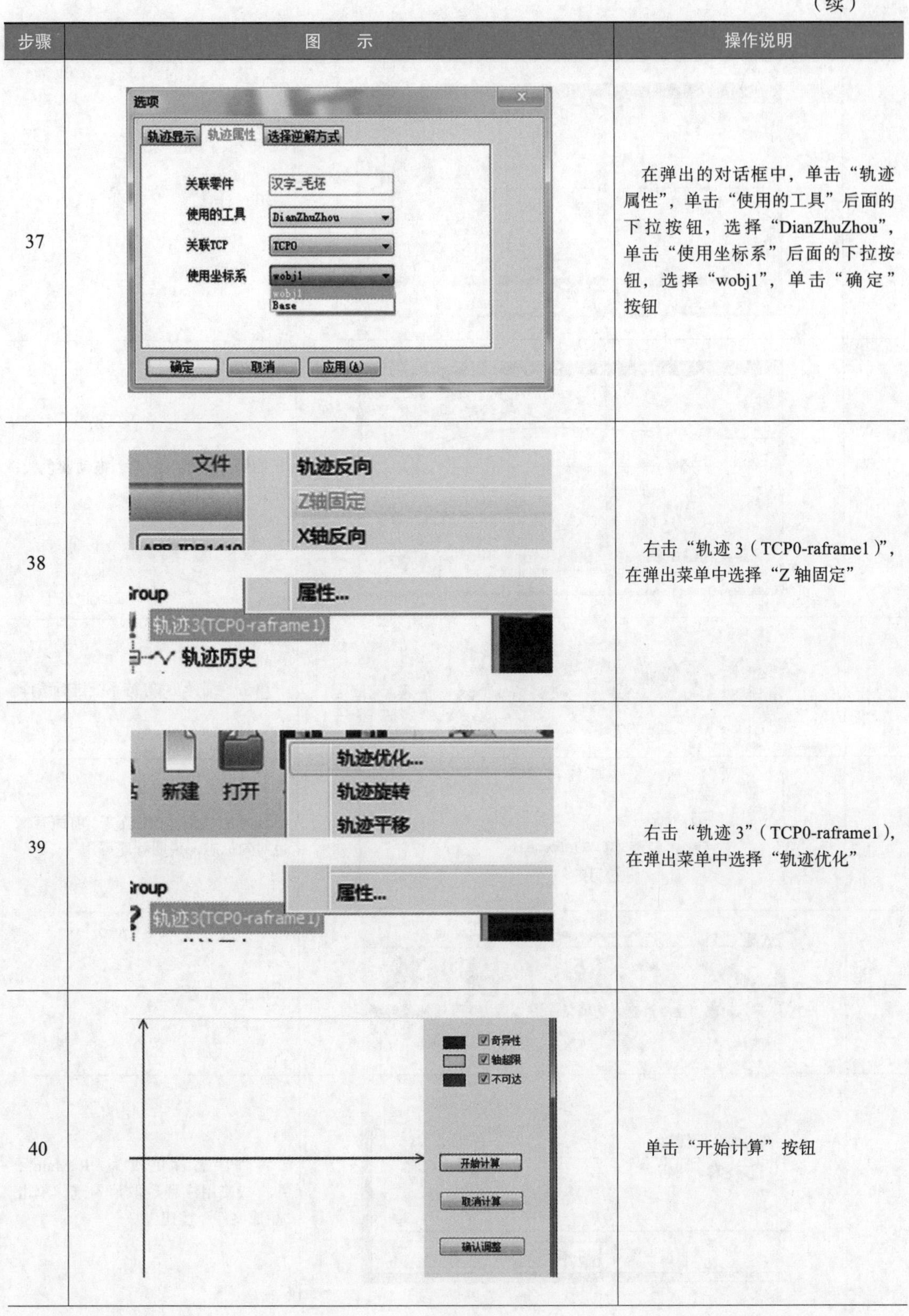

步骤	图示	操作说明
37		在弹出的对话框中，单击“轨迹属性”，单击“使用的工具”后面的下拉按钮，选择“DianZhuZhou”，单击“使用坐标系”后面的下拉按钮，选择“wobj1”，单击“确定”按钮
38		右击“轨迹 3（TCP0-raframe1）”，在弹出菜单中选择“Z 轴固定”
39		右击“轨迹 3”（TCP0-raframe1），在弹出菜单中选择“轨迹优化”
40		单击“开始计算”按钮

（续）

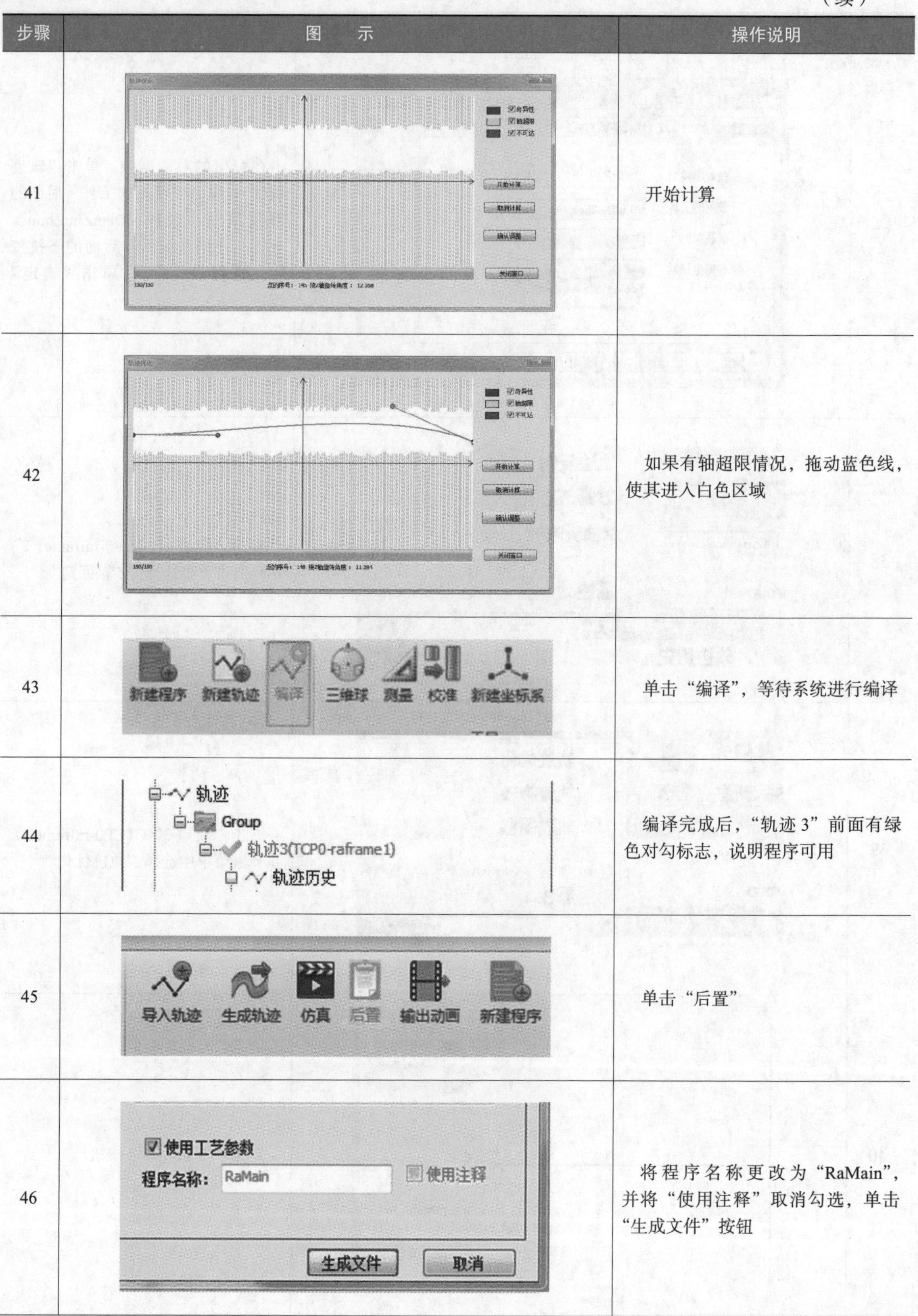

步骤	图　示	操作说明
41		开始计算
42		如果有轴超限情况，拖动蓝色线，使其进入白色区域
43		单击“编译”，等待系统进行编译
44		编译完成后，“轨迹 3”前面有绿色对勾标志，说明程序可用
45		单击“后置”
46		将程序名称更改为“RaMain”，并将“使用注释”取消勾选，单击“生成文件”按钮

（续）

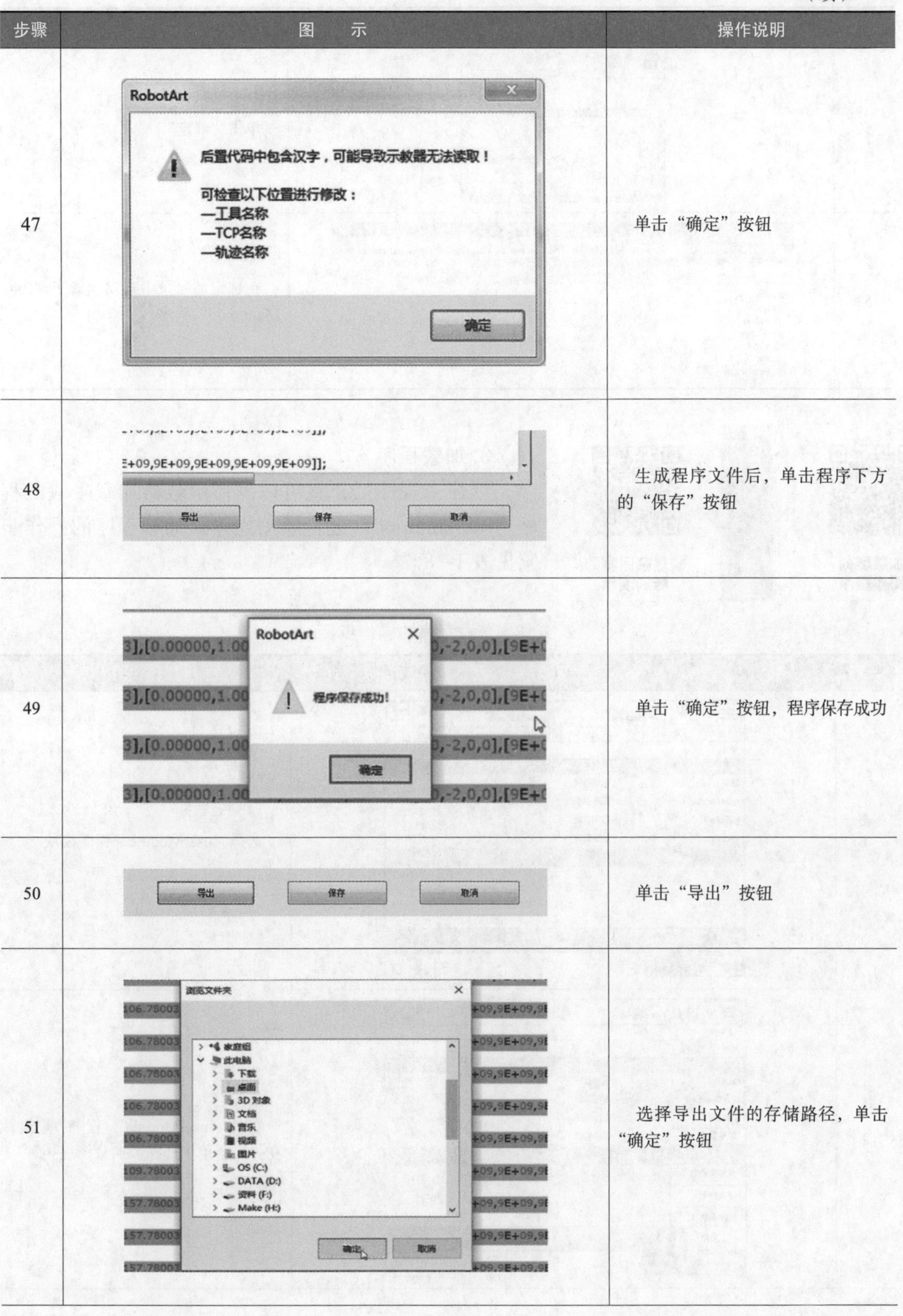

步骤	图　示	操作说明
47		单击“确定”按钮
48		生成程序文件后，单击程序下方的“保存”按钮
49		单击“确定”按钮，程序保存成功
50		单击“导出”按钮
51		选择导出文件的存储路径，单击“确定”按钮

（续）

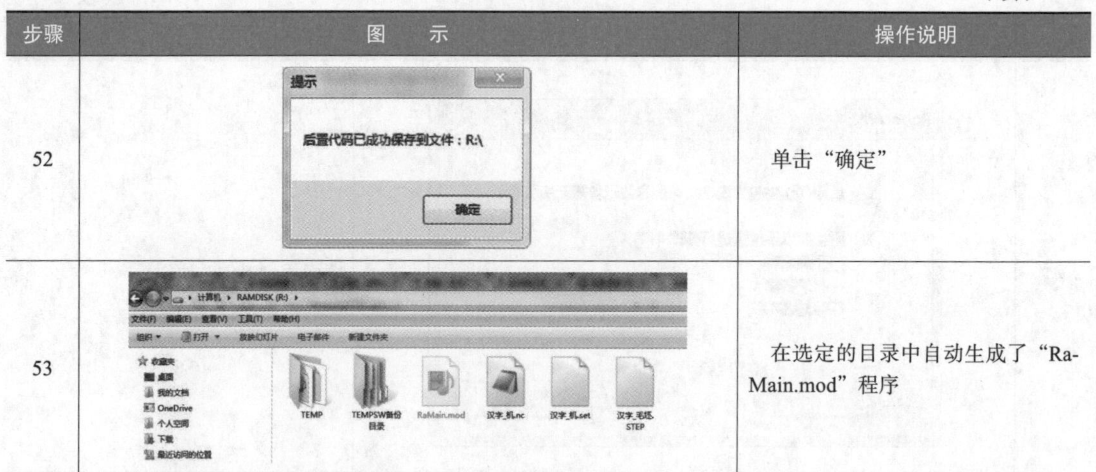

步骤	图　　示	操作说明
52	提示 后置代码已成功保存到文件：R:\ 确定	单击“确定”
53	计算机 ▸ RAMDISK (R:) ▸ 文件(F) 编辑(E) 查看(V) 工具(T) 帮助(H) 组织 ▾ 打开 ▾ 放映幻灯片 电子邮件 新建文件夹 收藏夹 桌面 我的文档 OneDrive 个人空间 下载 最近访问的位置 TEMP　TEMPSW备份目录　RaMain.mod　汉字_机.nc　汉字_机.set　汉字_毛坯.STEP	在选定的目录中自动生成了“RaMain.mod”程序

加载雕刻图案程序

较复杂图案的雕刻演示

3. 加载程序

创建完程序后，就可以操作示教器加载生成的程序“RaMain.mod”进行雕刻操作。加载程序的操作步骤见表 1-18。

表 1-18　加载程序的操作步骤

步骤	图　　示	操作说明
1	手动 防护装置停止 已停止（速度 100%） T_ROB1 模块 名称 / 类型 更改 BASE 系统模块 mainModule 程序模块 RaMain 程序模块 user 系统模块 X userModule 程序模块 文件 刷新 显示模块 后退	选择“userModule”程序模块
2	手动 防护装置停止 已停止（速度 100%） T_ROB1 模块 名称 / 类型 更改 BASE 系统模块 mainModule 程序模块 RaMain 程序模块 新建模块… 系统模块 X 加载模块… 程序模块 另存模块为… 更改声明… 删除模块… 文件 刷新 显示模块 后退	右击“userModule”程序模块，在弹出菜单中选择“加载模块…”

（续）

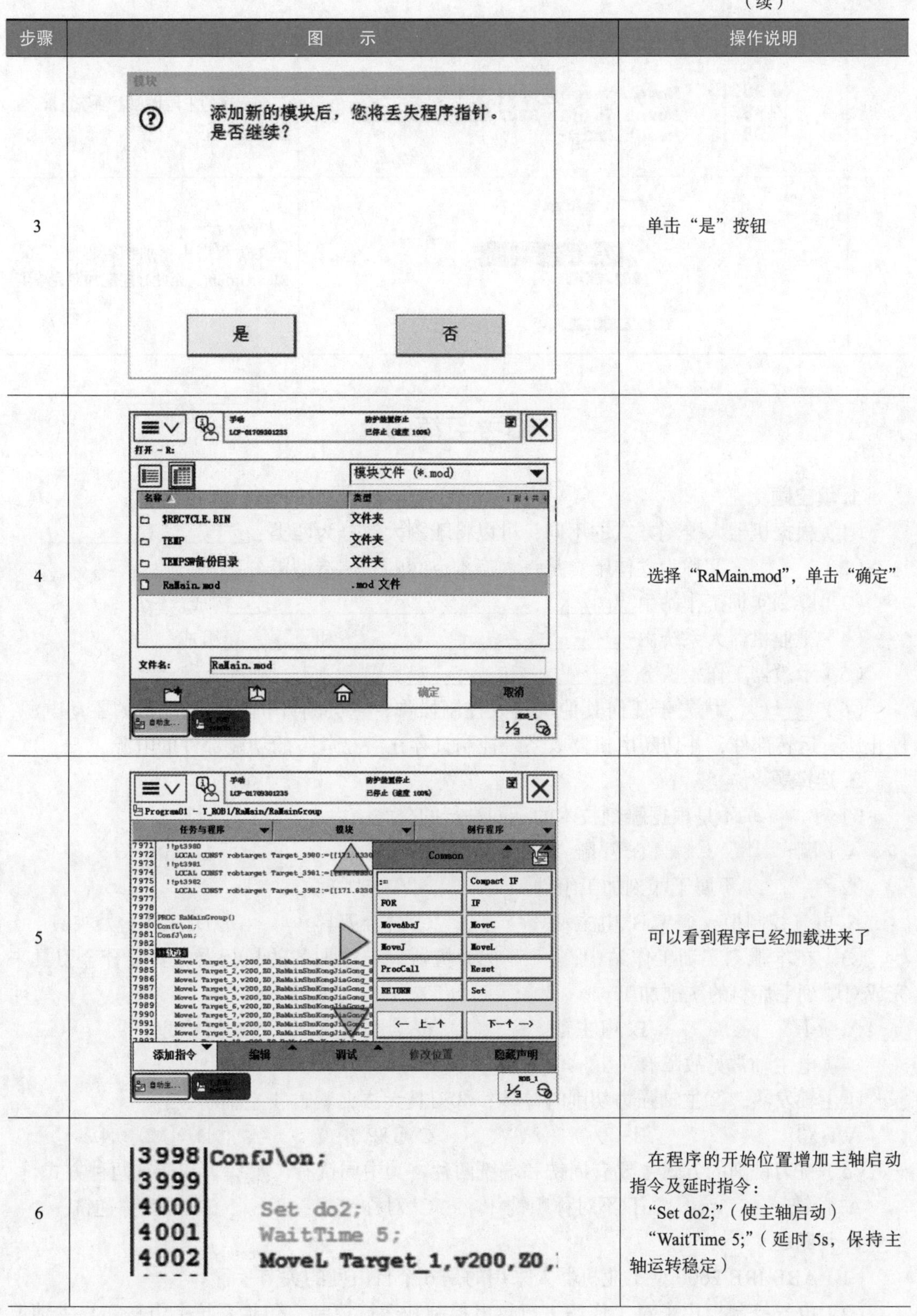

步骤	图　示	操作说明
3		单击“是”按钮
4		选择“RaMain.mod”，单击“确定”
5		可以看到程序已经加载进来了
6		在程序的开始位置增加主轴启动指令及延时指令： “Set do2;”（使主轴启动） “WaitTime 5;”（延时5s，保持主轴运转稳定）

（续）

步骤	图　示	操作说明
7	7982　MoveL Target_3981,v200,Z0,RaMa 7983　MoveL Target_3982,v200,Z0,RaMa 7984　Reset do2;	在程序的末尾增加主轴停止指令："Reset do2;"
8	PROC main() rInit; RaMainGroup; ENDPROC ENDMODULE	在主程序中增加例行程序："Ra-MainGroup;" 至此程序就加载完毕了

思考与练习

1. 填空题

（1）根据机器人雕刻方式的不同，可以将雕刻大致分为两类：________和________。

（2）________又称为立体雕，是一种三维空间的立体造型雕刻。

（3）雕刻实训工作站由________、________、________、________构成。

（4）工业机器人系统由________、________、________和________组成。

（5）示教器工作模式分为________和________。

（6）________优先于任何其他机器人控制操作，它会断开机器人电动机的驱动电源，停止所有运转部件，并切断由机器人系统控制且存在潜在危险的功能部件的电源。

2. 选择题

（1）（　　）不是根据雕刻技术的不同进行的分类。

A. 圆雕　　B. 浮雕　　C. 沉雕　　D. 石雕

（2）（　　）不属于雕刻加工组件。

A. 电气控制柜　　B. 电主轴　　C. 合金刀具　　D. 工作台及夹具

（3）在本雕刻实训工作站中，（　　）为机器人末端加载的执行器，安装合金刀具来完成对雕刻毛坯料的铣削加工。

A. 夹具　　B. 电主轴　　C. 合金刀具　　D. 变频器

（4）电主轴常见故障有（　　）。

①主轴发热；②主轴强力切削时停转；③刀具无法夹紧；④主轴断裂

A. ①③　　B. ②④　　C. ①②③　　D. ①②③④

（5）铣刀铣削的方式主要有周铣和端铣两种，其中周铣有（　　）和逆铣两种方式。

A. 顺铣　　B. 不对称顺铣　　C. 对称铣　　D. 不对称逆铣

3. 判断题

（1）ABB IRB 2600 型工业机器人采用的是 6 个自由度的关节手臂。（　　）

（2）电气控制柜用来对工作站进行供电控制和运行控制，包括系统上电按钮、主轴上

电按钮、除尘开关按钮、安全确认按钮、系统断电按钮、主轴断电按钮、报警复位按钮和紧急停止按钮。（ ）

（3）在进行机器人的安装、维修、保养时切记要将总电源关闭。（ ）

自我学习检测评分表

任务	目标要求	分值	评分细则	得分	备注
认识工业机器人雕刻	1. 了解雕刻的概念 2. 了解工业机器人雕刻的特点及优势 3. 熟悉雕刻的分类	10	理解与掌握		
认识工业机器人雕刻实训工作站	1. 了解雕刻实训工作站的主要组成 2. 熟悉雕刻实训工作站的主要技术参数 3. 掌握工业机器人系统 ABB IRB 2600 的组成与主要技术参数 4. 熟悉雕刻加工组件中电主轴和刀具的特点	20	理解与掌握		
工业机器人雕刻实训工作站的基本操作	1. 掌握雕刻实训工作站安全操作注意事项 2. 掌握启动雕刻实训工作站的操作方法 3. 掌握关闭雕刻实训工作站的操作方法	10	1. 理解与掌握 2. 操作流程		
简单路径图案的雕刻	掌握三角形轨迹图案雕刻的操作方法	20	1. 理解与掌握 2. 操作流程		
较复杂路径图案的雕刻	1. 熟悉 RobotArt 软件的使用 2. 掌握基于 RobotArt 软件实现较复杂图案雕刻的方法	30	1. 理解与掌握 2. 操作流程		
安全操作	符合上机实训操作要求	10			

项目二　工业机器人去毛刺实训工作站

工业机器人
去毛刺实训工作站

➢ **项目描述**

通过对常见去毛刺方法的学习，了解工业机器人去毛刺的优势与特点；在此基础上，掌握工业机器人去毛刺实训工作站的硬件结构组成，并进一步掌握对工件进行去毛刺操作的基本步骤。

➢ **学习目标**

1）了解毛刺的分类及危害。

2）了解常见的去毛刺方法及其特点。

3）理解工业机器人去毛刺的优势。

4）掌握工业机器人去毛刺实训工作站的构成。

5）熟悉工业机器人去毛刺实训工作站的主要技术参数。

6）掌握对工件进行去毛刺的操作。

认识工业机器人
去毛刺

任务一　认识工业机器人去毛刺

去毛刺工艺是指去除零件棱边所形成的刺状物或飞边，是零件完成铸造、加工等工序后的必备工序。毛刺不仅严重影响零件的品质和外观，还会使操作人员在拿取零件时发生危险。

1. 毛刺的分类及危害

机械零件加工方法大致可分为去除材料加工、变形加工、附加加工等。在各种加工中，与所要求的形状、尺寸不符的或在被加工零件上派生出的多余部分即为毛刺。毛刺的产生随加工方法的不同而变化。根据加工方法的不同，毛刺大致可分为以下六种。

1）铸造毛刺。铸造毛刺是指在铸模的接缝处或浇口根部产生的多余材料，其大小一般用毫米表示。

2）锻造毛刺。锻造毛刺在金属模的接缝处，是由锻压材料的塑性变形而产生的。

3）电焊毛刺、气焊毛刺：电焊毛刺是焊缝处的填料凸出于零件表面上的毛刺；气焊毛刺是瓦斯切断时从切口溢出的熔渣。

4）冲压毛刺。冲压时，由于冲模上的冲头与下模之间有间隙，或切口处刀具之间有间隙，以及因模具磨损而产生的毛刺。冲压毛刺的形状会受板的材料、板的厚度、上下模之间的间隙，冲压零件的形状等因素的影响而有所不同。

5）切削加工毛刺。车、铣、刨、磨、钻、铰等加工方法也能产生毛刺。各种加工方法产生的毛刺会因刀具和工艺参数的不同而产生不同的形状。

6）塑料成型毛刺。塑料成型毛刺与铸造毛刺一样，是在塑料模的接缝处产生的毛刺。

当存在毛刺的零件做机械运动或振动时，脱落的毛刺会造成机器滑动表面过早磨损、噪声增大，甚至使机构卡死，动作失灵。某些电气系统在随主机运动时，会因毛刺脱落而造成短路或使磁场受到破坏，影响系统正常工作。对于液压系统元件，如果毛刺脱落，毛刺将存在于各液压元件微小的工作间隙内，使滑阀卡死、使回路或滤网堵塞，从而造成事故，此外还会引起流体湍流或层流，降低系统的工作性能。相关文献数据表明，液压件性能下降和寿命缩短的原因有 70% 是毛刺造成的。对于变压器，带有毛刺的铁心比清除毛刺的铁心铁损增加 20% ~ 90%，并随振动频率的增加而加大。毛刺的存在还会影响机械系统的装配质量、零件后序加工工序的加工质量及检验结果的准确性。

2. 常见去毛刺方法

选择去毛刺方法时应考虑零件本身的材质、加工精度、几何尺寸及毛刺大小和部位等因素，还要注意改善去毛刺作业的环境和条件，降低生产成本，提高生产率。毛刺清除后应能达到所期望的去毛刺标准，且不能降低零件尺寸精度要求或改变零件表面形态。在选择去毛刺设备时，要综合考虑零件的产量、生产周期、性能、材质、形状、尺寸、加工精度以及毛刺存在部位和大小等因素，还要考虑加工后不能产生二次毛刺。

常见的去毛刺方法有以下六种。

1）人工去毛刺。人工去毛刺是最普通、最传统的方法之一，适用于去除精度要求不高零件表面的毛刺。人工去毛刺的工具主要有锉刀、油石、砂布、钢丝刷等，去毛刺效果主要依靠放大镜等检测器具完成。这种方法不仅劳动强度大，对工人技术要求高，还浪费工时，生产效率低，去毛刺质量不稳定。

2）化学去毛刺。化学去毛刺是用电化学反应原理，对金属材料制成的零件自动地、有选择地完成去毛刺作业。它可广泛用于气动、液压、工程机械、汽车等行业不同金属材质的泵体、阀体、连杆、柱塞偶件等零件的去毛刺加工。化学去毛刺适用于难于去除的内部毛刺、热处理后和精加工的零件。

3）电解去毛刺。电解去毛刺是利用电解作用去除金属零件毛刺的一种加工方法，英文简称 ECD。电解去毛刺适用于去除零件中隐蔽部位交叉孔或形状复杂零件的毛刺。这种方法的优点是生产效率高，去毛刺时间一般只需几秒至几十秒；缺点是零件毛刺附近也会受到电解作用，零件表面会失去原有光泽，甚至影响尺寸精度。

4）超声波去毛刺。超声波去毛刺是利用超声波所产生的高频振动清除金属零件表面的毛刺。超声波去毛刺适用于外形小且精密的零件。

5）喷射法去毛刺。喷射法去毛刺有喷射砂粒去毛刺和喷射水去毛刺两种方法。

6）工业机器人去毛刺。对由难以加工材料制成的外形复杂零件，去毛刺工作靠手工或常规去毛刺机械难以完成。为此，国外开发了机器人去毛刺技术。随着计算机技术的发展，美国、日本、德国和加拿大等国已相继研制出由微机控制的去毛刺机器人，其位置重复精度达 0.1 ~ 0.05mm。计算机控制的去毛刺机器人带有由专家系统构成的知识库，可与 CAD/CAM 结合使用。用机器人去毛刺能保证零件质量的一致性，降低废品率，并可提高 3 ~ 4 倍的工作效率。国内航空航天领域已开始使用工业机器人去除航空发动机叶片上的毛刺，提高了叶片的磨削加工精度，延长了叶片使用寿命，并可减少废品，被称为最具前途的叶片加工工艺方法。

3. 工业机器人去毛刺的优势

工业机器人去毛刺工作站利用工业机器人柔性执行单元，结合去毛刺工艺的实际加工单元，可以完成对任意形状零件的去毛刺加工。

利用工业机器人完成去毛刺工艺，适用于不同形状、不同材料的零件，且对零件的更换响应快、设备性价比高，各项性能参数和应用效果已完全优于普通数控机床和其他专用设备。图 2-1 所示为工业机器人去毛刺的应用案例。

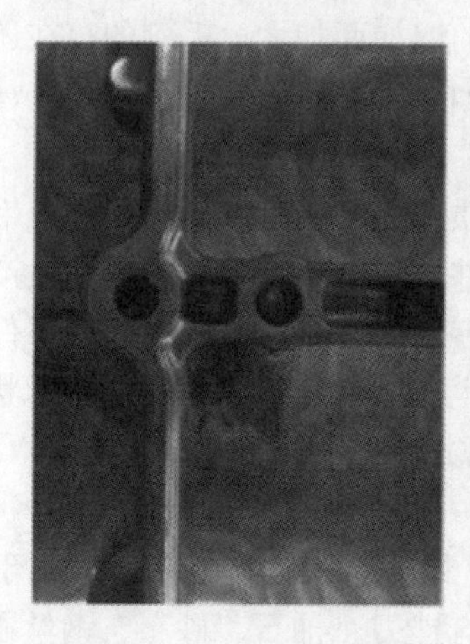
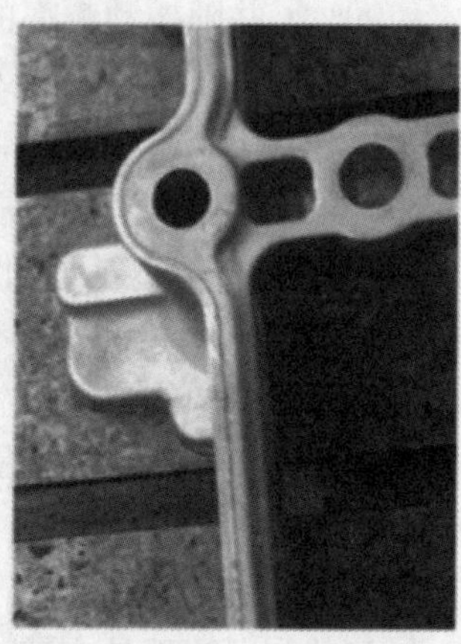

图 2-1　工业机器人去毛刺的应用案例

工业机器人去毛刺具有以下优势：

1）密闭式的工业机器人工作站，将高噪声和粉尘与外部隔离，减少环境污染。

2）操作人员不直接接触危险的加工设备，避免人员受伤。

3）工业机器人能保证产品加工精度的一致性和质量的可靠性，降低了废品率。

4）工业机器人替代人工作业，不但可以降低人力成本，还不会因为操作人员的流失而影响交货期。

5）工业机器人可 24h 连续作业，可大幅提高生产效率。

6）工业机器人具有可再开发性，用户可根据不同样件进行二次编程，缩短产品改型换代的周期，减少不必要的投资设备。

任务二　认识工业机器人去毛刺实训工作站

目前已有不少的工业机器人去毛刺工作站应用于卫浴领域、汽车零部件加工领域、工业零件加工领域、医疗器械加工领域、民用产品制造领域等高精度零件打磨抛光作业。本书将选用华航唯实的工业机器人去毛刺实训工作站（以下简称去毛刺实训工作站）为例来进行讲解。

1. 去毛刺实训工作站的整体结构

去毛刺实训工作站由工业机器人本体、机器人控制柜、电气控制柜、工作台及工装夹具、工业吸尘器、无油空压机等设备构成，如图 2-2 所示。

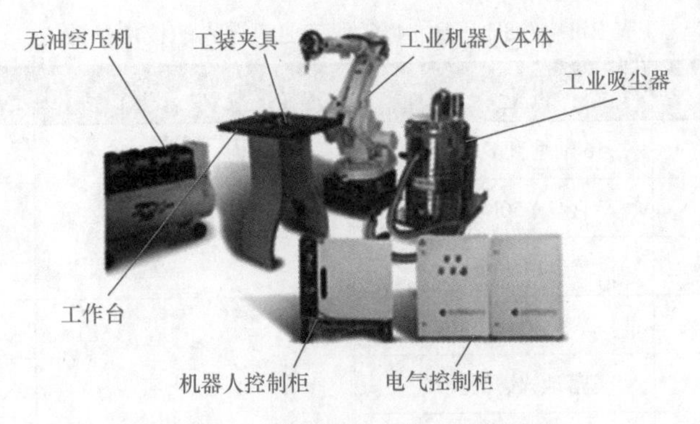

图 2-2　去毛刺实训工作站整体结构

去毛刺实训工作站以真实工厂应用要求为基础，优化功能设计，提高系统灵活度，融入实训教学过程，为具有一定工业机器人操作基础的人员提供结合去毛刺加工工艺的实训平台。去毛刺实训工作站具有以下几个特点：

1）综合性。去毛刺实训工作站系统是一门跨多个学科的综合性系统，它涉及工业机器人、PLC、自动控制、视觉系统和数控机床等多种学科的内容，该课程的核心技能是去毛刺实训工作站的设计、安装、调试、运行和维护应用技能，满足去毛刺实训工作站系统岗位群的需要。

2）通用性。去毛刺实训工作站采用高性能、高品质的设备，负载适中、精度高、适用范围广，保证学生学以致用，使操作与实际接轨。

3）完整性。该平台由工业机器人、去毛刺系统、工装夹具等组成，同时包含去毛刺除尘设备，以保证在实现教学时保证学生安全和良好的教学环境，该平台可以让学生近距离参与调试整套系统。

2. 去毛刺实训工作站的组成

（1）工业机器人本体　本去毛刺实训工作站采用型号为 ABB IRB 1410 的六自由度工业机器人。图 2-3a 所示为该型号工业机器人本体的实物图，其工作范围如图 2-3b 所示。ABB IRB 1410 型工业机器人的技术参数见表 2-1。

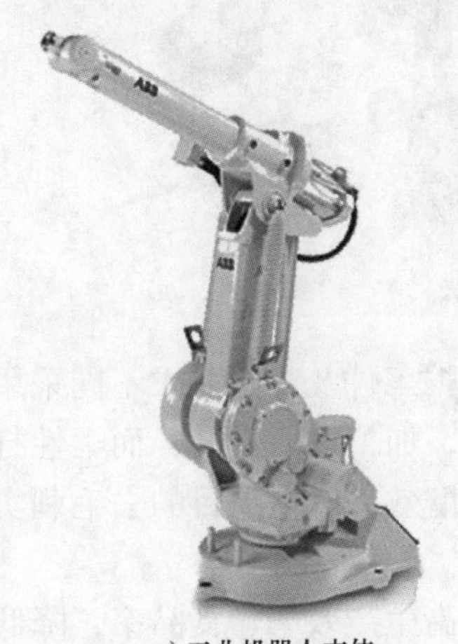

a) 工业机器人本体

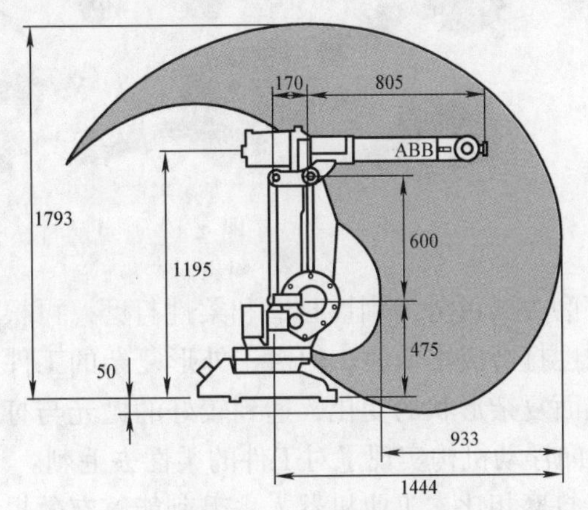

b) 工业机器人的工作范围(单位：mm)

图 2-3　ABB IRB 1410 型工业机器人

表 2-1 ABB IRB 1410 型工业机器人的技术参数

技术参数	说明		技术参数	说明	
机械结构	6 轴垂直多关节型		动作范围	轴 4	−150° ~ +150°
最大负载	50N			轴 5	−115° ~ +115°
工作半径	1450mm			轴 6	−300° ~ +300°
重复精度	± 0.05mm		最大速度	轴 1	141°/s
安装方式	落地式、倒置式			轴 2	141°/s
本体质量	170kg			轴 3	141°/s
动作范围	轴 1	−170° ~ +170°		轴 4	280°/s
	轴 2	−70° ~ +70°		轴 5	280°/s
	轴 3	−65° ~ +70°		轴 6	280°/s

（2）加工工具　图 2-4 所示为目前较常见的打磨头。工业机器人打磨头主要有以下几种：

1）去毛刺打磨头。一般根据需要选择具有浮动功能的打磨头，能够上下、左右浮动。去毛刺打磨头因结构特殊能适用于大部分表面去毛刺、去合模线的处理工艺。

2）抛光打磨头。一般需要根据产品的特性进行定制生产，主要是为了适应产品的各种抛光工艺。普通的机器人抛光机打磨头主要具有浮动功能、自动打蜡机构、自动补偿机构。根据需求还可以安装不同规格、不同数量的抛光轮。

3）过砂打磨头。跟抛光打磨头一样，过砂打磨头同样需要根据产品的特性进行定制生产。过砂打磨头即机器人砂带机，一般要求具有浮动功能，能适用于不同的加工方式，具有砂带监测、力大小监测、自动纠偏等功能。

图 2-4　常见的打磨头

机械打磨方式可分为刚性打磨和柔性打磨，可根据工件及工艺要求不同采用适合的打磨方式。刚性打磨成本低廉，但对于外形复杂的工件，加工效果不好；而柔性打磨则能适应工件的表面复杂形状的变化，达到较好的抛光与打磨效果。本项目的去毛刺实训工作站通过采用径向浮动机构实现了对工件的柔性去毛刺。

与手持打磨相比，工业机器人去毛刺能够有效提高生产效率、良品率，降低成本，但是由于机械臂刚性、定位误差等因素，采用工业机器人夹持电动、气动工具去毛刺，针对不规则毛刺处理时容易出现断刀或者损坏工件等情况。近年来在欧美发达国家已经广泛使用的浮动去毛刺机构能够有效解决这方面的问题。在进行难加工的边、角、交叉孔、不规则形状毛刺时，浮动去毛刺能让浮动机构和刀具针对工件毛刺采取跟随加工方式，如同手持工具加工工件毛刺般进行柔性去毛刺，能有效避免损坏刀具和工件，并减少工件定位等各方面的误差。机器人去毛刺浮动机构能够通过手爪自动换刀，进行多工序加工，也可以从经济角度出发，使用螺纹或者其他方式与机器人连接，同时这种浮动工具也能方便地安装在数控加工中心上使用。

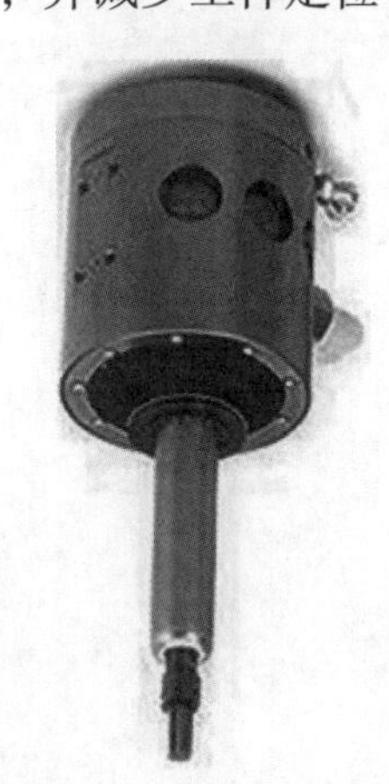

图 2-5 径向浮动工具

去毛刺实训工作站采用的加工工具为径向浮动工具，如图 2-5 所示。在它的末端装有旋转锉，是工业机器人实现去毛刺加工的末端执行器，其主轴高速旋转运动由压缩空气提供动力，具有径向浮动功能。

（3）电气控制柜　电气控制柜主要包括工作站系统电源启动旋转开关、电源指示灯、电源停止按钮、吸尘器按钮、安全门确认按钮灯和急停按钮。电气控制柜操作面板如图 2-6 所示，控制面板上各按钮功能见表 2-2。

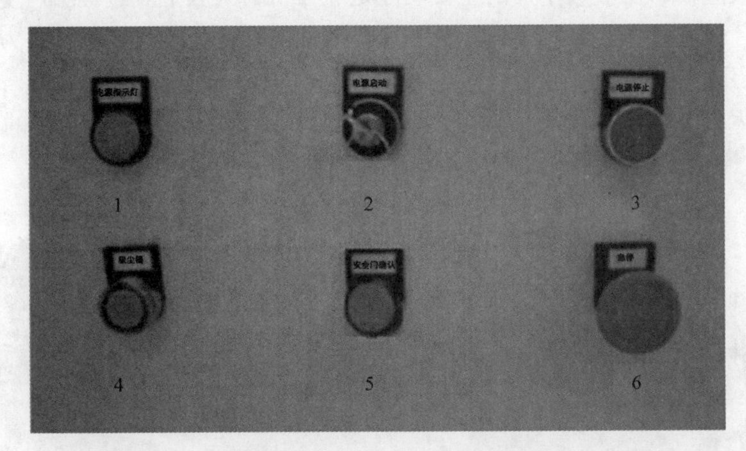

图 2-6 电气控制柜操作面板

表 2-2 电气控制柜操作面板上各按钮的功能

序号	名　称	功能介绍
1	电源指示灯	指示工作站电源上电状态，指示灯变亮表示工作站处于上电状态；指示灯熄灭表示工作站处于断电状态
2	电源启动	旋转电源启动旋转开关，实现工作站上电
3	电源停止	按电源停止按钮，实现工作站断电
4	吸尘器	按吸尘器按钮，指示灯变亮，吸尘器处于启动状态
5	安全门确认	按安全门确认按钮，指示灯变亮，表示安全门处于关闭状态
6	急停	在出现危险情况时，按下急停按钮，工业机器人动作停止。旋转电源启动开关，急停按钮复位，工业机器人上电后可继续运行

电气控制柜内部包含气源处理装置和气压调节装置，如图 2-7 所示。气源处理装置的主要功能是过滤从气泵处理的压缩空气中的油和水；气压调节装置为精密减压阀，通过调节气压的大小来控制径向浮动所需力的大小，其气压可调范围为 0.01 ~ 0.8MPa。

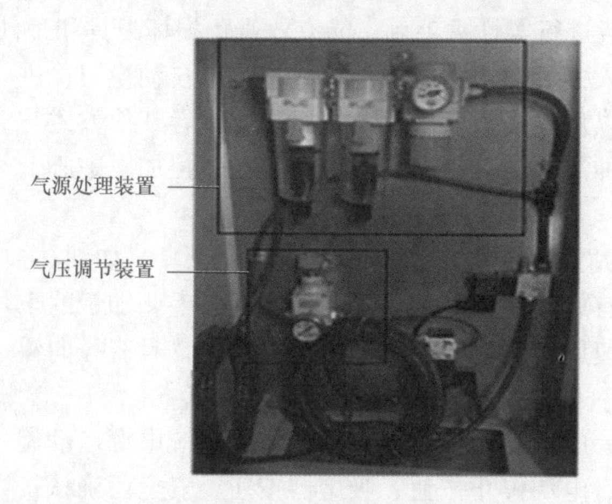

图 2-7　电气控制柜内部

（4）工业吸尘器　工业吸尘器的主要功能是除去机器人去毛刺过程中产生的毛刺屑。工业吸尘器的开启、停止通过两个开关实现，其中黑色开关为开启，红色开关为停止。工业吸尘器如图 2-8 所示。

（5）静音无油空压机　静音无油空压机的主要功能是为径向浮动工具的高速旋转提供压缩空气动力。静音无油空压机如图 2-9 所示。

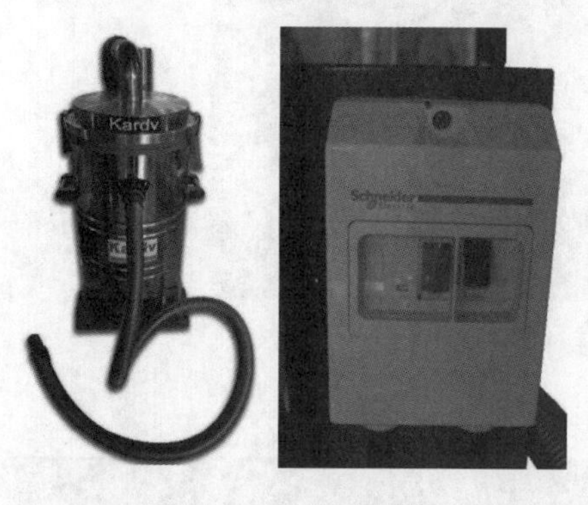

图 2-8　工业吸尘器

图 2-9　静音无油空压机

（6）工作台与夹具　工作台支承底座尺寸为 600mm × 300mm × 660mm，工作台面尺寸为 700mm × 500mm，厚度为 40mm。工作台表面包含通用 T 形槽，使用螺栓和螺母可将工装夹具和工件紧固在工作台上。旋松螺母可实现夹具位置的调节。工作台和工装夹具如图 2-10 所示。

（7）安全防护系统　去毛刺实训工作站的安全防护系统包括安全防护栏与安全门、三色报警灯以及安全门传感器，如图 2-11 所示。

a) 工作台

b) 工装夹具

图 2-10 工作台和工装夹具

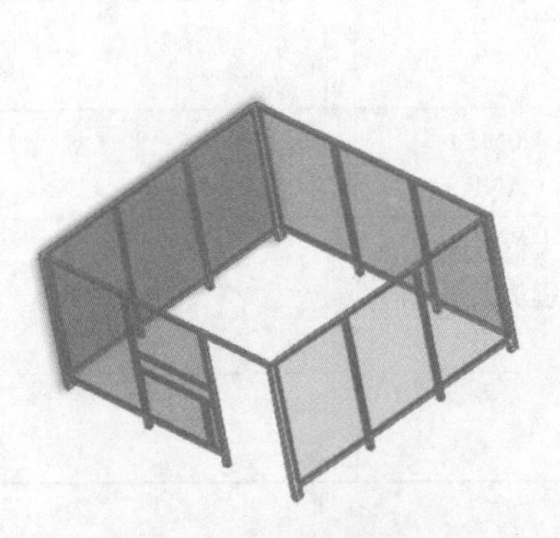

a) 安全防护栏与安全门

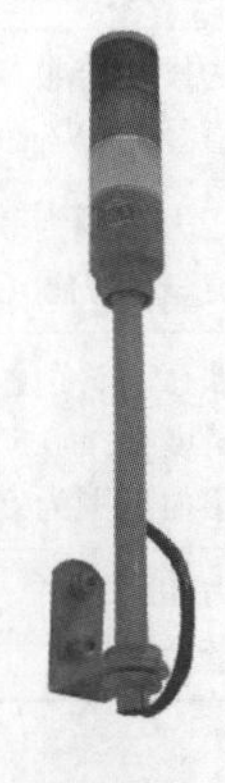

b) 三色报警灯

c) 安全门传感器

图 2-11 安全防护装置

当工业机器人处于手动模式时，三色报警灯的黄灯闪烁，示意操作人员应注意安全；当工业机器人处于自动模式时，三色报警灯的绿灯闪烁，示意操作人员系统运行正常。防护栏门上安装有安全门传感器，在自动模式下，当检测到有人进入去毛刺实训工作站时，工业机器人会紧急停止，同时三色报警灯的红灯闪烁、报警器报警，以保护操作人员的人身安全。

3. 去毛刺实训工作站主要技术参数

去毛刺实训工作站的技术参数见表 2-3。

表 2-3 去毛刺实训工作站的技术参数

序　号	项　目	关键参数	备　注
1	电源规格	AC 380V/50Hz/20kW	急停开关、漏电保护、短路保护、过载保护
2	气源规格	额定功率 7500W 排气压力 0.7MPa 流量 1400L/min 储气量 230L 质量 200kg	标配空压机
3	工作环境温度	5～45℃	

（续）

序　号	项　目	关键参数	备　注
4	工作相对湿度	最高为 80%	
5	整体尺寸（长 × 宽 × 高）	3000mm × 3500mm × 2000mm	
6	工业机器人本体	工作范围为 1440mm 额定负载为 50N 重复定位精度为 0.05mm	ABB IRB 1410 型
7	径向去毛刺工具	额定功率为 340W 额定转速为 40000r/min 最大径向浮动距离为 ± 8mm	美国 ATI
8	旋转锉	材质为硬质合金 刀柄直径为 ϕ 6mm	
9	气源处理装置	使用压力范围为 0.05 ~ 1.0MPa 额定流量为 1100L/min（ANR）	
10	精密减压阀	灵敏度在 0.2% 量程最大值以内 重复精度在 ± 0.5% 量程最大值以内 设定压力范围为 0.01 ~ 0.8MPa	
11	工业吸尘器	风量为 40L/s 桶容量为 80L	

去毛刺工作站的启动及关闭

任务三　工业机器人去毛刺实训工作站的基本操作

1. 去毛刺实训工作站的启动

启动去毛刺实训工作站的操作步骤见表 2-4。

表 2-4　启动去毛刺实训工作站的操作步骤

步骤	图　示	操作说明
1	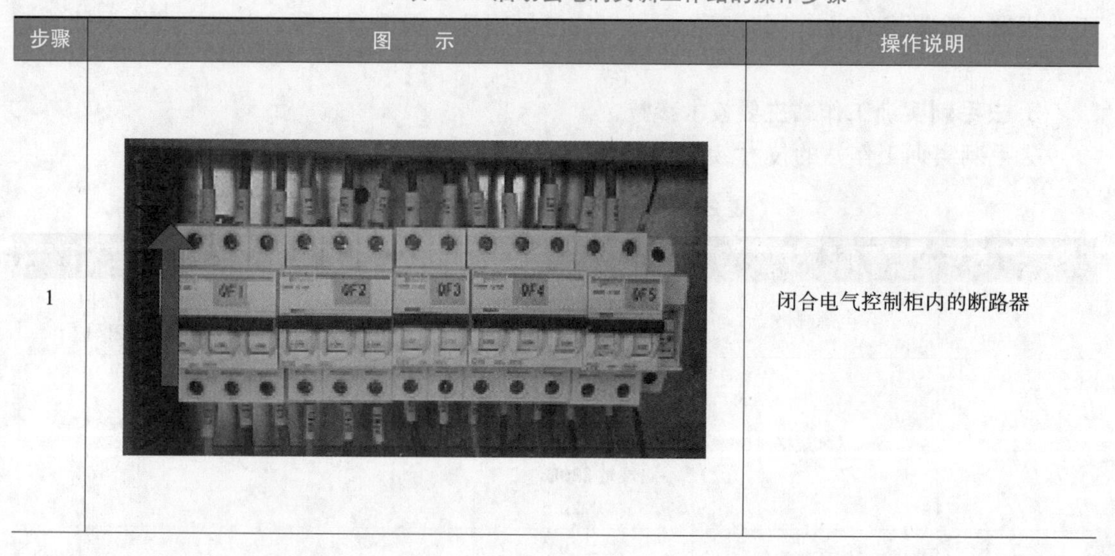 	闭合电气控制柜内的断路器

（续）

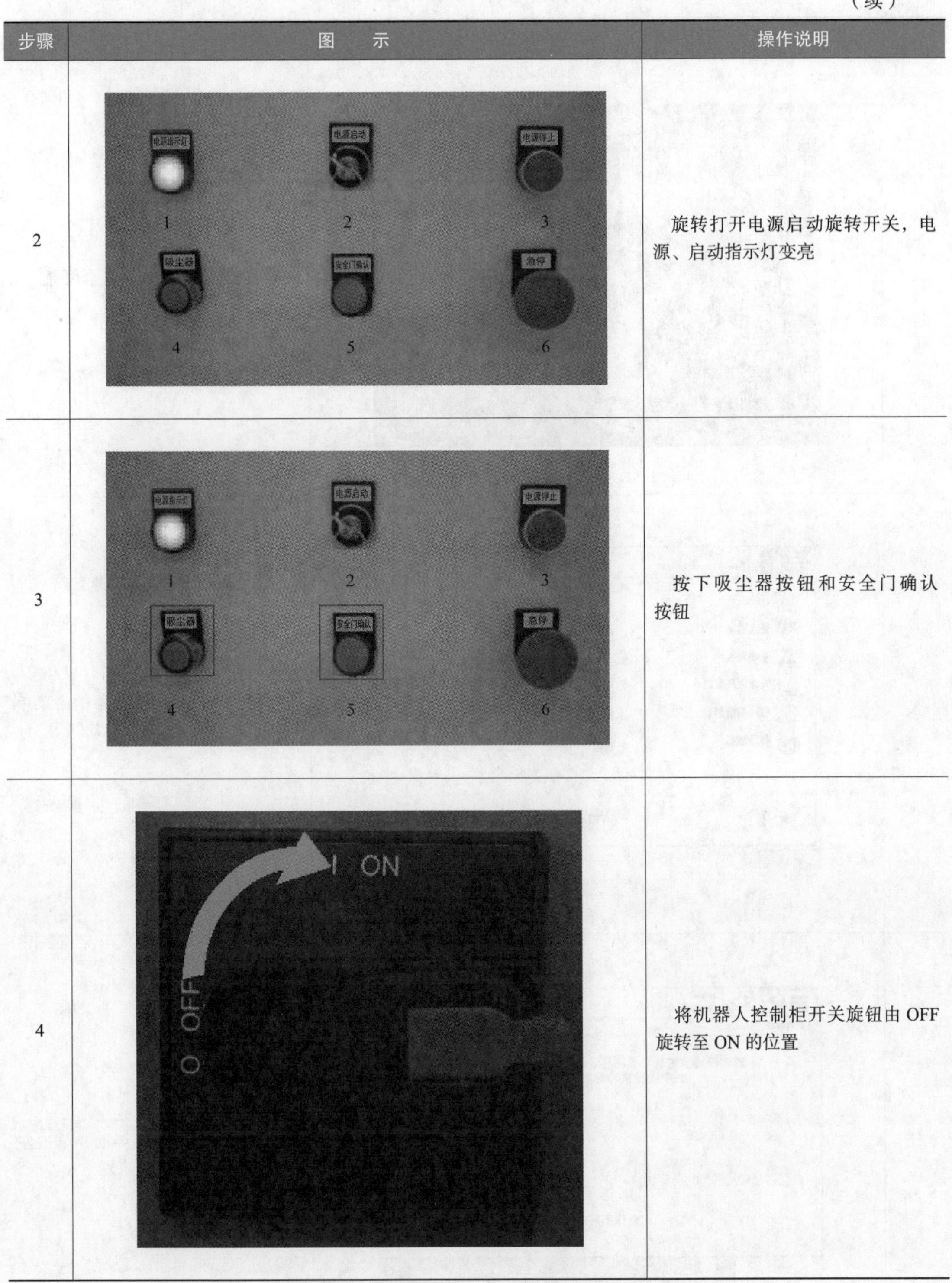

步骤	图　示	操作说明
2		旋转打开电源启动旋转开关，电源、启动指示灯变亮
3		按下吸尘器按钮和安全门确认按钮
4		将机器人控制柜开关旋钮由 OFF 旋转至 ON 的位置

2. 去毛刺实训工作站的关闭

关闭去毛刺实训工作站的操作步骤见表 2-5。

表 2-5　关闭去毛刺实训工作站的操作步骤

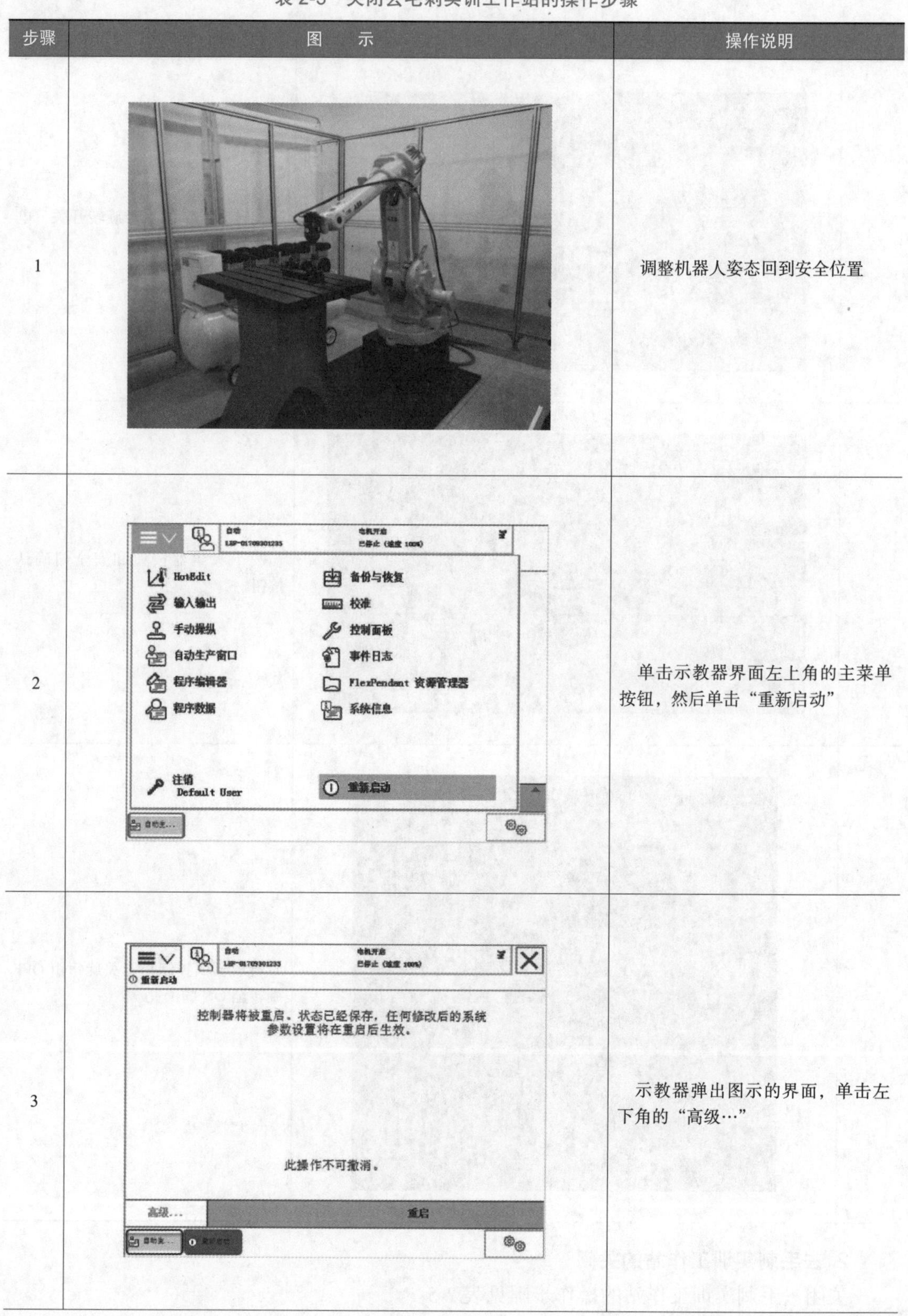

步骤	图　　示	操作说明
1		调整机器人姿态回到安全位置
2		单击示教器界面左上角的主菜单按钮，然后单击“重新启动”
3		示教器弹出图示的界面，单击左下角的“高级…”

（续）

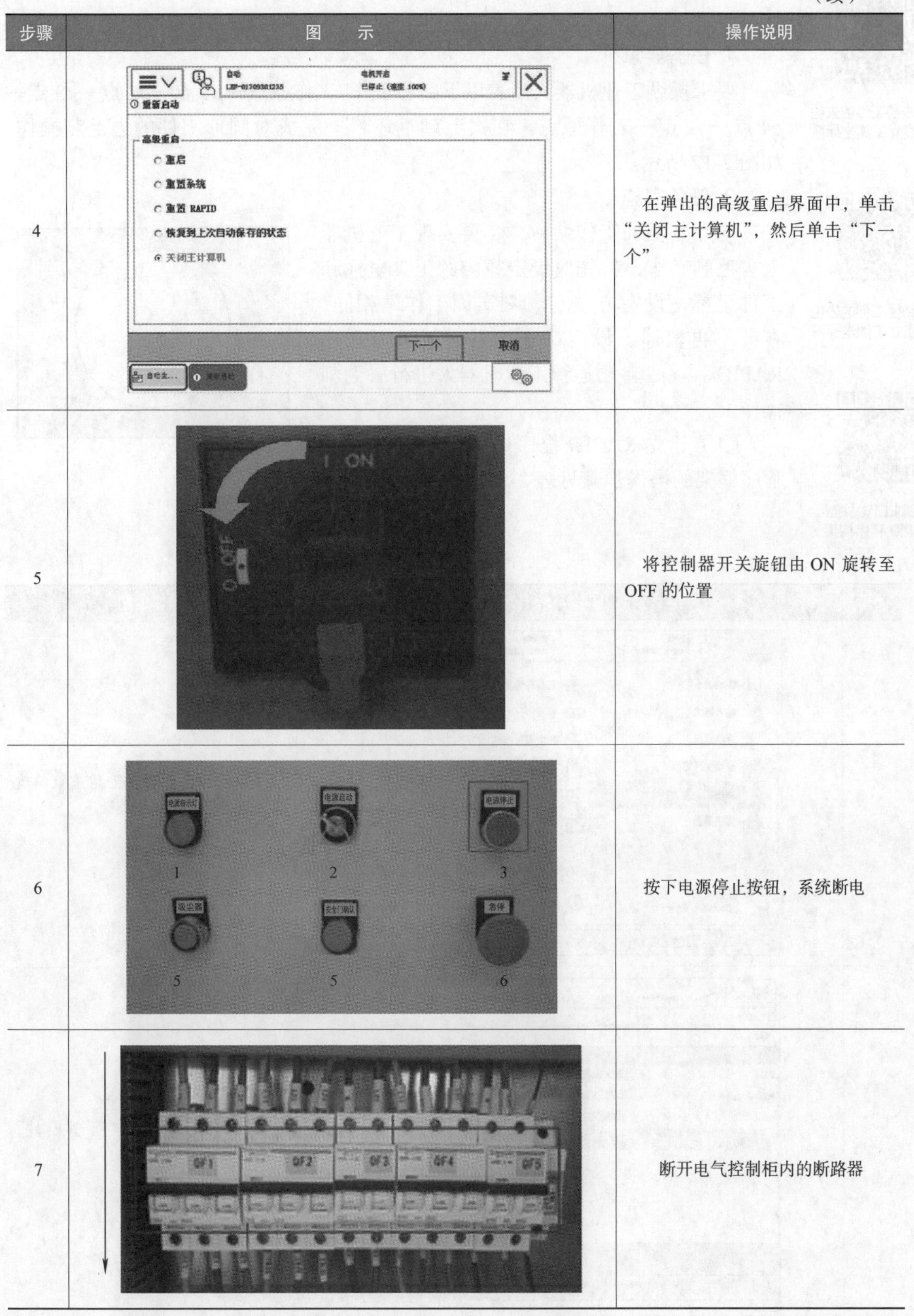

步骤	图　　示	操作说明
4	重新启动 高级重启 重启 重置系统 重置 RAPID 恢复到上次自动保存的状态 关闭主计算机 下一个 取消	在弹出的高级重启界面中，单击“关闭主计算机”，然后单击“下一个”
5	I ON　O OFF	将控制器开关旋钮由 ON 旋转至 OFF 的位置
6	电源启动 电源停止 吸尘器 安全门确认 急停 1 2 3 5 5 6	按下电源停止按钮，系统断电
7	QF1 QF2 QF3 QF4 QF5	断开电气控制柜内的断路器

简单路径工件的去毛刺 - 建立工具坐标系

简单路径工件的去毛刺 - 建立工件坐标系

去毛刺工作站建立 RAPID 程序构架

任务四　简单路径工件的去毛刺

1. 任务要求

要求操纵工业机器人沿着以下路径工作：工作原点—*p*1 点—*p*2 点—*p*3 点—*p*4 点—*p*1 点—工作原点。在去毛刺毛坯料上完成对圆形工件的去毛刺操作，如图 2-12 所示。

2. 任务实施

与雕刻实训工作站一样，要实现工业机器人去毛刺操作，首先应设定相应的工具坐标和工件坐标，设定方法与雕刻实训工作站相同，在此不再赘述。设定好坐标系后就可以创建 RAPID 程序，自动运行工业机器人进行去毛刺操作了。

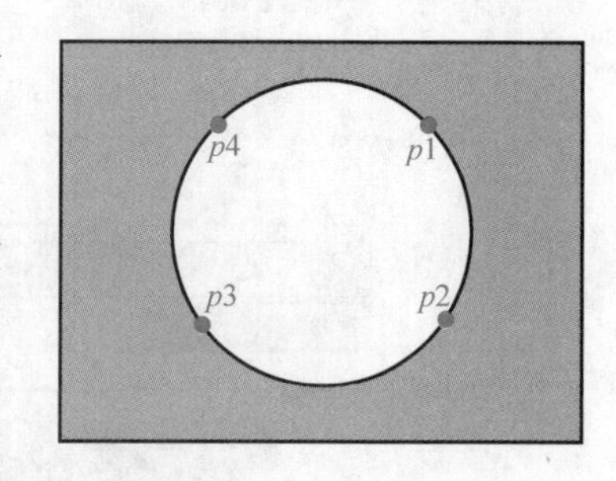

图 2-12　圆形工件

（1）建立 RAPID 程序构架　建立 RAPID 程序框架的操作步骤见表 2-6。

表 2-6　建立 RAPID 程序框架的操作步骤

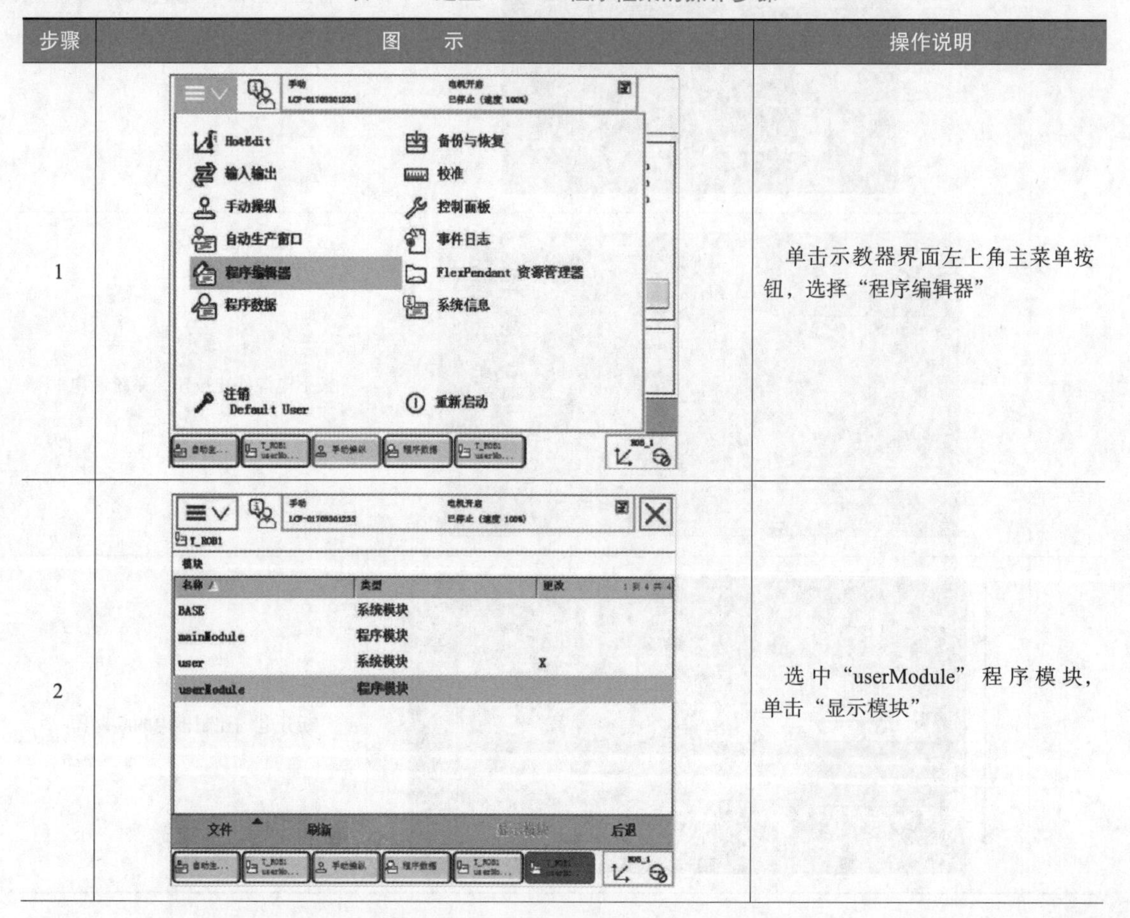

步骤	图　　示	操作说明
1		单击示教器界面左上角主菜单按钮，选择“程序编辑器”
2		选中“userModule”程序模块，单击“显示模块”

（续）

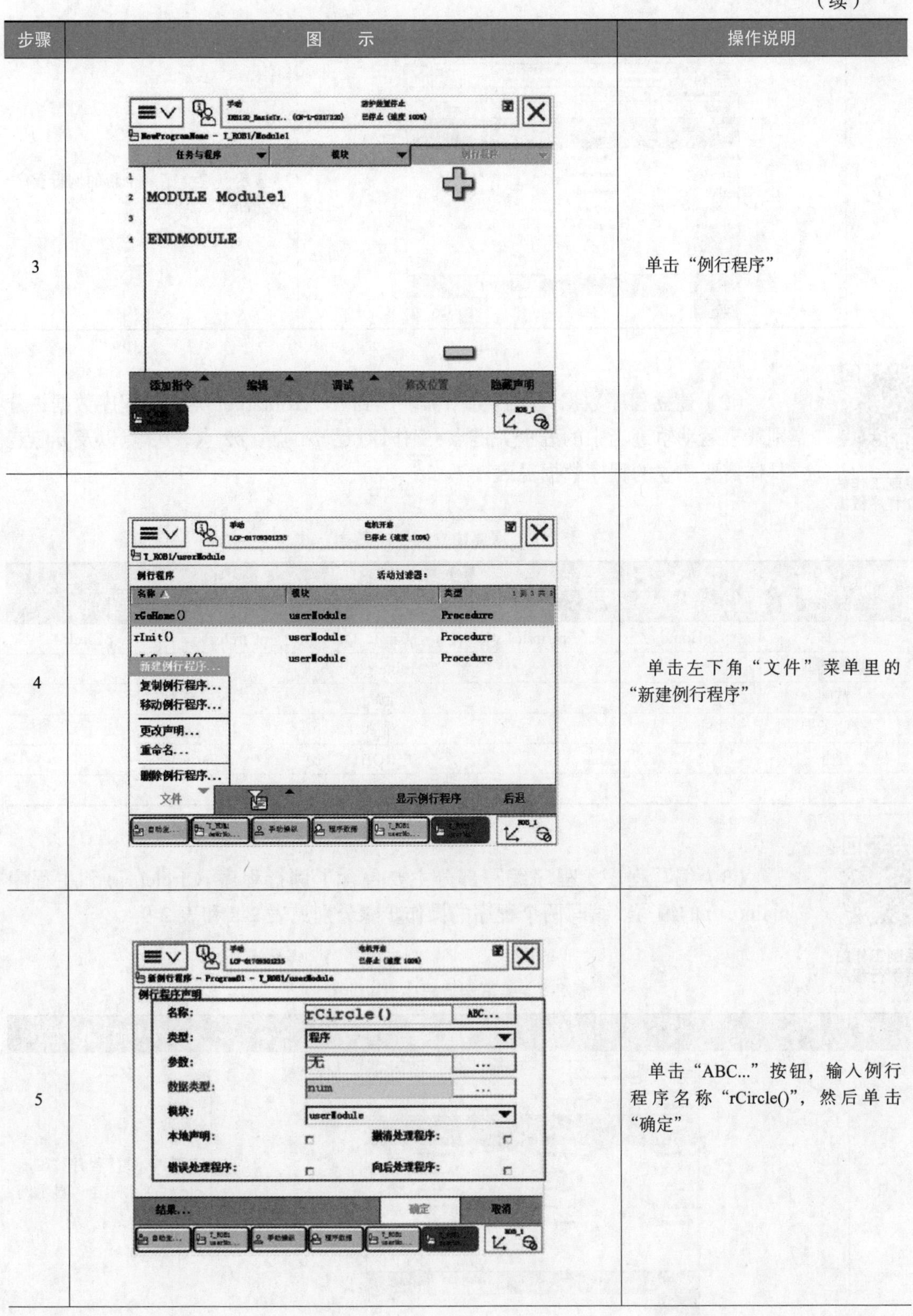

步骤	图　示	操作说明
3		单击“例行程序”
4		单击左下角“文件”菜单里的“新建例行程序”
5		单击“ABC...”按钮，输入例行程序名称“rCircle()”，然后单击“确定”

（续）

步骤	图 示	操作说明
6	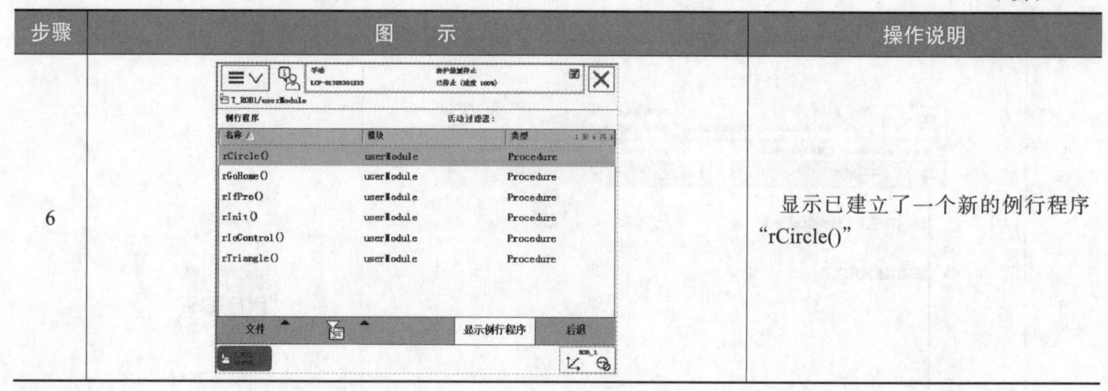	显示已建立了一个新的例行程序“rCircle()”

去毛刺工作站建立程序数据

（2）建立程序数据　本任务中需要用到五个 robtarget 类型的程序数据，分别代表运动轨迹当中的五个关键点：工作原点、*p*1 点、*p*2 点、*p*3 点以及 *p*4 点。具体需要建立的程序数据见表 2-7。

表 2-7　需要建立的程序数据

程序参数	关 键 点				
	工作原点	*p*1 点	*p*2 点	*p*3 点	*p*4 点
名称	pHome	pCircle1	pCircle 2	pCircle 3	pCircle4
数据类型	robtarget				
范围	全局				
存储类型	常量				
任务	T_ROB1				
模块	userModule				

去毛刺工作站编写例行程序

（3）编写程序　程序编写部分主要包含了例行程序 rCircle(　) 和主程序 main(　) 的编写。编写两个程序的操作步骤分别见表 2-8 和表 2-9。

表 2-8　编写例行程序 rCircle(　)

步骤	图 示	操作说明
1		选中例行程序“rCircle (　)”，单击“显示例行程序”

（续）

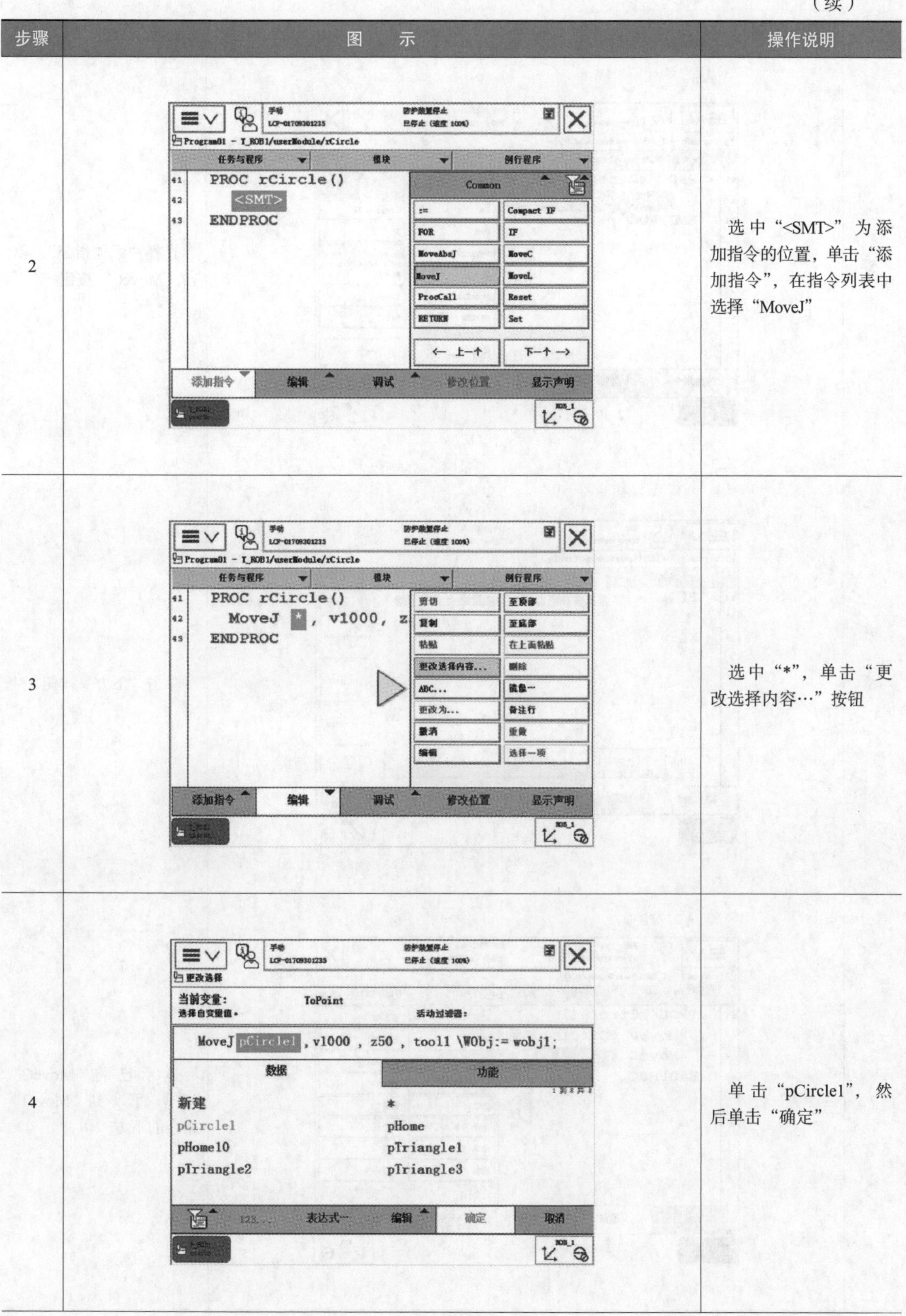

步骤	图示	操作说明
2		选中“<SMT>”为添加指令的位置，单击“添加指令”，在指令列表中选择“MoveJ”
3		选中“*”，单击“更改选择内容…”按钮
4		单击“pCircle1”，然后单击“确定”

（续）

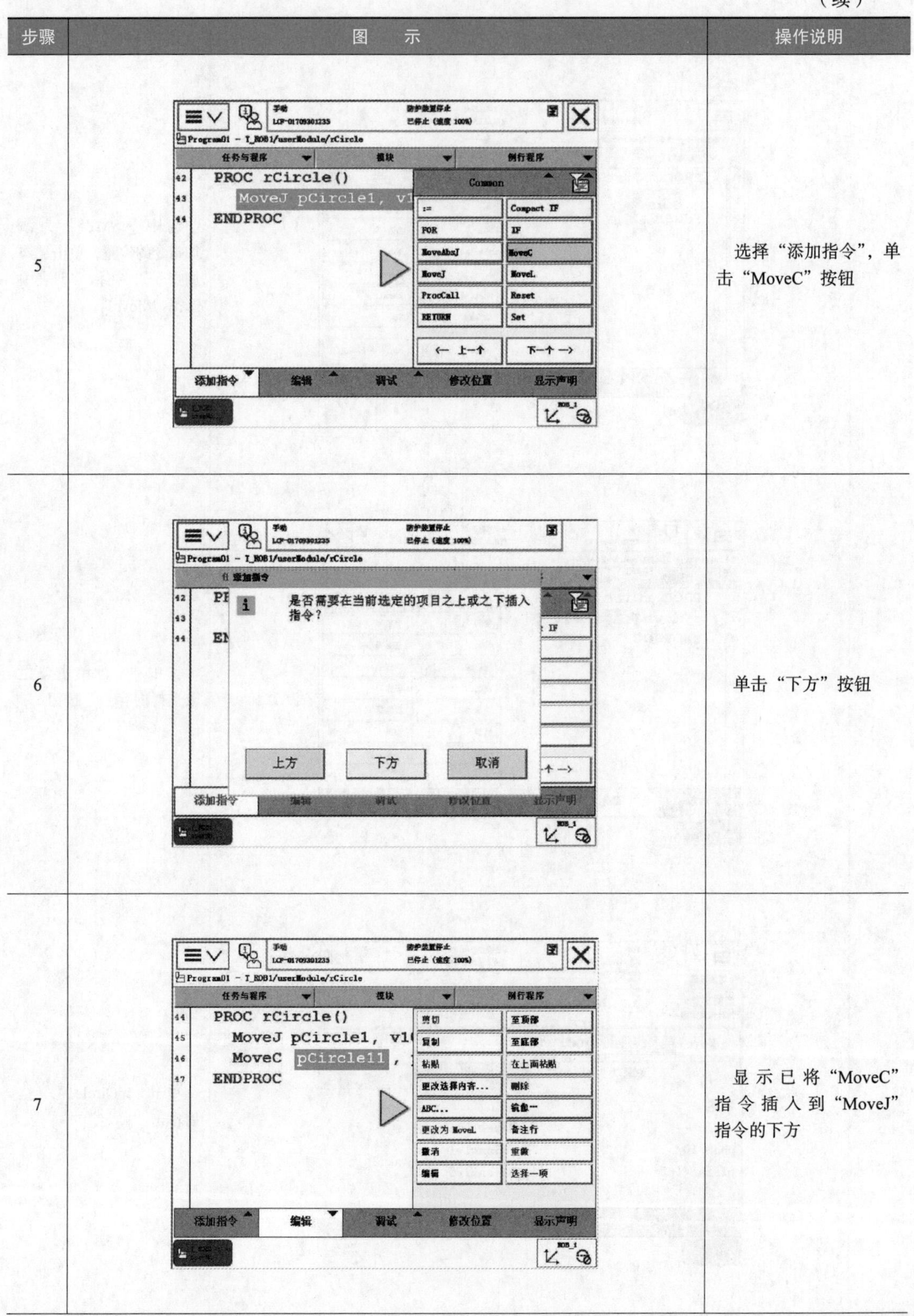

步骤	图　示	操作说明
5		选择“添加指令”，单击“MoveC”按钮
6		单击“下方”按钮
7		显示已将“MoveC”指令插入到“MoveJ”指令的下方

（续）

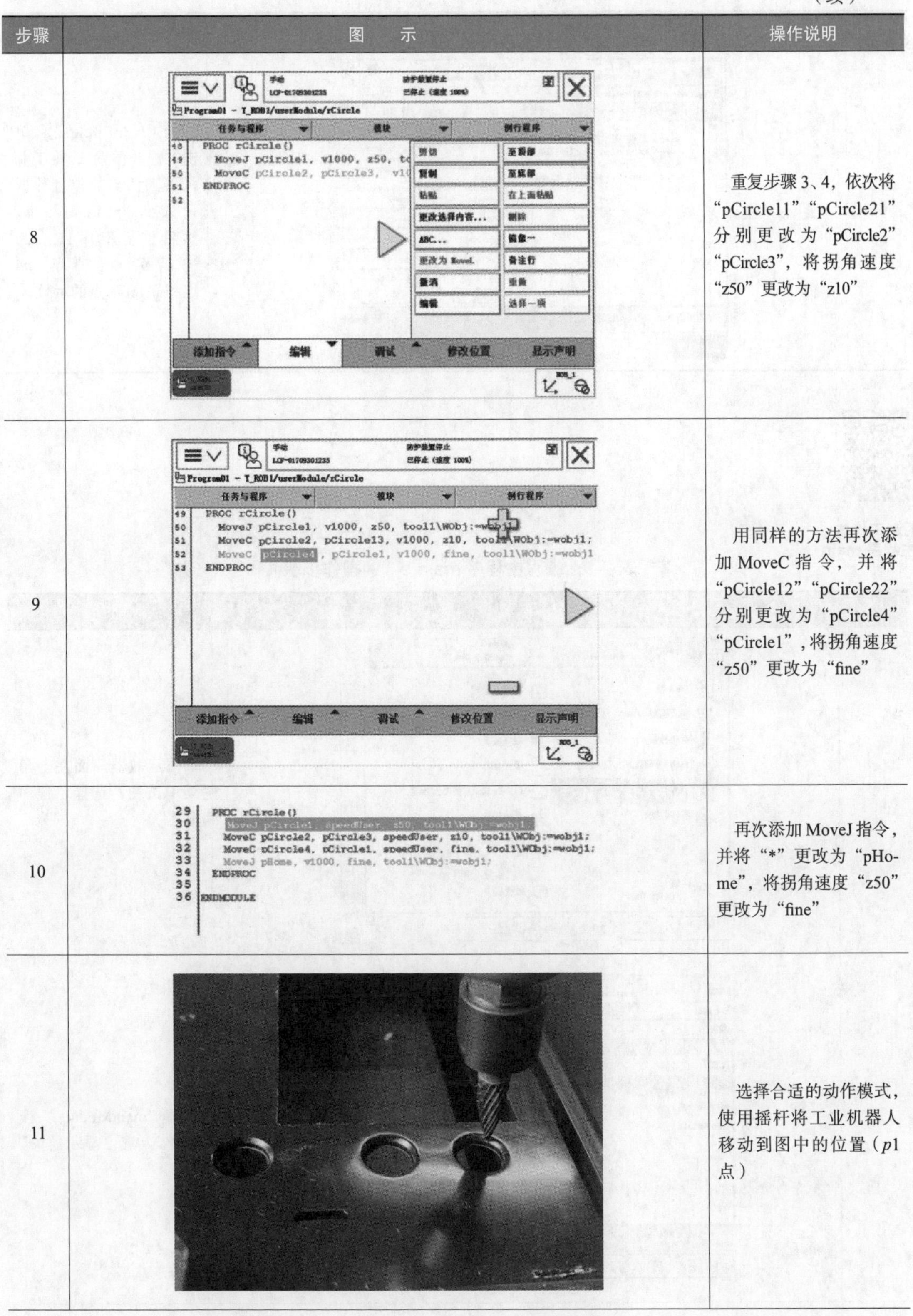

步骤	图　　示	操作说明
8		重复步骤 3、4，依次将“pCircle11”“pCircle21”分别更改为“pCircle2”“pCircle3”，将拐角速度“z50”更改为“z10”
9		用同样的方法再次添加 MoveC 指令，并将“pCircle12”“pCircle22”分别更改为“pCircle4”“pCircle1”，将拐角速度“z50”更改为“fine”
10		再次添加 MoveJ 指令，并将“*”更改为“pHome”，将拐角速度“z50”更改为“fine”
11		选择合适的动作模式，使用摇杆将工业机器人移动到图中的位置（$p1$ 点）

（续）

步骤	图　　示	操作说明
12	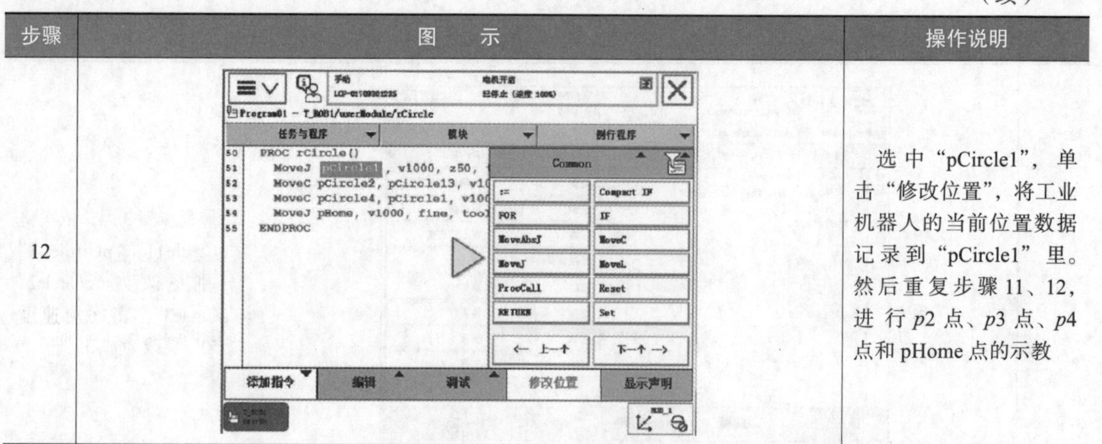	选中“pCircle1”，单击“修改位置”，将工业机器人的当前位置数据记录到“pCircle1”里。然后重复步骤 11、12，进行 *p*2 点、*p*3 点、*p*4 点和 pHome 点的示教

去毛刺工作站
编写主程序 main

表 2-9　编写主程序 main(　) 的操作步骤

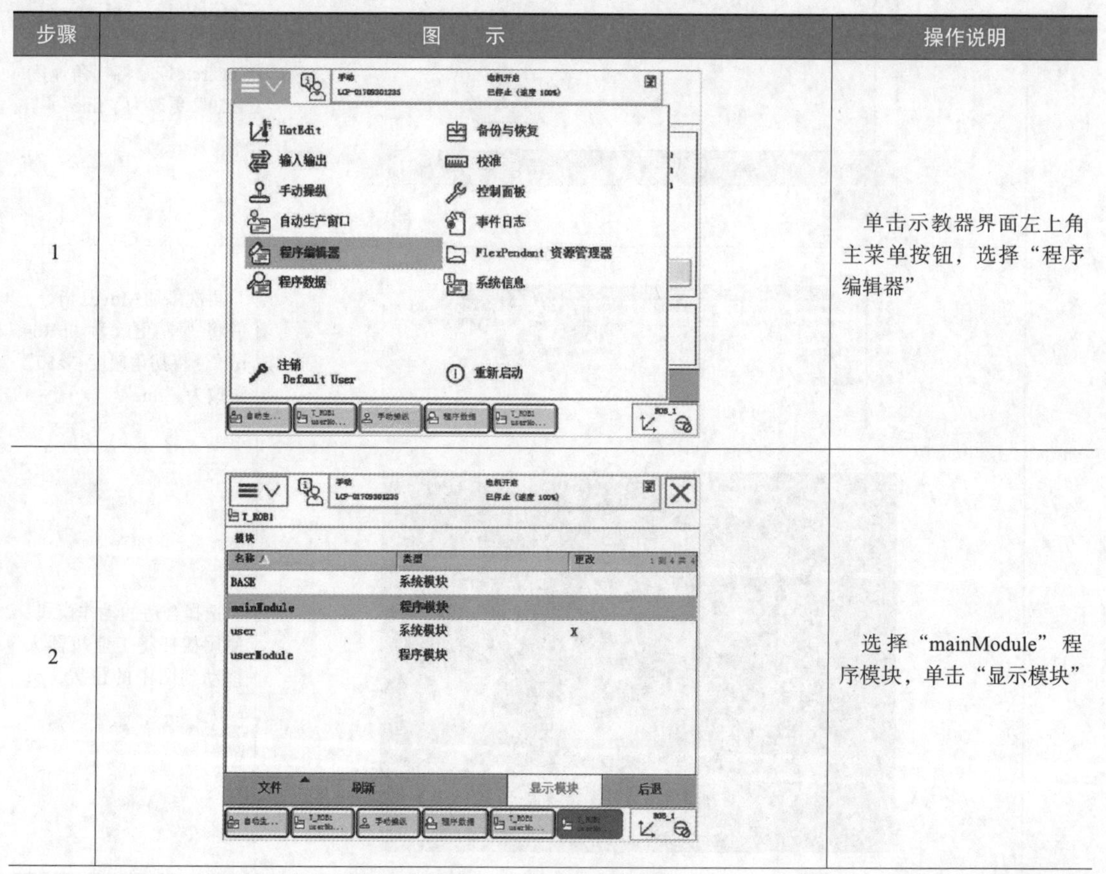

步骤	图　　示	操作说明
1		单击示教器界面左上角主菜单按钮，选择“程序编辑器”
2		选择“mainModule”程序模块，单击“显示模块”

（续）

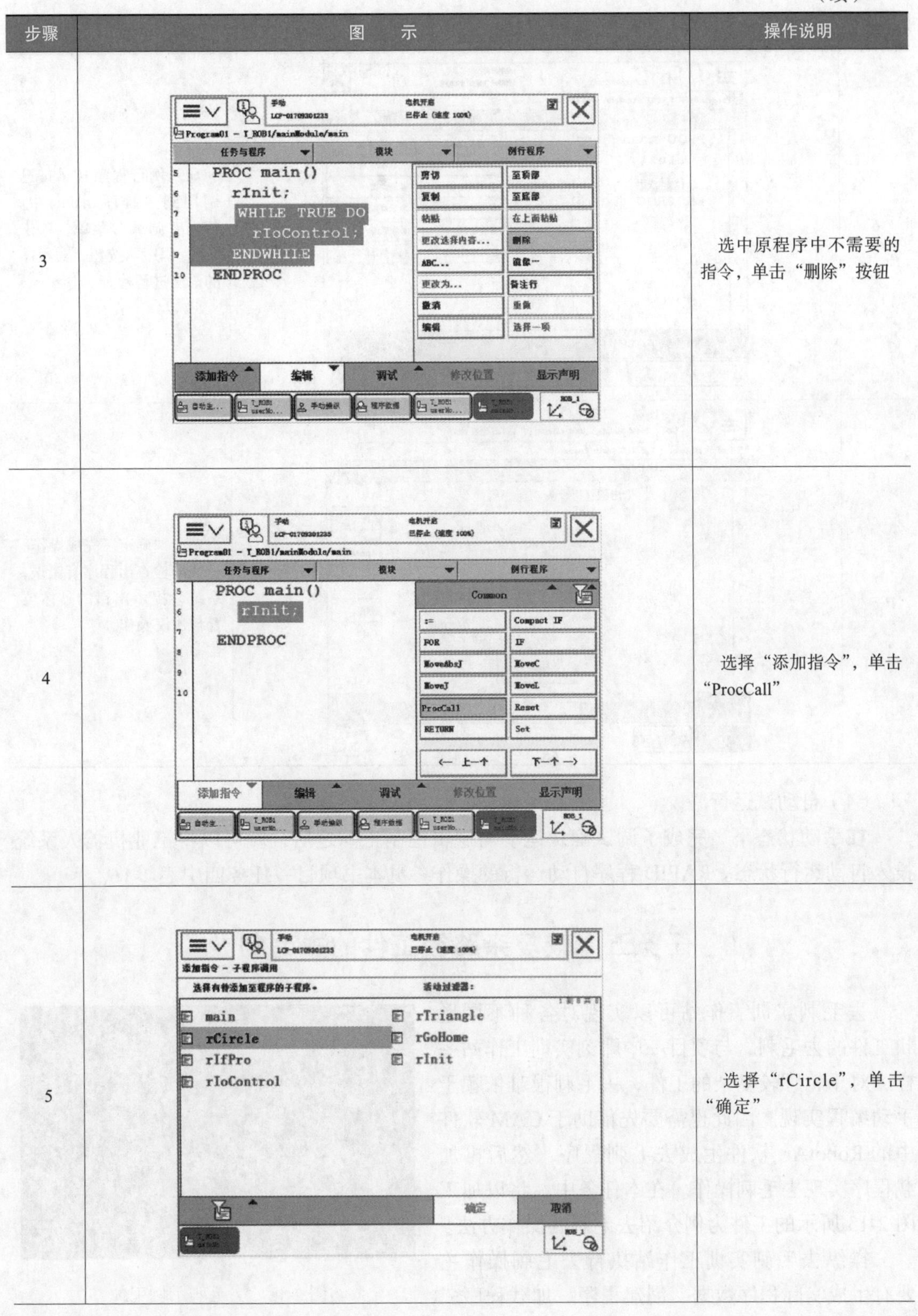

步骤	图示	操作说明
3		选中原程序中不需要的指令，单击“删除”按钮
4		选择“添加指令”，单击“ProcCall”
5		选择“rCircle”，单击“确定”

（续）

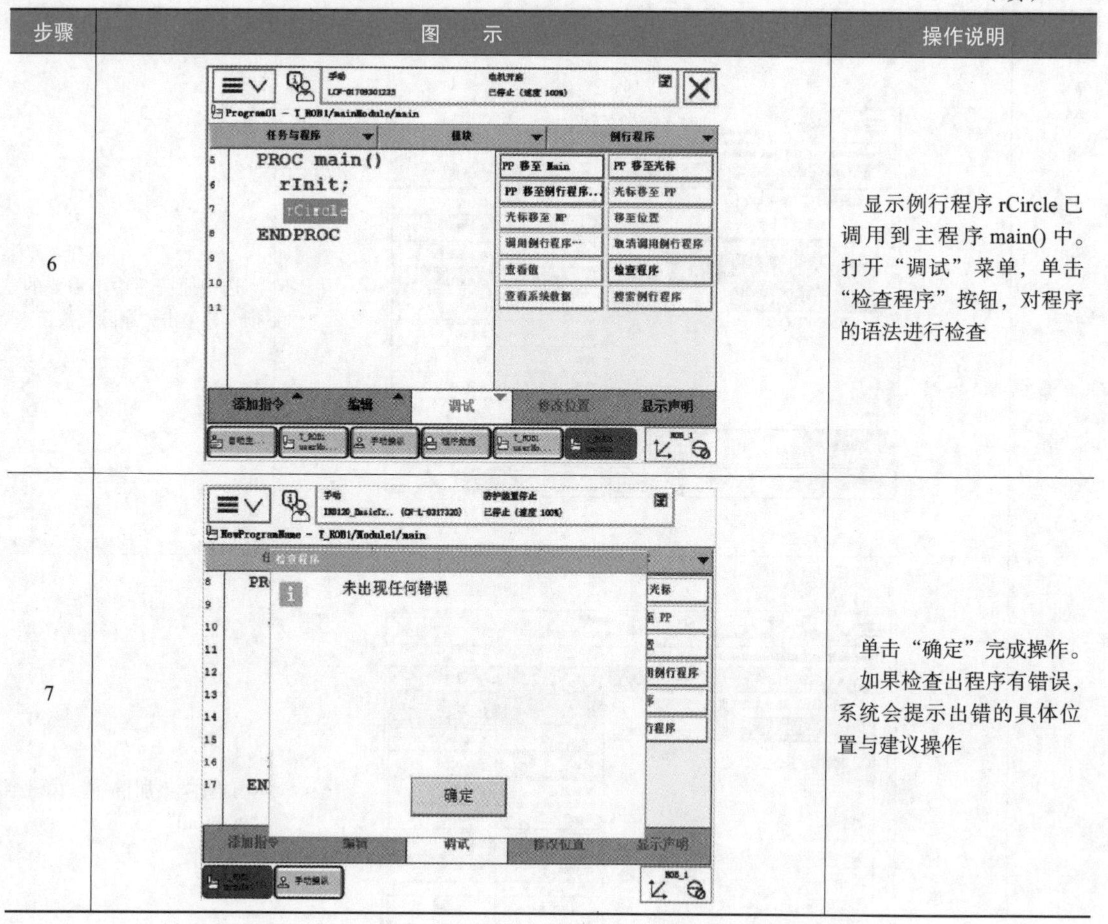

步骤	图　示	操作说明
6		显示例行程序 rCircle 已调用到主程序 main() 中。打开“调试”菜单，单击“检查程序”按钮，对程序的语法进行检查
7		单击“确定”完成操作。 如果检查出程序有错误，系统会提示出错的具体位置与建议操作

（4）自动试运行

在手动状态下，完成了调试确认运动与逻辑控制正确之后，就可以将工业机器人系统投入自动运行状态。RAPID 程序自动运行的操作参见本书项目一任务四中表 1-16。

任务五　较复杂路径工件的去毛刺

去毛刺实训工作站可以实现对各种不同形状工件的去毛刺。与项目一中雕刻实训工作站一样，对于轮廓较复杂的工件，去毛刺很难依赖于手动编程实现。因此也需要先借助于 CAM 软件中的 RobotArt 软件生成去毛刺程序，然后再加载程序实现去毛刺操作。在本任务中，将以加工图 2-13 所示的工件为例介绍去毛刺的操作方法。

图 2-13　去毛刺示例工件

操纵去毛刺实训工作站执行去毛刺操作主要有生成实际程序数据、创建程序、加载程序三

个步骤。

1. 生成实际程序数据

这里的程序数据主要是指打磨头工具的 TCP 数据和工件坐标系数据，这些数据将在利用 RobotArt 软件创建程序时使用。

1）新建打磨头工具 TCP 数据，并命名为“RaMainQuMaoCiTCP0”，如图 2-14 所示。

2）新建工件坐标系，命名为“RaMainwobj1”，如图 2-15 所示。

新建 TCP 数据和工件坐标系的方法可参考表 1-8 ~ 表 1-11，在此就不再赘述。

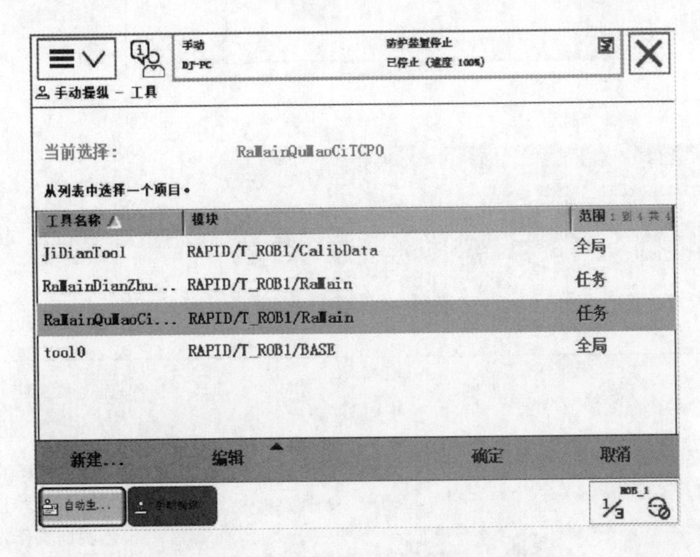

图 2-14　新建工具 TCP 数据

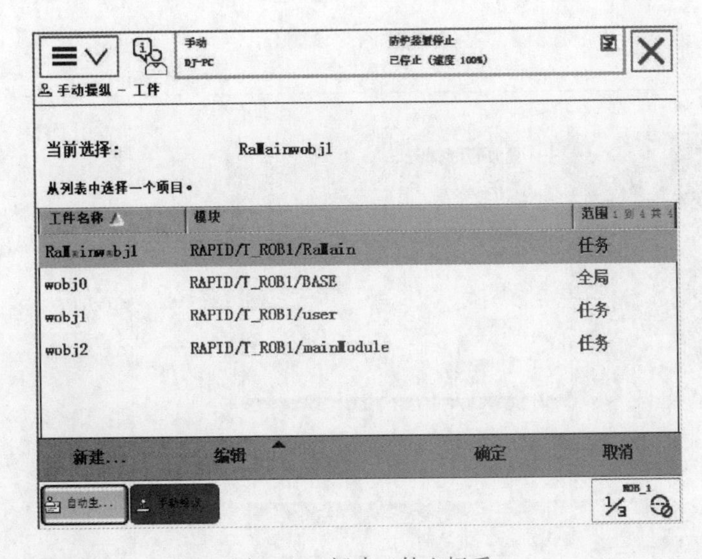

图 2-15　新建工件坐标系

2. 创建程序

基于 RobotArt 软件创建程序的操作步骤见表 2-10。

表 2-10　基于 RobotArt 软件创建程序的操作步骤

步骤	图　示	操作说明
1		打开 RobotArt 软件，单击“新建”
2	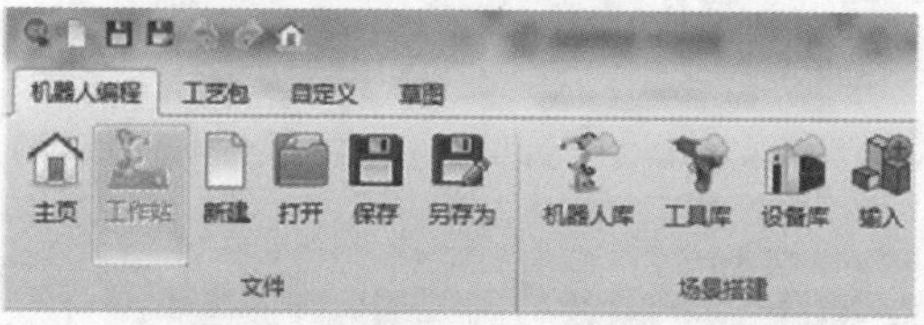	单击“工作站”
3	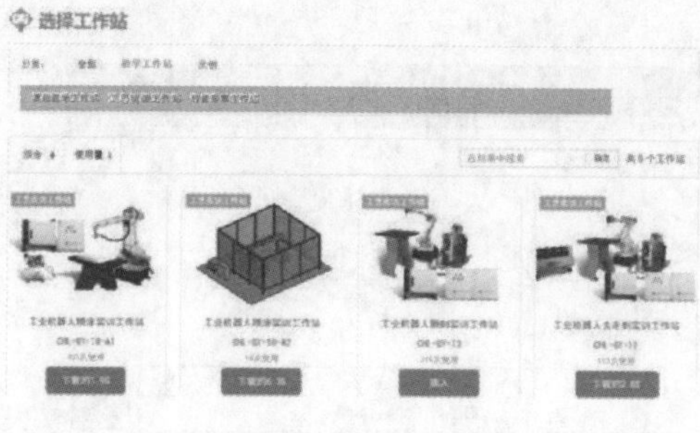	在“选择工作站”界面，单击“基础教学工作站”，选择“工艺实训工作站”，找到“工业机器人去毛刺实训工作站 GHL-GY-12”，单击“插入”
4	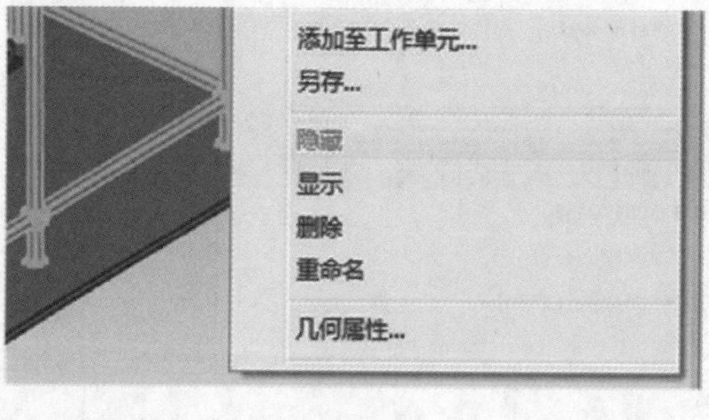	右击框架，在弹出的菜单中选择“隐藏”，隐藏外部框架是为了方便显示
5		单击“输入”，加载打磨的零件

（续）

步骤	图示	操作说明
6		单击“三维球”
7	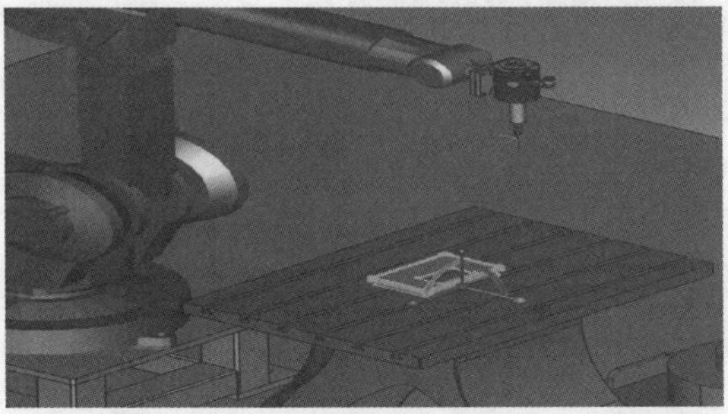	拖动三维球工具，将工件放到工作台上的合适位置
8		单击“生成轨迹”
9		在弹出的“拾取元素”界面上单击“线”输入框
10		选择图中箭头所指位置
11	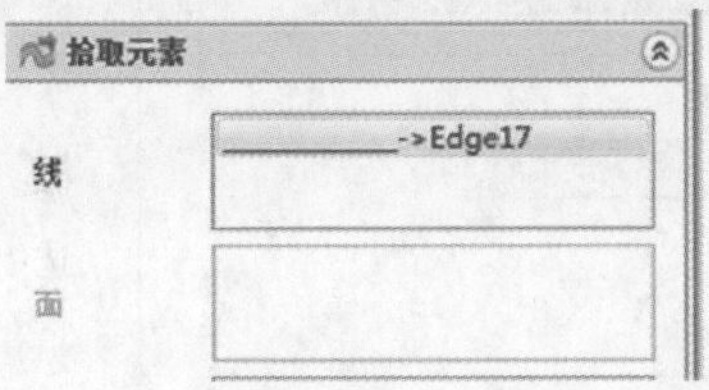	单击“面”输入框

（续）

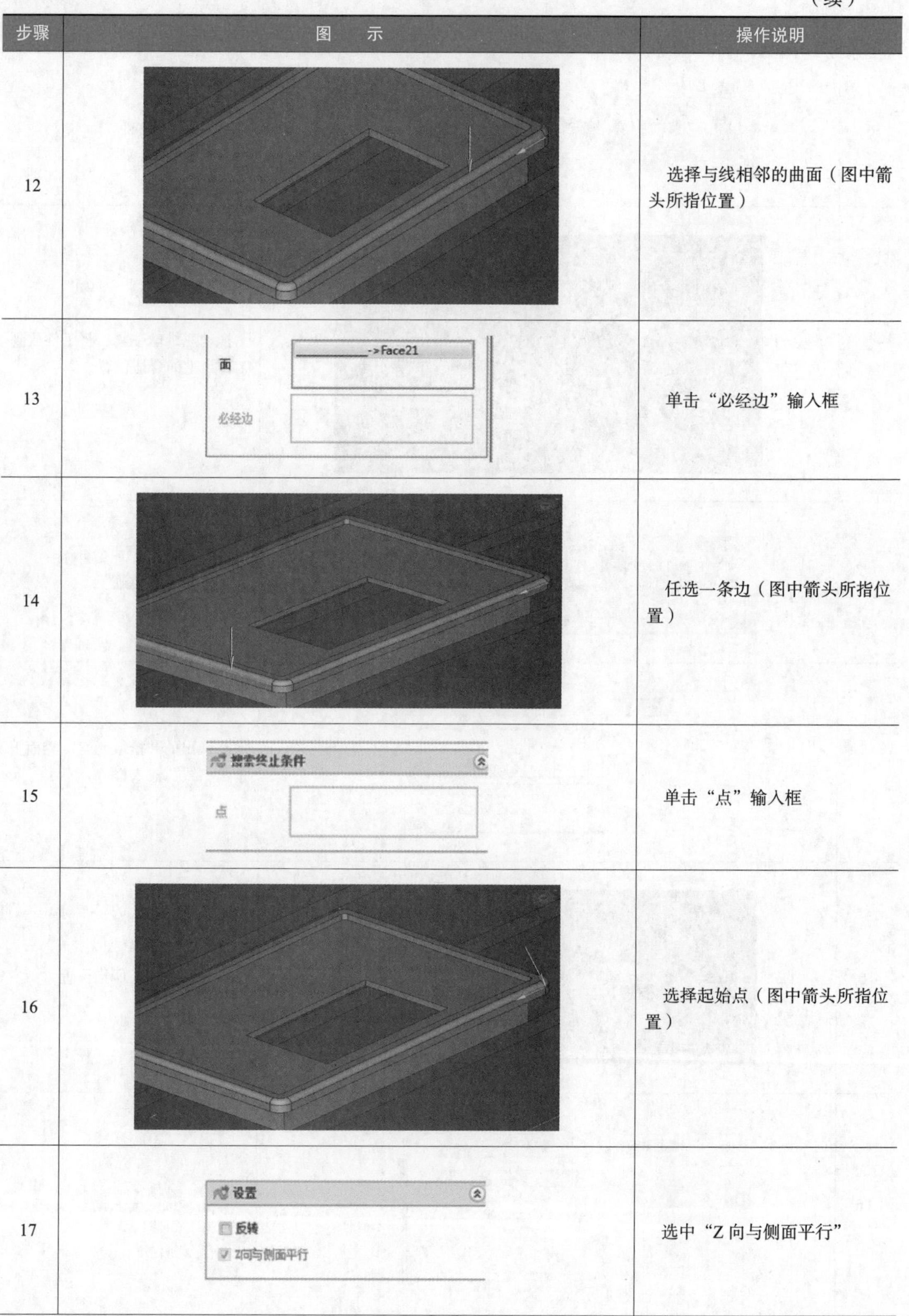

步骤	图示	操作说明
12		选择与线相邻的曲面（图中箭头所指位置）
13	面 ->Face21 必经边	单击“必经边”输入框
14		任选一条边（图中箭头所指位置）
15	搜索终止条件 点	单击“点”输入框
16		选择起始点（图中箭头所指位置）
17	设置 反转 Z向与侧面平行	选中“Z 向与侧面平行”

（续）

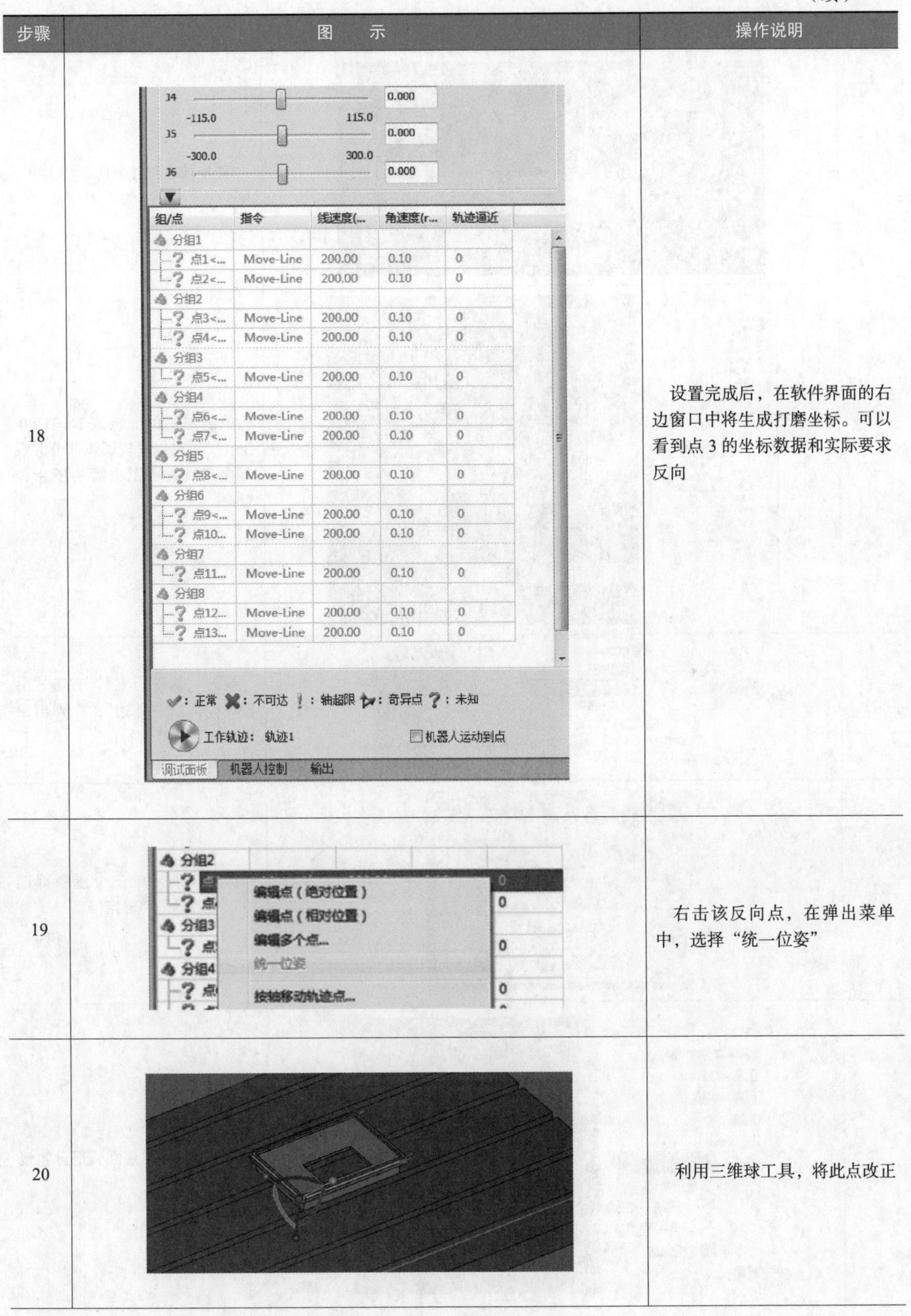

步骤	图示	操作说明
18		设置完成后，在软件界面的右边窗口中将生成打磨坐标。可以看到点 3 的坐标数据和实际要求反向
19		右击该反向点，在弹出菜单中，选择“统一位姿”
20		利用三维球工具，将此点改正

（续）

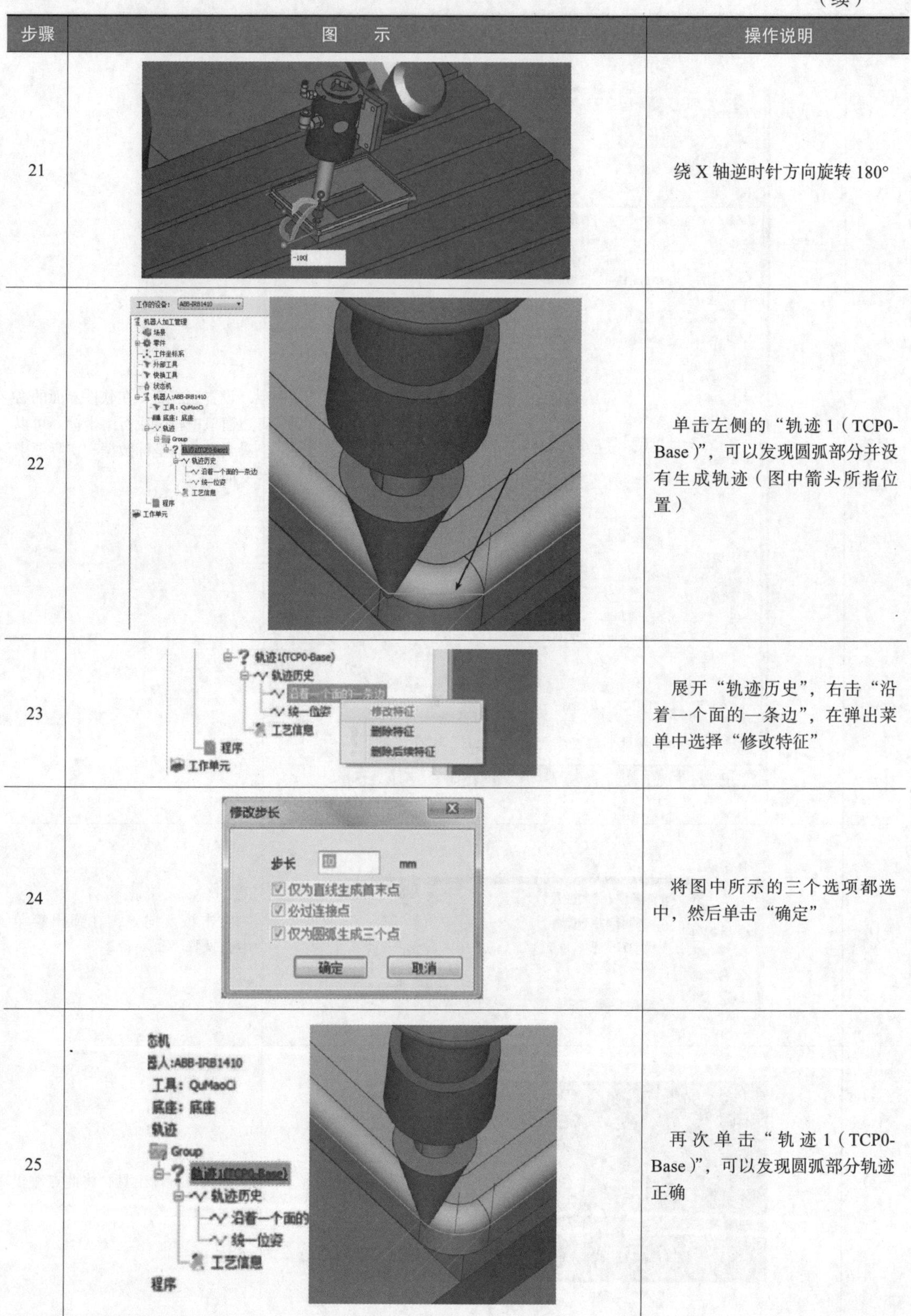

步骤	图　示	操作说明
21		绕 X 轴逆时针方向旋转 180°
22		单击左侧的“轨迹 1（TCP0-Base）”，可以发现圆弧部分并没有生成轨迹（图中箭头所指位置）
23		展开“轨迹历史”，右击“沿着一个面的一条边”，在弹出菜单中选择“修改特征”
24		将图中所示的三个选项都选中，然后单击“确定”
25		再次单击“轨迹 1（TCP0-Base）”，可以发现圆弧部分轨迹正确

（续）

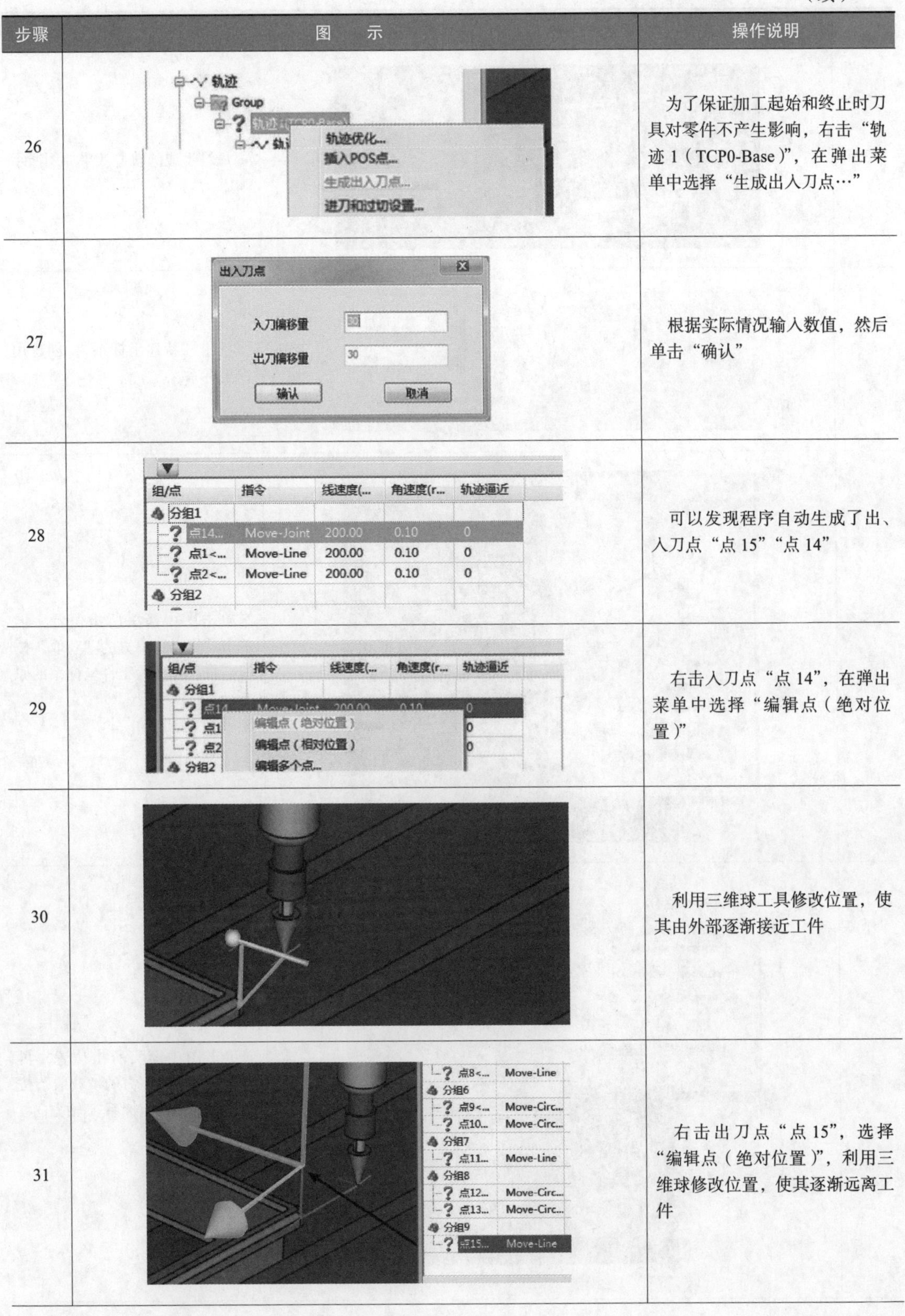

步骤	图示	操作说明
26		为了保证加工起始和终止时刀具对零件不产生影响，右击“轨迹1（TCP0-Base）”，在弹出菜单中选择“生成出入刀点…”
27		根据实际情况输入数值，然后单击“确认”
28		可以发现程序自动生成了出、入刀点“点15”“点14”
29		右击入刀点“点14”，在弹出菜单中选择“编辑点（绝对位置）”
30		利用三维球工具修改位置，使其由外部逐渐接近工件
31		右击出刀点“点15”，选择“编辑点（绝对位置）”，利用三维球修改位置，使其逐渐远离工件

（续）

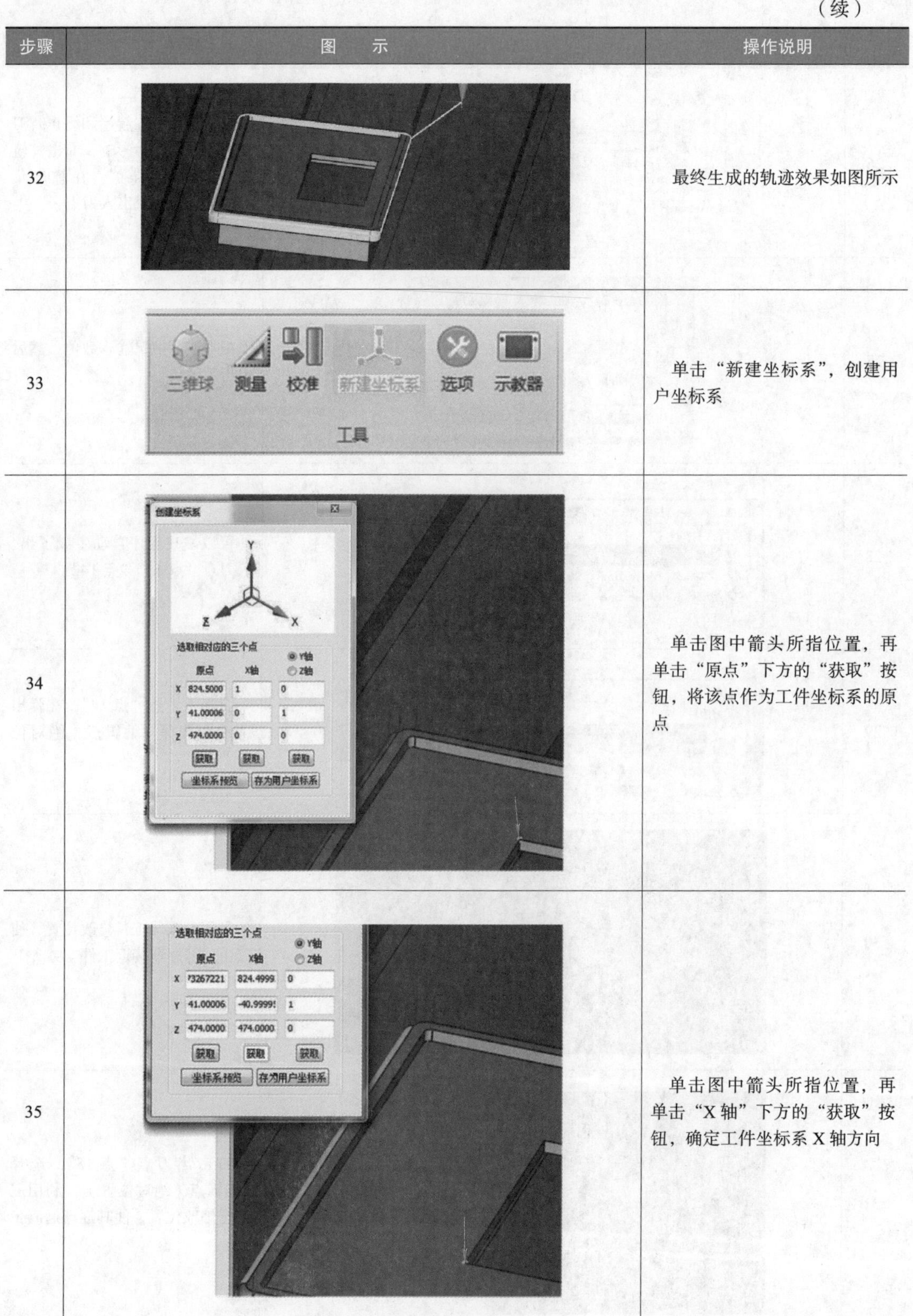

步骤	图　示	操作说明
32		最终生成的轨迹效果如图所示
33		单击“新建坐标系”，创建用户坐标系
34		单击图中箭头所指位置，再单击“原点”下方的“获取”按钮，将该点作为工件坐标系的原点
35		单击图中箭头所指位置，再单击“X 轴”下方的“获取”按钮，确定工件坐标系 X 轴方向

（续）

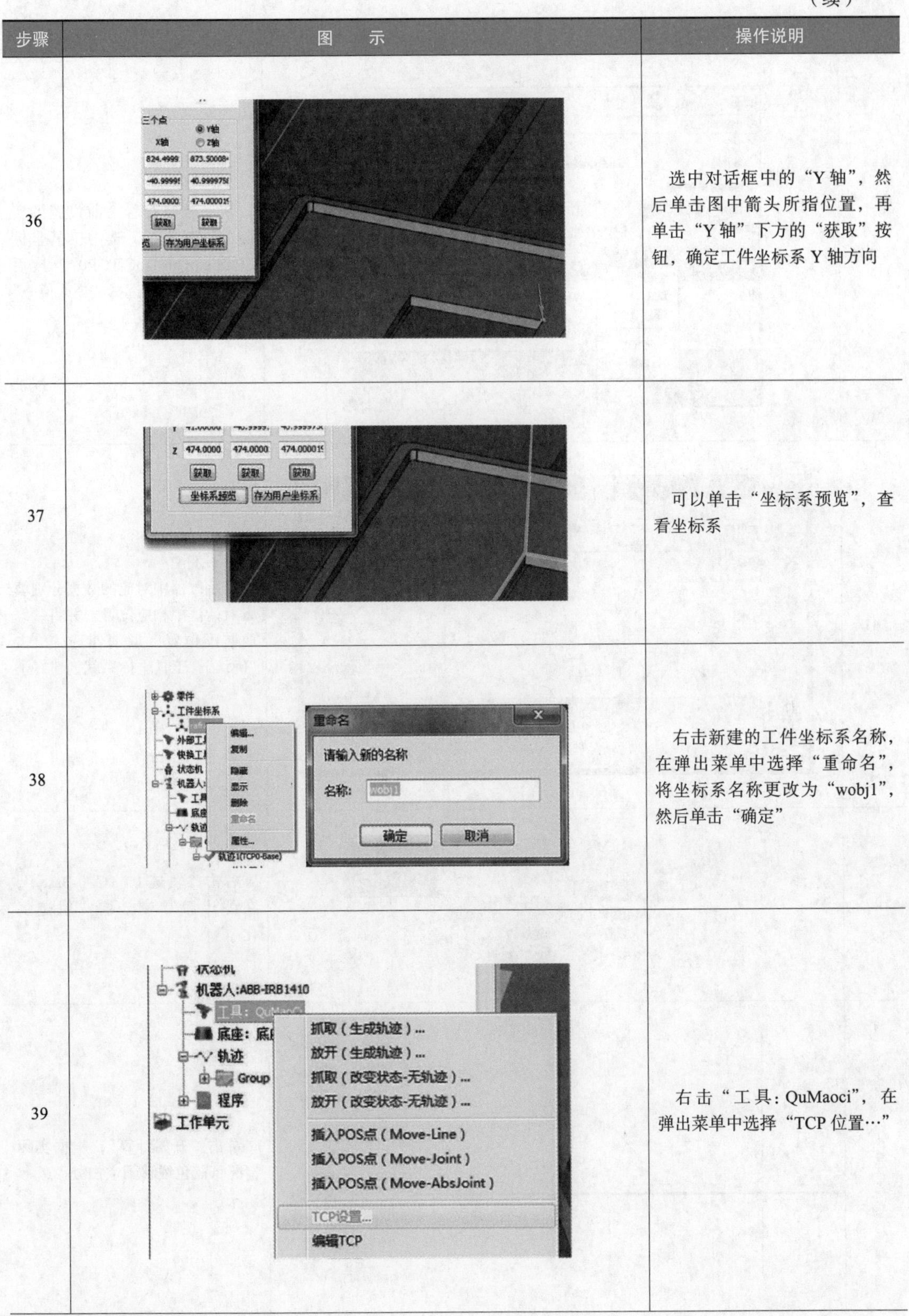

步骤	图　示	操作说明
36		选中对话框中的“Y 轴”，然后单击图中箭头所指位置，再单击“Y 轴”下方的“获取”按钮，确定工件坐标系 Y 轴方向
37		可以单击“坐标系预览”，查看坐标系
38		右击新建的工件坐标系名称，在弹出菜单中选择“重命名”，将坐标系名称更改为“wobj1”，然后单击“确定”
39		右击“工具：QuMaoci”，在弹出菜单中选择“TCP 位置…”

（续）

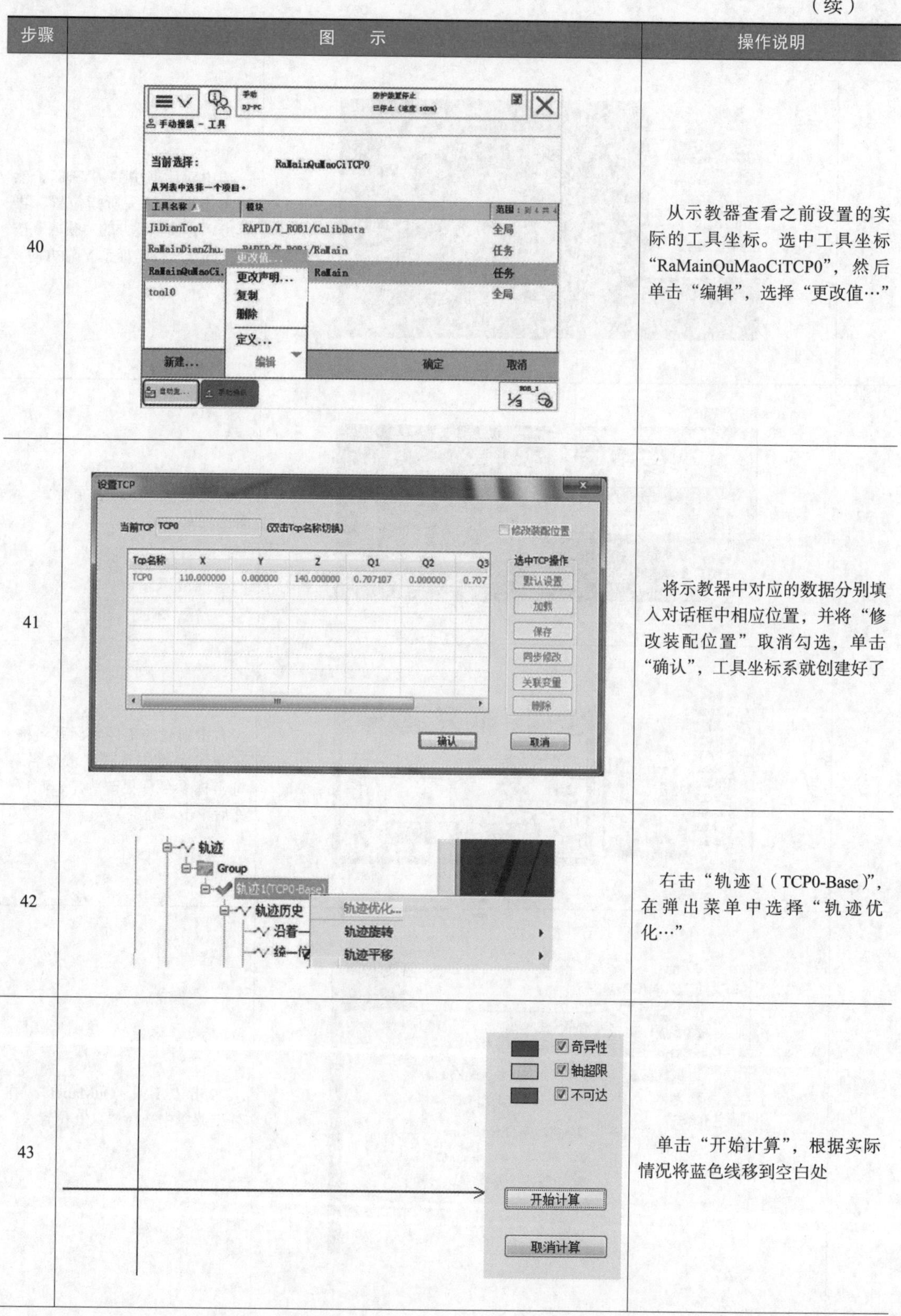

步骤	图示	操作说明
40		从示教器查看之前设置的实际的工具坐标。选中工具坐标“RaMainQuMaoCiTCP0”，然后单击“编辑”，选择“更改值…”
41		将示教器中对应的数据分别填入对话框中相应位置，并将“修改装配位置”取消勾选，单击“确认”，工具坐标系就创建好了
42		右击“轨迹 1（TCP0-Base）”，在弹出菜单中选择“轨迹优化…”
43		单击“开始计算”，根据实际情况将蓝色线移到空白处

（续）

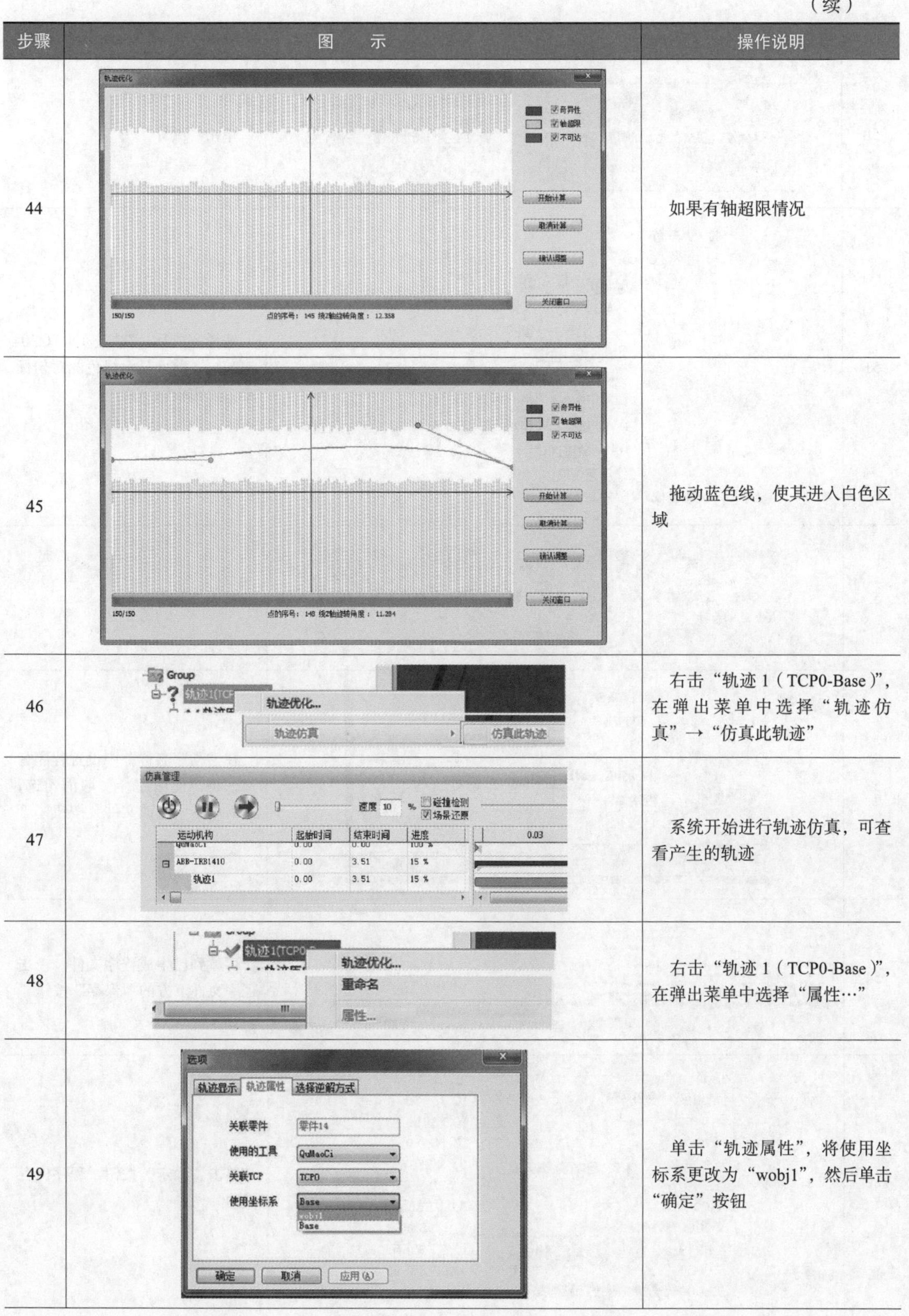

步骤	图　　示	操作说明
44		如果有轴超限情况
45		拖动蓝色线，使其进入白色区域
46		右击“轨迹1（TCP0-Base）”，在弹出菜单中选择“轨迹仿真”→“仿真此轨迹”
47		系统开始进行轨迹仿真，可查看产生的轨迹
48		右击“轨迹1（TCP0-Base）”，在弹出菜单中选择“属性…”
49		单击“轨迹属性”，将使用坐标系更改为“wobj1”，然后单击“确定”按钮

（续）

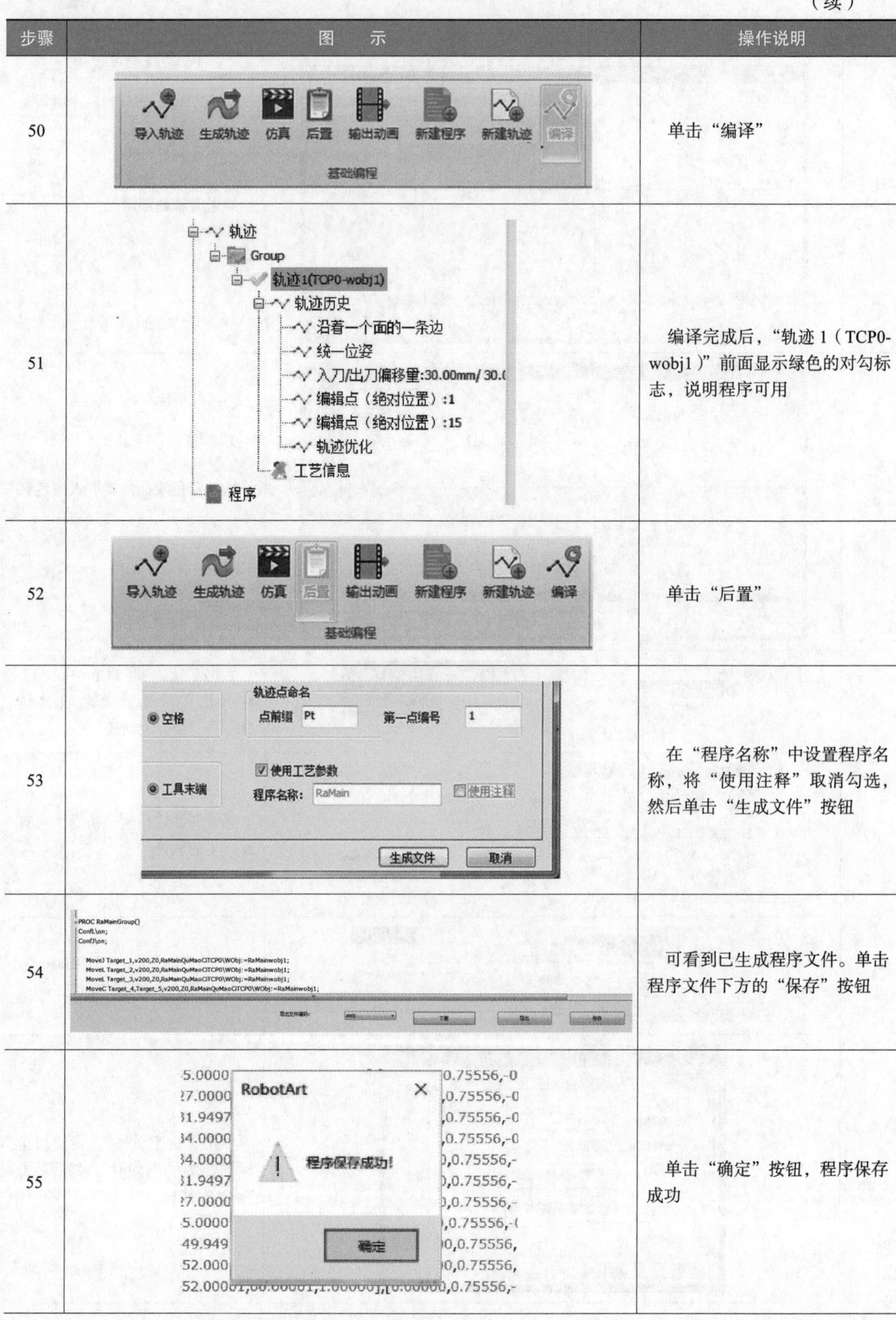

步骤	图示	操作说明
50		单击“编译”
51		编译完成后，“轨迹 1（TCP0-wobj1）”前面显示绿色的对勾标志，说明程序可用
52		单击“后置”
53		在“程序名称”中设置程序名称，将“使用注释”取消勾选，然后单击“生成文件”按钮
54		可看到已生成程序文件。单击程序文件下方的“保存”按钮
55		单击“确定”按钮，程序保存成功

（续）

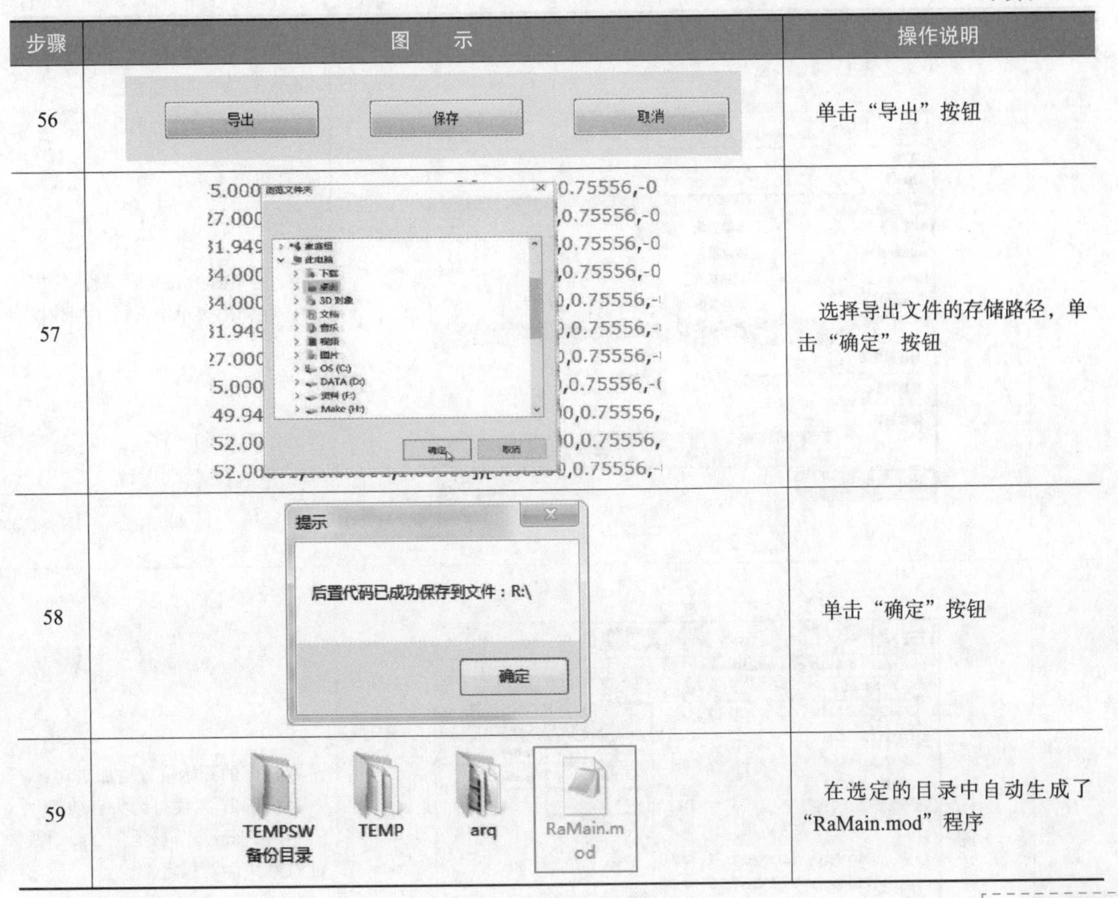

步骤	图示	操作说明
56	导出 保存 取消	单击“导出”按钮
57	浏览文件夹 确定 取消	选择导出文件的存储路径，单击“确定”按钮
58	提示 后置代码已成功保存到文件：R:\ 确定	单击“确定”按钮
59	TEMPSW备份目录 TEMP arq RaMain.mod	在选定的目录中自动生成了“RaMain.mod”程序

3. 加载程序

创建完程序后，就可以操作示教器加载生成的程序“RaMain.mod”进行去毛刺操作。加载程序的操作步骤见表 2-11。

加载程序执行去毛刺任务

表 2-11　加载程序的操作步骤

步骤	图示	操作说明
1	T_ROB1 模块：BASE 系统模块；mainModule 程序模块；RaMain 程序模块；user 系统模块 X；userModule 程序模块	选择“userModule”程序模块

（续）

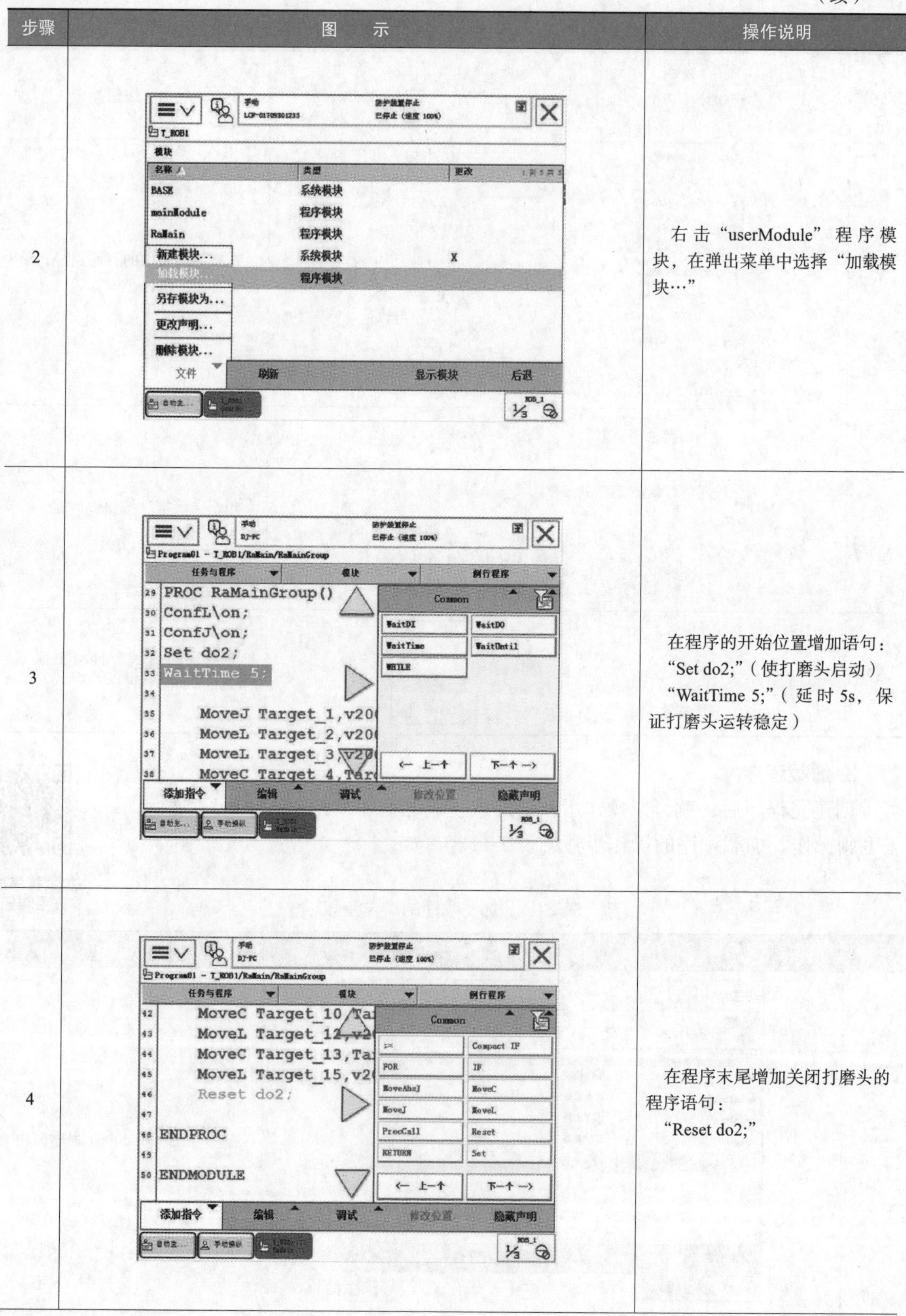

步骤	图　示	操作说明
2		右击“userModule”程序模块，在弹出菜单中选择“加载模块…”
3		在程序的开始位置增加语句： “Set do2;”（使打磨头启动） “WaitTime 5;”（延时 5s，保证打磨头运转稳定）
4		在程序末尾增加关闭打磨头的程序语句： “Reset do2;”

（续）

步骤	图　示	操作说明
5	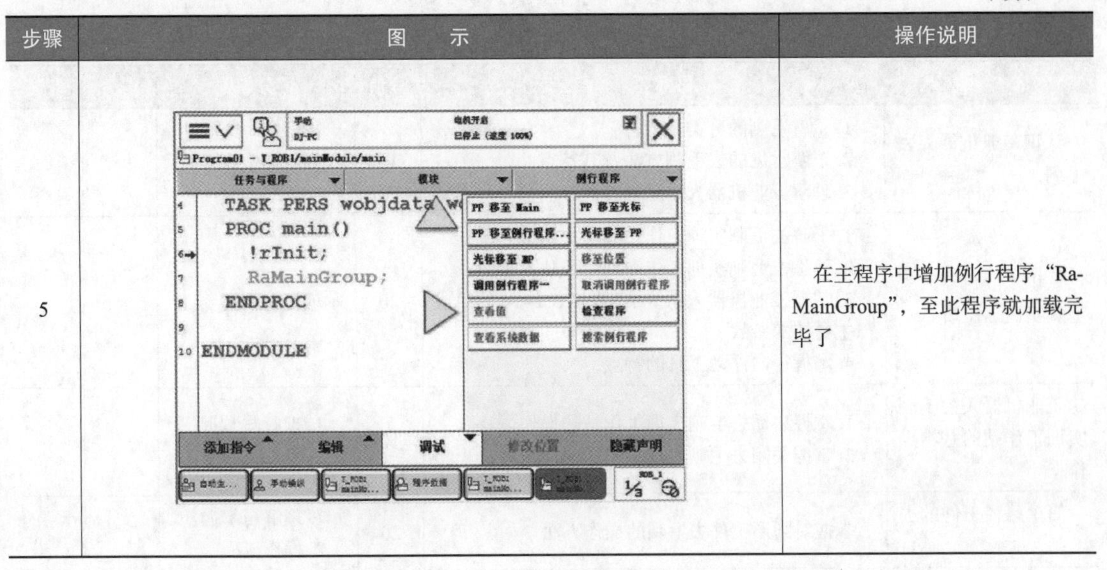	在主程序中增加例行程序“RaMainGroup”，至此程序就加载完毕了

思考与练习

1. 填空题

（1）工业机器人去毛刺工作站由____________、____________、____________、____________、____________及____________构成。

（2）电气控制柜主要包括工作站系统____________、____________、____________、____________、____________和____________。

（3）电气控制柜内部包含____________装置和____________装置。____________装置主要功能是过滤从气泵处理的压缩空气中的油和水；____________装置为精密减压阀，通过调节气压的大小来控制径向浮动所需力的大小。

2. 选择题

（1）（　　）为径向浮动工具的高速旋转提供压缩空气动力。

A. 工业吸尘器　　　　B. 静音无油空压机

C. 气压调节装置　　　D. 气源处理装置

（2）工业机器人工作站配备的安全防护组件有（　　）。

①安全防护栏；②三色警报灯；③工业吸尘器；④安全门

A. ①③　　B. ①②④　　C. ①②③　　D. ①②③④

3. 判断题

（1）去毛刺打磨头一般应根据需要选择具有浮动功能的打磨头。（　　）

（2）精密减压阀为气压调节装置，其压力可调范围为 0.01~0.8MPa。（　　）

（3）静音无油空压机的主要功能是为径向浮动工具的高速旋转提供压缩空气动力。（　　）

自我学习检测评分表

任务	目标要求	分值	评分细则	得分	备注
认识工业机器人去毛刺	1. 了解毛刺的分类及危害 2. 了解常见的去毛刺方法及其特点 3. 理解工业机器人去毛刺的优势	10	理解与掌握		
认识工业机器人去毛刺实训工作站	1. 了解去毛刺实训工作站的主要构成 2. 熟悉去毛刺实训工作站的主要技术参数 3. 掌握工业机器人系统 ABB IRB 1410 的组成与主要技术参数 4. 掌握径向浮动工具的特点	20	理解与掌握		
工业机器人去毛刺实训工作站的基本操作	1. 掌握启动去毛刺实训工作站的操作方法 2. 掌握关闭去毛刺实训工作站的操作方法	10	1. 理解与掌握 2. 操作流程		
简单路径工件的去毛刺	掌握对圆形工件去毛刺的操作方法	20	1. 理解与掌握 2. 操作流程		
较复杂路径工件的去毛刺	1. 熟悉 RobotArt 软件的使用 2. 掌握基于 RobotArt 软件实现较复杂工件去毛刺的方法	30	1. 理解与掌握 2. 操作流程		
安全操作	符合上机实训操作要求	10			

项目三　工业机器人焊接实训工作站

➢ **项目描述**

基于对焊接概念的理解，了解工业机器人焊接的优势。在此基础上，熟悉工业机器人焊接实训工作站的主要组成和技术参数，掌握更换焊丝、开关焊接工业机器人工作站和焊烟净化器的基本操作方法，并进一步掌握用工业机器人完成简单轨迹焊接的操作步骤。

工业机器人焊接实训工作站

➢ **学习目标**

1）了解焊接的定义及分类。

2）了解工业机器人焊接的优势。

3）掌握工业机器人焊接实训工作站的主要组成。

4）熟悉焊接实训工作站的主要技术参数。

5）掌握工业机器人系统 ABB IRB 1410 的组成与主要技术参数。

6）掌握启动、关闭工业机器人焊接工作站的操作方法。

7）掌握启动、关闭焊烟净化器的操作方法。

8）掌握更换焊丝的操作方法。

9）掌握工件简单路径的焊接操作。

任务一　认识工业机器人焊接

初识工业机器人焊接

焊接作业的环境相当恶劣，焊接作业时会产生强弧光、高温、烟尘、飞溅、电磁干扰等对人体有害的因素；甚至还会造成烧伤、触电、眼睛损伤、吸入有毒气体、紫外线过度辐射等严重危害。在这种情况下，采用工业机器人焊接，不仅可以改善人员的工作环境，避免人员受到伤害，还能够实现连续作业，提升工作效率，提高焊接质量。所以，焊接领域非常适合应用工业机器人，在实际工程中，它也是工业机器人应用最广泛的领域。

1. 焊接的定义及分类

焊接也称为熔接、镕接，是一种以加热、高温或者高压的方式接合金属或其他热塑性材料（如塑料）的制造工艺及技术。焊接通常分为以下三种：

1）熔焊。熔焊是通过加热欲接合的工件使之局部熔化形成熔池，待熔池冷却凝固后便接合，必要时可加入熔填物辅助，它适合各种金属和合金的焊接加工，无需压力。

2）压焊。压焊的焊接过程必须对焊件施加压力，适用于各种金属材料和部分金属材料的加工。

3）钎焊。钎焊是采用比母材熔点低的金属材料作钎料，利用液态钎料润湿母材，填充接头间隙，并与母材互相扩散实现链接焊件。钎焊应用范围较广，可应用于多种材料的焊接加工，例如各种不同金属或异类材料的焊接加工。

现代焊接的能量来源有很多种，包括气体焰、电弧、激光、电子束、摩擦和超声波等。除了在工厂中使用外，焊接还可以在多种环境下进行，如野外、水下和太空。无论在何处，焊接都可能给操作者带来危险，所以在进行焊接时必须采取适当的防护措施。

2. 工业机器人焊接的优势

焊接技术是现代工业生产中非常重要的生产技术，广泛应用在建筑、汽车、电子、航空等领域。随着电子技术、计算机技术、数控及机器人技术的发展，自动焊接机器人从20世纪60年代开始用于生产，其技术已日益成熟。采用机器人焊接在稳定和提高焊接质量的同时提高了生产率，降低了工人劳动强度，改善了工人劳动环境，所以机器人替代人手工焊接已大势所趋。

采用机器人焊接是焊接自动化的革命性进步，它突破了传统的焊接刚性自动化方式，开拓了一种柔性自动化新方式。焊接机器人是应用最广泛的一类工业机器人，在各国机器人应用比例中占总数的40%~60%。焊接机器人分弧焊机器人和点焊机器人两大类。焊接机器人的主要优点如下：

1）易于稳定和提高焊接产品的质量，保证其均一性。

2）提高生产效率，焊接机器人可24h连续生产。

3）改善工人劳动环境，焊接机器人可在有害环境下长期工作。

4）可降低对工人操作技术难度的要求。

5）可缩短产品改型换代的准备周期，减少相应的设备投资。

6）可实现批量产品焊接自动化。

7）为焊接柔性生产线提供技术基础。

弧焊机器人的应用范围很广，除汽车行业之外，在通用机械、金属结构等许多行业中都有应用。最常用的是结构钢和铬镍钢的熔化极活性气体保护焊（CO_2焊、MAG焊）、铝及特殊合金熔化极惰性气体保护焊（MIC焊）、铬镍钢和铝的惰性气体保护焊以及埋弧焊等。

任务二　认识工业机器人焊接实训工作站

工业机器人焊接工作站的形式多种多样，图3-1所示的工业机器人焊接实训工作站（以下简称焊接实训工作站）以关节型六轴串联焊接工业机器人为核心，融合了工业机器人维护及操作、现场示教编程及调试、离线编程及应用等技能要求，以焊接行业中最典型的电弧焊为实训案例，让学生熟练掌握自动化生产中机器人焊接的技能要点。学生通过对焊接实训工作站的操作，不仅可以了解在机器人焊接过程中每个器件的作用以及使用方法，还可以对电弧焊的各种工艺参数进行设置与合理性验证。焊接实训工作站还深度集成了离线编程技术，软件中包含了与硬件平台的相符的三维模型资源，大大简化了焊接的编程应用过程，提高了轨迹复现精度，较好地满足了职业院校学生对焊接机器人的操作和编程的学习需求。

图 3-1　工业机器人焊接实训工作站

1. 焊接实训工作站的组成

工业机器人焊接实训工作站配备了工业机器人、焊接电源、送丝机、焊枪、CO_2 储气瓶、清枪剪丝机、焊接变位机、焊烟净化器、总控制柜、安全防护组件、空气压缩机等设备，由总控制柜控制电源的开启与关闭。另外，焊接工作站还包含焊接所需要用到焊枪、焊丝等易损件，如图 3-2 所示。

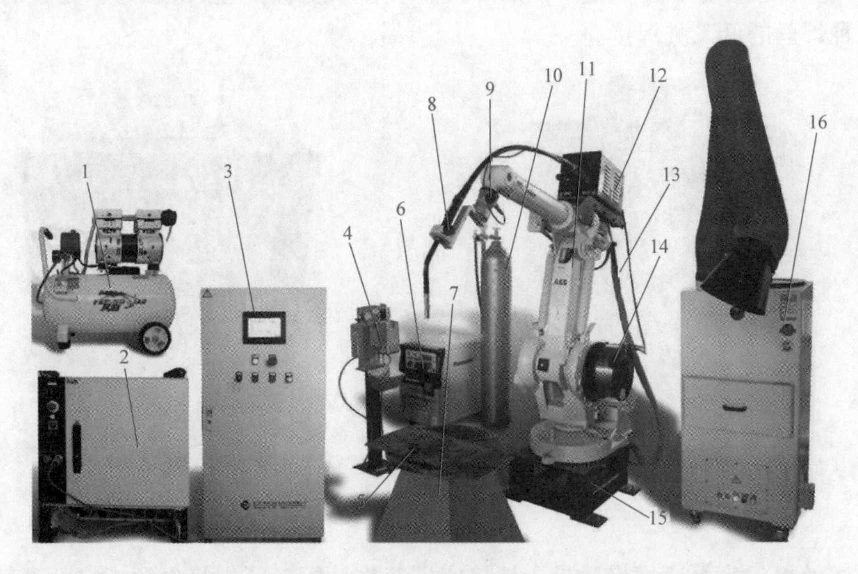

图 3-2　焊接实训工作站的总体结构

1—空气压缩机　2—机器人控制柜　3—总控制柜　4—清枪剪丝机　5—待焊工件　6—焊接电源　7—焊接变位机　8—焊枪　9—防碰撞传感器　10—CO_2 储气瓶　11—工业机器人本体　12—送丝机　13—焊丝导管　14—焊丝盘　15—底座　16—焊烟净化器

（1）工业机器人

该焊接实训工作站采用型号为 ABB IRB 1410 六自由度工业机器人。图 3-3a 所示为该型号工业机器人本体实物，其工作范围如图 3-3b 所示。ABB IRB 1410 型工业机器人属于焊接机器人，在焊接生产中应用非常广泛。机器人控制柜如图 3-4 所示。

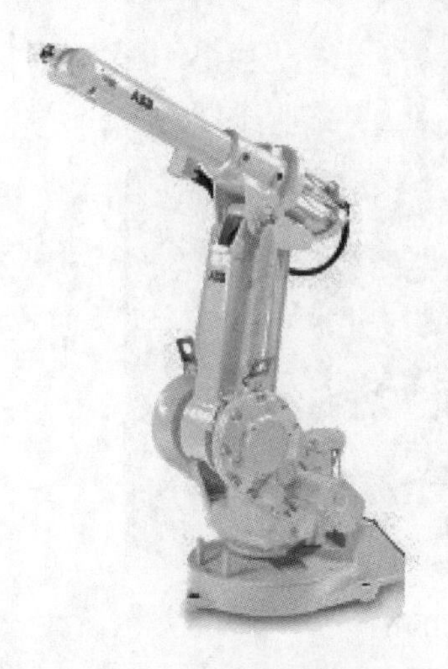

a) 工业机器人本体

b) 工业机器人的工作范围(单位：mm)

图 3-3　ABB IRB 1410 型工业机器人

（2）焊接电源　为保证焊接工艺效果和教学可操作性，该焊接实训工作站采用全数字 CO_2/MAG 焊接电源（以下简称焊接电源），如图 3-5 所示。通过示教器操作控制焊接电源，可便捷地调整焊接参数，以满足不同的焊接需求。焊接电源主要焊接对象为碳钢和不锈钢，可实现多种焊丝的低飞溅焊接。

图 3-4　机器人控制柜

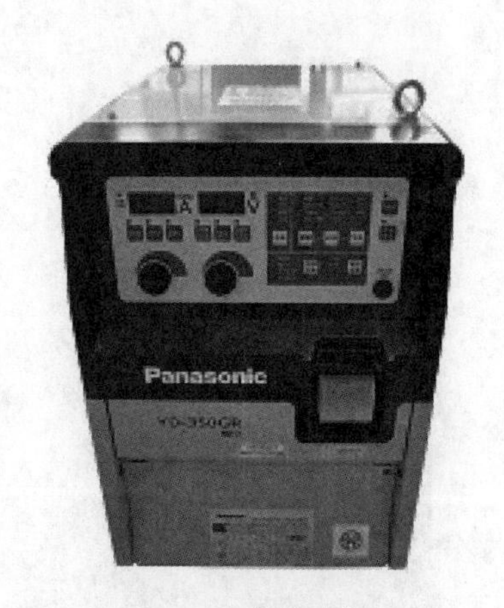

图 3-5　焊接电源

（3）送丝机　为保证焊接质量，焊接实训工作站配备了焊接电源指定的高精度数字送丝机，如图 3-6 所示。送丝机的伺服电动机通过输入齿轮带动两驱动轮转动，这种两驱两从的方式，可实现对焊丝的两点滚动输出，从而确保焊接系统在不同环境中都能稳定地出丝。焊接实训工作站送丝机适用的焊丝类型包含实心碳钢、药芯碳钢焊丝、实心不锈钢和药芯不锈钢焊丝。焊丝直径范围为 0.8~1.2mm。

（4）焊枪　焊枪是焊接工业机器人系统的末端执行器，其性能的优劣将直接决定焊接质量。焊接实训工作站使用的工业机器人焊接专用焊枪如图 3-7 所示。焊枪适用于实心和药芯焊丝，可用焊丝直径规格包括 0.8mm、1.0mm、1.2mm，额定工作电流为 350A（CO_2 保护气）。注意，在清枪时若焊枪示教姿态位置有偏差，清枪头易对焊枪产生磨削。

图 3-6　送丝机

1—从动轮支架　2—压紧旋钮　3—从动轮　4—电机
5—主动轮　6—驱动齿轮　7—送丝机机架

（5）CO_2 储气瓶　CO_2 储气瓶由储气瓶、气体调节器、PVC 气管等组成，其中，气体调节器由减压器、压力表、预热器、流量计等组成，如图 3-8 所示。减压器输出的压力出厂时已设置好，无须再做调节，气体流量可通过节流阀调节。该焊接实训工作站采用的气体保护气是 CO_2，浓度 ≥ 99.8%。保护气从储气瓶流经气体调节器，通过预热器加热后经 PVC 气管导向机器人的末端执行器——焊枪。另外，在保护气路中安装有电磁阀（该焊接实训工作站安装在送丝机箱体内），可直接在示教器上用信号控制气体的流通。

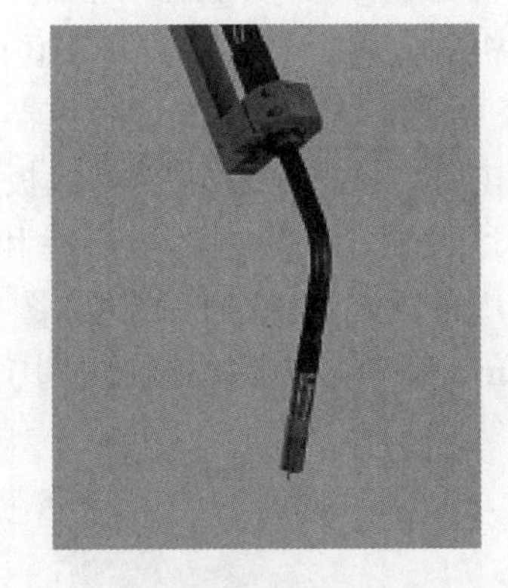

图 3-7　焊枪

（6）清枪剪丝机　为充分模拟工业机器人在工厂真实的焊接工艺应用，焊接实训工作站配备了焊接专用的自动清枪剪丝机，如图 3-9 所示。清枪剪丝机与机器人之间已建立通信，可在示教器上直接触发对应的信号来控制清枪剪丝机的动作。注意定期检查供油瓶中的耐高温防堵剂储量，当储量低于 1/4 时需及时添加。

清枪剪丝机主要有以下作用：

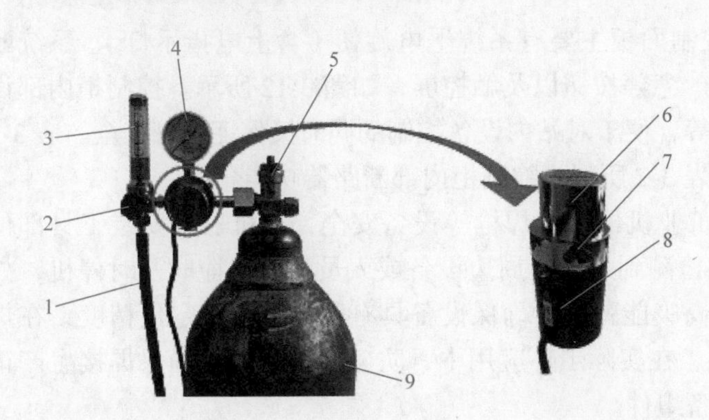

图 3-8　CO_2 储气瓶

1—PVC 气管　2—节流阀　3—流量计　4—压力表　5—气阀
6—双级式气体调节器（减压器）　7—安全阀　8—预热器　9—储气瓶

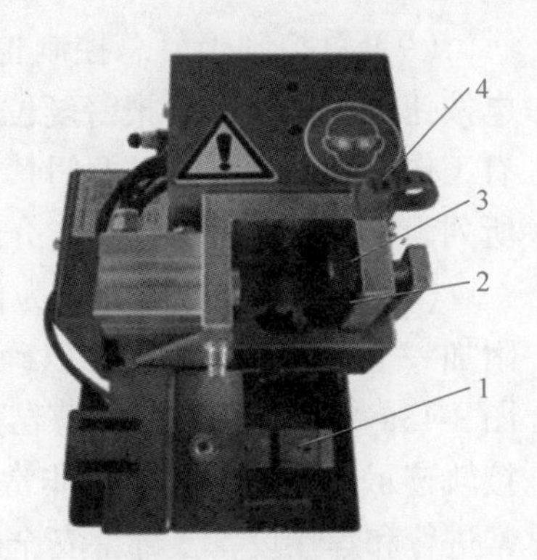

图 3-9　清枪剪丝机

1—剪丝工位　2—清枪工位
3—焊枪定位器　4—TCP 标定参考点

1）清理机器人在自动焊接过程中产生的粘堵在焊枪气体保护套内的飞溅物，确保气体长期畅通无阻。

2）清枪工位可以给焊枪保护套喷洒耐高温防堵剂，降低焊渣对枪套、枪嘴的粘连。

3）剪丝工位可将熔滴状的焊丝端部（内部为焊渣）自动剪去，废料落入废料盒，改善焊丝的工况。

（7）焊接变位机　焊接变位机是用来改变待焊工件位置，将待焊焊缝调整至理想位置进行施焊作业的设备。通过变位机对待焊工件的位置转变，可以实现单工位全方位的焊接加工应用，提高焊接机器人的应用效率，确保焊接质量。焊接实训工作站配备了立式焊接变位机，如图 3-10 所示，适用于各种轴类、盘类、筒体等工件的焊接。变位机采用伺服驱动系统，通过 PLC 实现运动控制，可在总控制柜的触摸屏上控制变位机的旋转速度以及角度，与机器人配合可实现异步变位焊接的实训练习。

（8）焊烟净化器　焊烟净化器是一种工业环保设备，焊接产生的烟尘被风机负压吸入除烟机内部，大颗粒飘尘被均流板和初滤网过滤而沉积下来。进入净化装置的微小级烟雾和废气通过废气装置内部被过滤和分解后排出达标气体。因焊接实训工作站的工位较少，所以选用单机式焊烟净化器，如图 3-11 所示。焊烟净化器工作风量为 1500m³/h、过滤精度为 0.1μm，可有效去除焊接过程中产生的烟尘，保证安全的焊接环境。

图 3-10　焊接变位机

图 3-11　焊烟净化器

（9）总控制柜　总控制柜的控制面板主要有系统上电旋钮（含上电指示灯）、系统断电按钮、除尘按钮、报警复位按钮、急停按钮以及触控屏，如图 3-12 所示。控制柜内部设有工作站总电源开关以及门禁开关等，便于对站内设备控制的同时又保证人身安全。表 3-1 所列为控制柜面板操作功能介绍，表 3-2 所列为控制柜内部断路器功能介绍。

（10）安全防护组件　为保证工业机器人及焊枪等设备安全，在机器人安装工具部位附加一个防碰撞传感器，以确保能检测到焊枪与周边设备或人员发生碰撞时及时停机，如图 3-13a 所示。防碰撞传感器采用高吸能弹簧，确保设备具有很高的重复定位精度，在焊接轨迹示教重现时，作用非常明显。在实际工厂应用中，防碰撞传感器是确保焊接生产正常进行和焊接设备及部件安全的必备组件。

焊接实训工作站的安全围栏将工作人员与设备物理隔离，从而保证了人身安全。安全围栏由铝合金和钢化玻璃构成。焊接实训工作站还安装有关门检测传感器，当工业机器人在自动运行中有人员进入时，关门检测传感器会检测到，并触发蜂鸣器进行报警，从而有

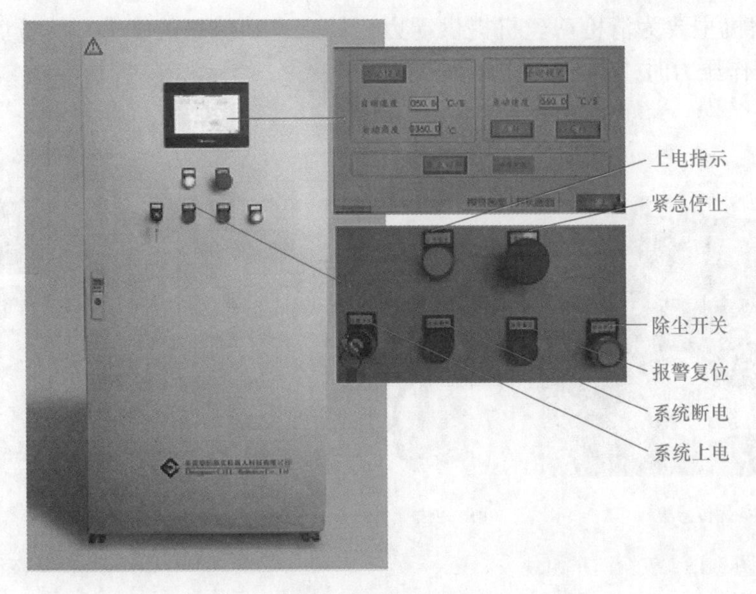

图 3-12　总控制柜

表 3-1　控制柜面板操作功能介绍

序号	名　称	功能介绍
1	系统上电	总启动旋钮，向右旋转即可开启焊接实训工作站 焊接实训工作站开启后，钥匙旋钮自动复位
2	系统断电	工业机器人总关闭按钮，按下后即可关闭焊接实训工作站
3	报警复位	处于自动运行模式下，当安全门被打开时，工作站会报警 关闭安全门，按下此按钮即可解除报警
4	除尘开关	焊烟净化器的总开关
5	上电指示	当焊接实训工作站开启时，此指示灯亮起
6	紧急停止	紧急停止按钮在出现危险、紧急情况时，按下此按钮焊接实训工作站停止运行
7	触摸屏	控制变位机的旋转速度、方向以及角度

表 3-2　控制柜内部断路器功能介绍

序号	名　称	功能介绍
1	QF1	焊接实训工作站总开关，控制整个焊接实训工作站系统的上电
2	QF2	焊接电源开关，控制焊接电源的上电
3	QF3	焊烟净化器开关，控制焊烟净化器的上电
4	QF4	机器人开关，控制工业机器人的上电
5	QF5	空气压缩机开关，控制空气压缩机的上电
6	QF6	焊接实训工作站系统控制回路的总开关

效防止危险的发生。站内还提供三色报警灯提示焊接实训工作站当前状态：红色灯亮表示报警；黄色灯亮表示手动模式；绿色灯亮表示自动模式，如图 3-13b 所示。焊接实训工作站在机器人控制柜、总控制柜和示教器上都设置有急停开关，可在发生危险时及时停止设备运行。

（11）空气压缩机　空气压缩机（空压机），又称气泵，如图 3-14 所示。该焊接实训工作站空气压缩机主要为清枪剪丝机提供动力，具有自动保压的能力。清枪剪丝机工作后，当气压低于工作压力时，空气压缩机会自动加压。

a) 防碰撞传感器

b) 三色报警灯

图 3-13　安全防护组件

图 3-14　空气压缩机

（12）易损件清单　焊接实训工作站焊接需要使用的一些材料属于易损耗品，该工作站的易损件清单见表 3-3。

表 3-3　易损件清单

序号	零件编号	零件名称	图　示
1	CHL-GY-11-A-F01	焊枪	
2	CHL-GY-11-A-F02	焊丝	
3	CHL-GY-11-A-D01	宽平板	

（续）

序号	零件编号	零件名称	图　示
4	CHL-GY-11-A-D02	窄平板	
5	CHL-GY-11-A-D03	坡口平板	

2. 焊接实训工作站的技术参数

焊接实训工作站的技术参数见表 3-4。

表 3-4　焊接实训工作站的技术参数

序号	项　目	关键参数	备　注
1	工作环境温度	5~45℃	
2	工作相对湿度	最高为 80%	
3	底座尺寸（长 × 宽 × 高）	510mm × 510mm × 250mm	
4	工业机器人本体	第五轴到达距离为 1440mm 额定负载为 50N 重复定位精度为 0.05mm	ABB IRB 1410 型
5	控制器	采用 RAPID 工业机器人编程语言 内置 24 路数字量输入、24 路数字量输出和 2 路模拟量输出模块 Arc 弧焊软件包 Standard I/O Welder 焊机通信接口软件	
6	PLC CPU	12KB 程序存储器 8KB 数据存储器 10KB 保持性存储器 板载 12 点输入 /8 点输出 最多 6 个 I/O 模块扩展 最多 1 个信号板扩展 4 个高速计数器 2 路 100kHz 脉冲输出	SIMATTC S7-200 SMART CPU ST20

（续）

序号	项　目	关键参数	备　注
7	焊接电源	控制方式数字控制 IGBT 逆变 额定输入电压为三相 AC 380V 频率为 50Hz/60Hz 额定输出电流为 350A 额定负载持续率为 60%	Panasonic YD-350GR W 型
8	送丝机	适用焊丝直径范围为 0.8~1.2mm 适用焊丝类型为碳钢实心 / 药芯、不锈钢实心 / 药芯 适用送丝速度范围为 10~166cm/min	
9	焊枪	暂载率为 100% 焊丝直径为 0.8~1mm、1.2mm 额定电流值为 350A（CO_2）、300A（混合气体 M21），根据 DIN EN ISO 17475 标准	
10	CO_2 储气瓶	内含气体为 CO_2 容积为 40L 气体纯度为 99.8%	
11	清枪剪丝机	程序控制采用气动方式 控制信号，数字量，电压为 DC 24V 最大电流为 0.15A 防飞溅剂容量 500mL，且喷射量可调节	
12	空气压缩机	系统功率为 600W 最大压力为 8×10^5Pa 排气量为 118L/min 气罐为 24L 噪声为 52db	
13	气源处理装置	工作介质为空气 接管口径为 PT3/8 滤芯精度为 40μm 调压范围为 0.15~0.9MPa	
14	焊接变位机及工装夹具	负载为 200kg 回转半径为 250mm 最大回转速度为 70°/s 重复定位精度为 ±0.1mm 配有工装夹具	
15	焊烟净化器	过滤效率为 99% 过滤原理为机械式滤筒技术 工作噪声为 65dB 滤芯寿命为 12 个月，材料为 PTFE 覆膜阻燃滤芯	
16	防碰撞传感器	机械式弹簧支承 最大弯曲角度为 10° 轴向释放力矩为 20N · m 重复定位精度为 ±0.03mm 质量为 0.8kg	TBi KS-2

任务三　工业机器人焊接实训工作站的基本操作

焊接实训工作站的基本操作

1. 焊接实训工作站的启动及关闭

（1）启动焊接实训工作站　启动焊接实训工作站的操作步骤见表 3-5。

表 3-5　启动焊接实训工作站的操作步骤

步骤	图　　示	操作说明
1	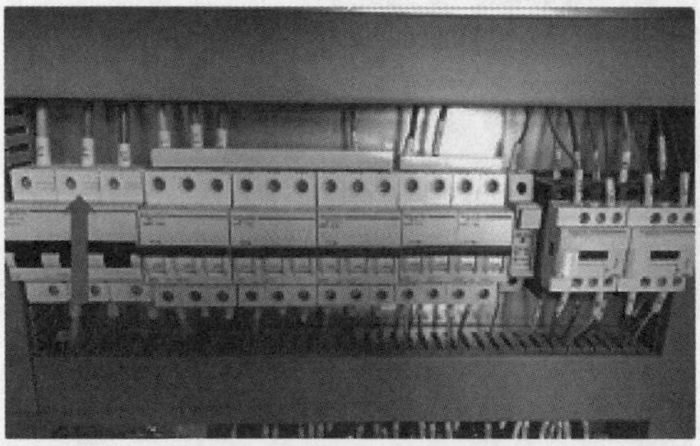	打开总控制柜门，将内部断路器全部闭合，然后关闭柜门
2	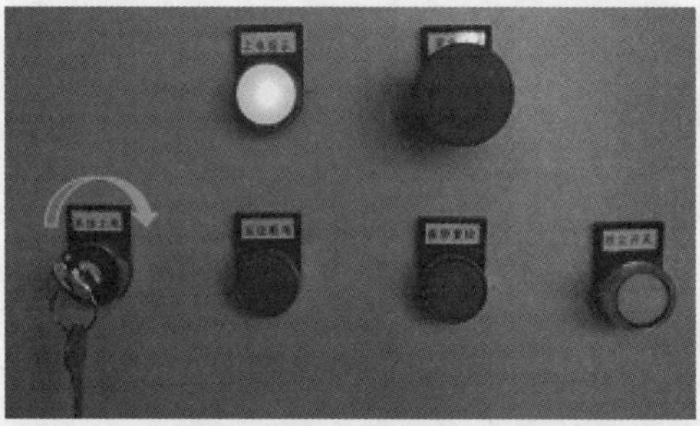	顺时针方向旋转总控制柜上“系统上电”的钥匙旋钮，系统上电，同时“上电指示”灯被点亮
3		将机器人控制柜上的电源开关旋转到 ON 指示位，机器人系统开启

（2）关闭焊接实训工作站　关闭焊接实训工作站的操作步骤见表 3-6。

表 3-6　关闭焊接实训工作站的操作步骤

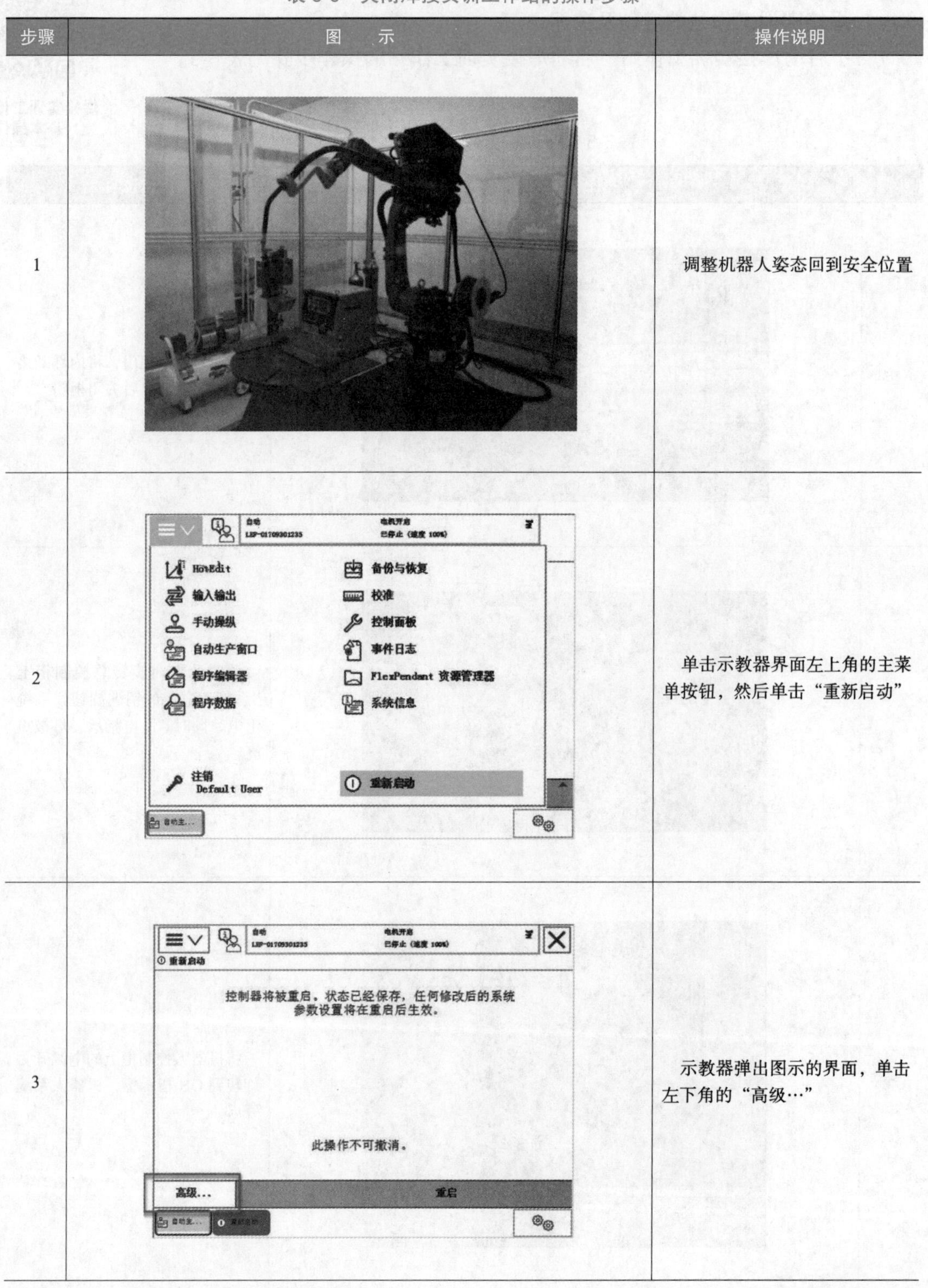

步骤	图　示	操作说明
1		调整机器人姿态回到安全位置
2		单击示教器界面左上角的主菜单按钮，然后单击“重新启动”
3		示教器弹出图示的界面，单击左下角的“高级…”

（续）

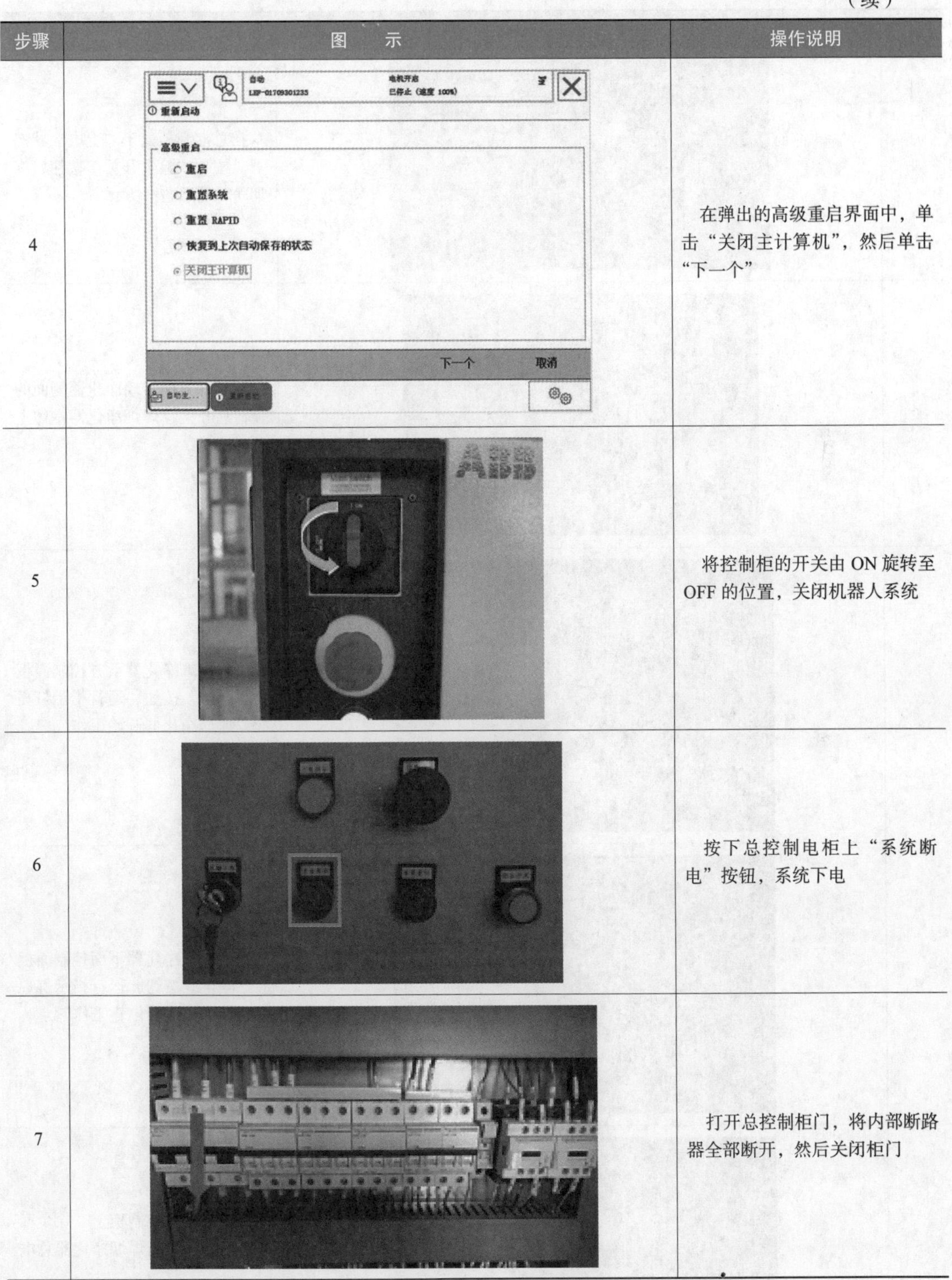

步骤	图示	操作说明
4		在弹出的高级重启界面中，单击“关闭主计算机”，然后单击“下一个”
5		将控制柜的开关由 ON 旋转至 OFF 的位置，关闭机器人系统
6		按下总控制电柜上“系统断电”按钮，系统下电
7		打开总控制柜门，将内部断路器全部断开，然后关闭柜门

2. 焊烟净化器的开启与关闭

开启与关闭焊烟净化器的操作步骤见表 3-7。

表 3-7 开启与关闭焊烟净化器的操作步骤

步骤	图　示	操作说明
1	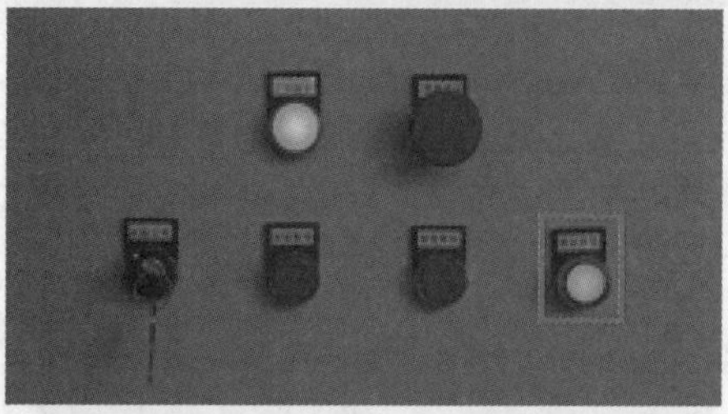	在总控制柜处于“上电”状态下，按下“除尘开关”按钮，焊烟净化器通电
2		顺时针方向转动净化器侧面的旋转总开关，焊烟净化器本体上电
3	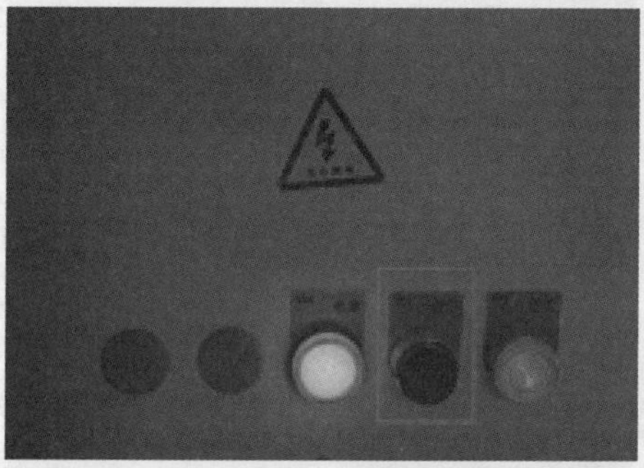	按下焊烟净化器下方控制面板上“运行”按钮，运行指示灯亮起，焊烟净化器开始工作
4	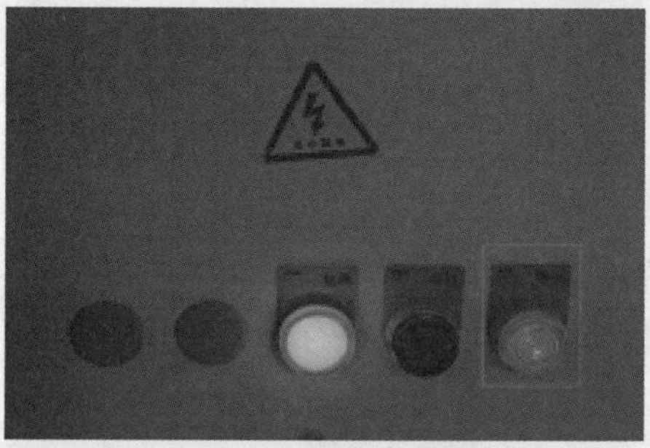	按下焊烟净化器下面控制面板上“停止”按钮，运行指示灯熄灭，焊烟净化器停止工作
5	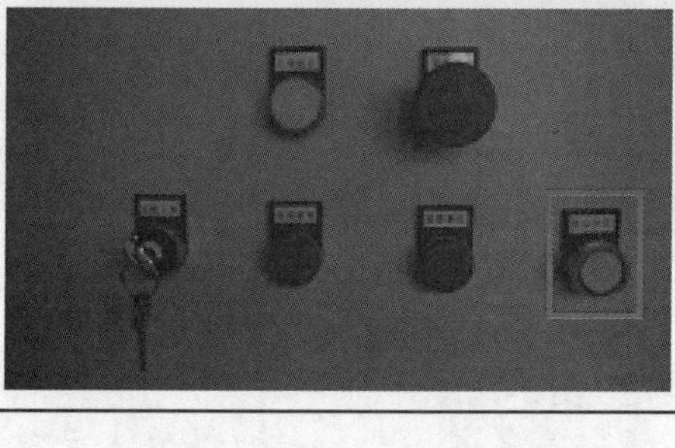	再次按下总控制柜上“除尘开关”按钮，关闭焊烟净化器总电源

3. 更换焊丝

更换焊丝的操作步骤见表 3-8。

表 3-8　更换焊丝的操作步骤

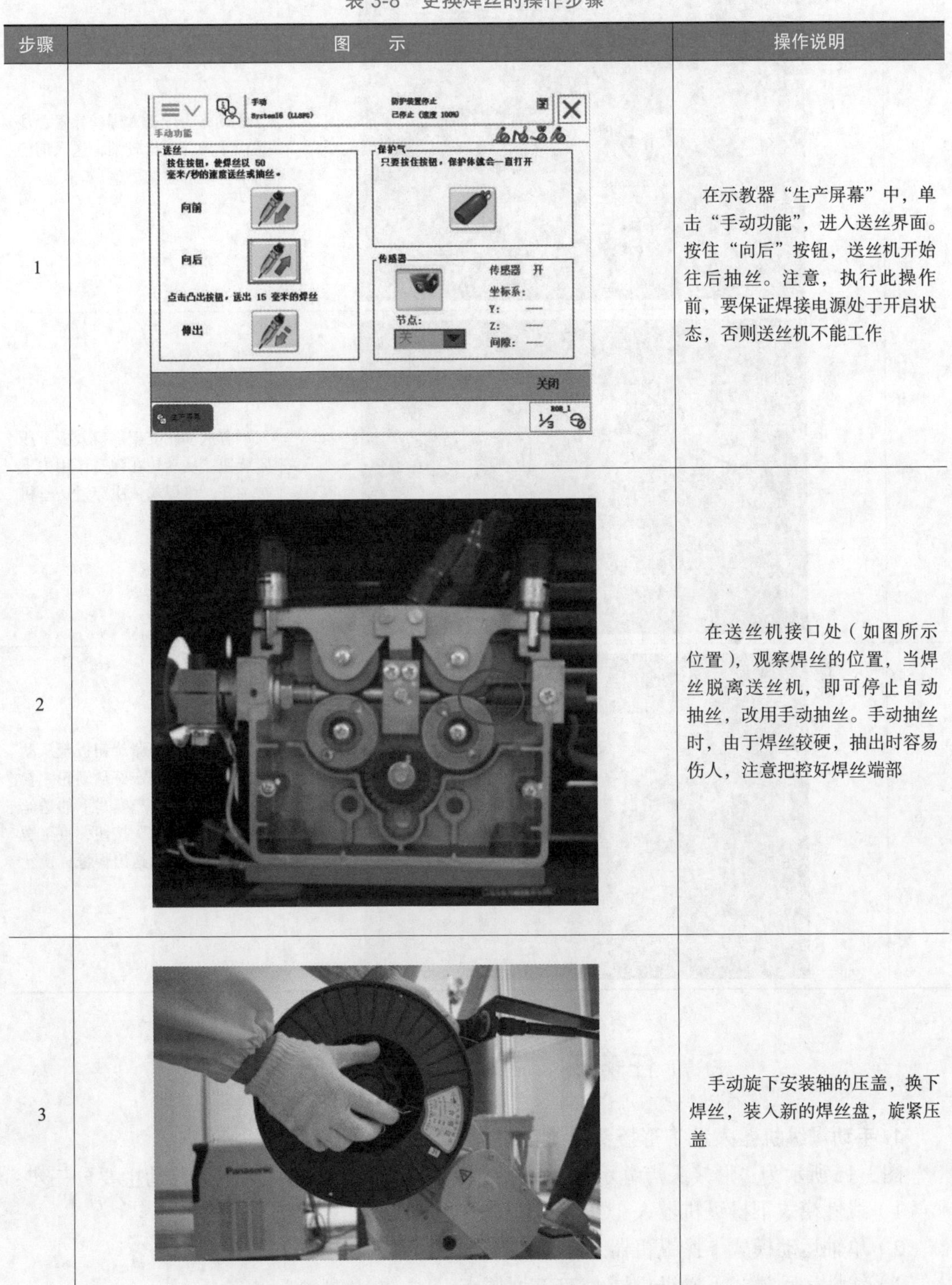

步骤	图　　示	操作说明
1		在示教器“生产屏幕”中，单击“手动功能”，进入送丝界面。按住“向后”按钮，送丝机开始往后抽丝。注意，执行此操作前，要保证焊接电源处于开启状态，否则送丝机不能工作
2		在送丝机接口处（如图所示位置），观察焊丝的位置，当焊丝脱离送丝机，即可停止自动抽丝，改用手动抽丝。手动抽丝时，由于焊丝较硬，抽出时容易伤人，注意把控好焊丝端部
3		手动旋下安装轴的压盖，换下焊丝，装入新的焊丝盘，旋紧压盖

（续）

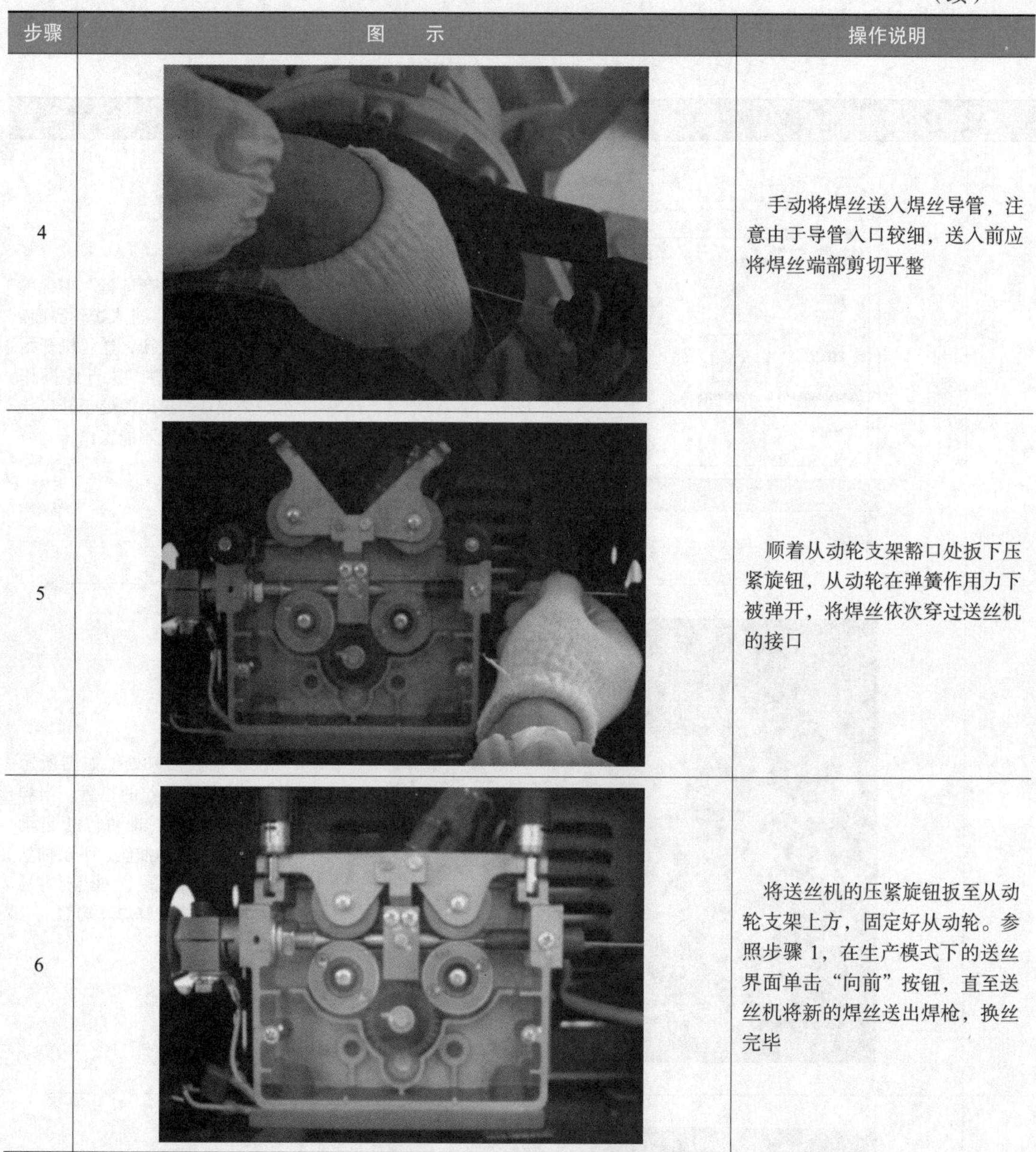

步骤	图　示	操作说明
4		手动将焊丝送入焊丝导管，注意由于导管入口较细，送入前应将焊丝端部剪切平整
5		顺着从动轮支架豁口处扳下压紧旋钮，从动轮在弹簧作用力下被弹开，将焊丝依次穿过送丝机的接口
6		将送丝机的压紧旋钮扳至从动轮支架上方，固定好从动轮。参照步骤 1，在生产模式下的送丝界面单击“向前”按钮，直至送丝机将新的焊丝送出焊枪，换丝完毕

任务四　简单工件的焊接

1. 手动操纵机器人沿 T 形接头焊缝移动

图 3-15 所示为 T 形接头焊缝示意图。手动操纵机器人沿 T 形接头焊缝移动主要分三步：

1）线性模式下操纵机器人 TCP 运动至 $p1$ 点。

2）单轴运动模式下操纵机器人 TCP 运动至 $p2$ 点。

3）线性运动模式下操纵机器人 TCP 回原点。

手动操纵机器人沿 T 形接头焊缝移动的操作步骤见表 3-9。

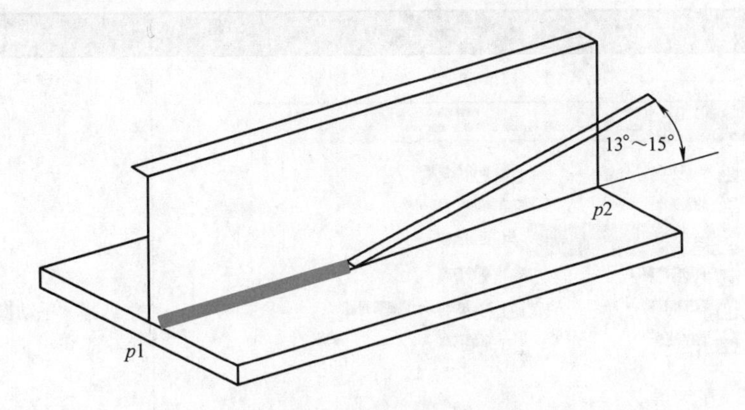

图 3-15　T 形接头焊缝示意图

表 3-9　手动操纵机器人沿 T 形接头焊缝移动的操作步骤

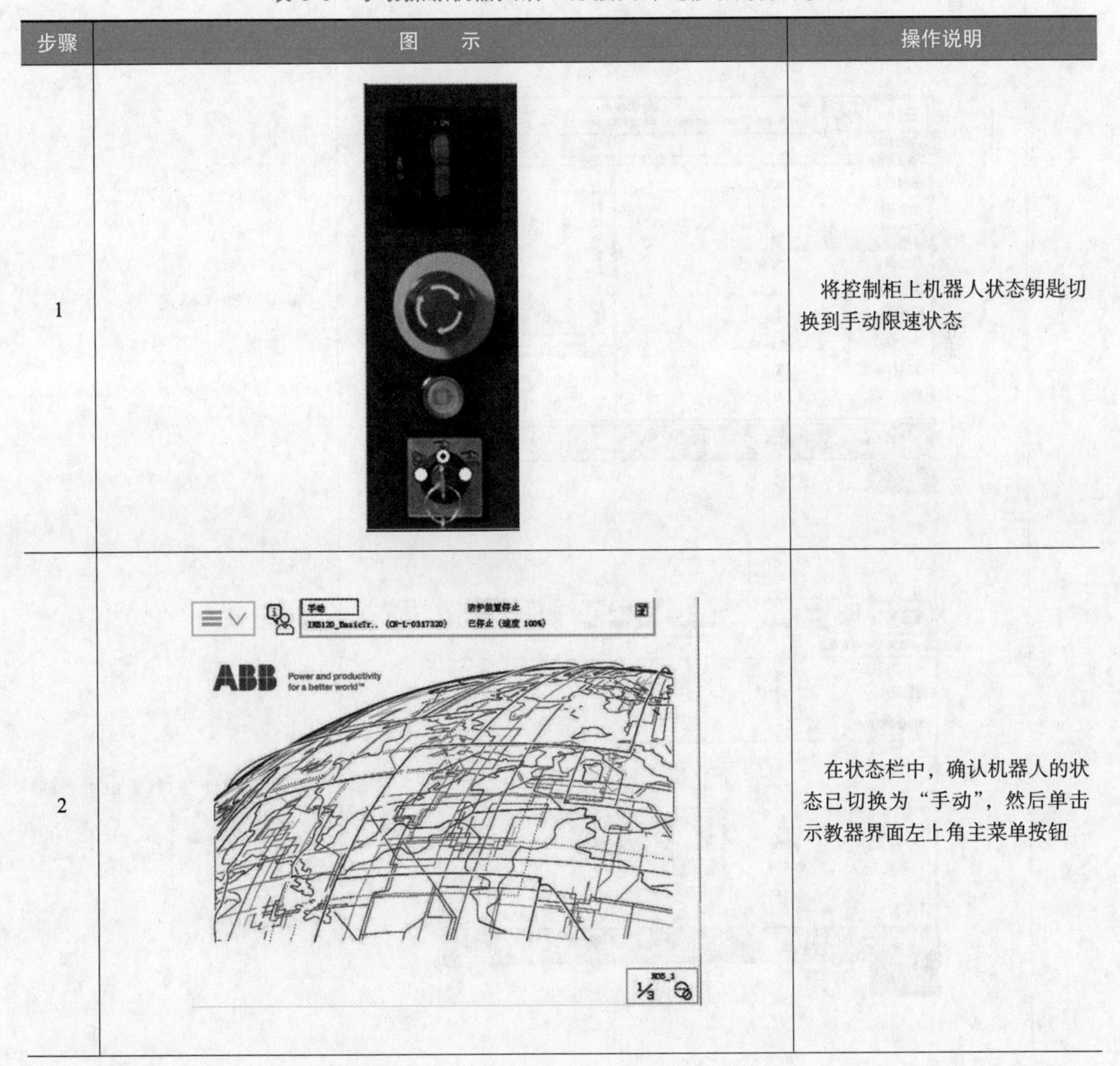

步骤	图　示	操作说明
1		将控制柜上机器人状态钥匙切换到手动限速状态
2		在状态栏中，确认机器人的状态已切换为“手动”，然后单击示教器界面左上角主菜单按钮

（续）

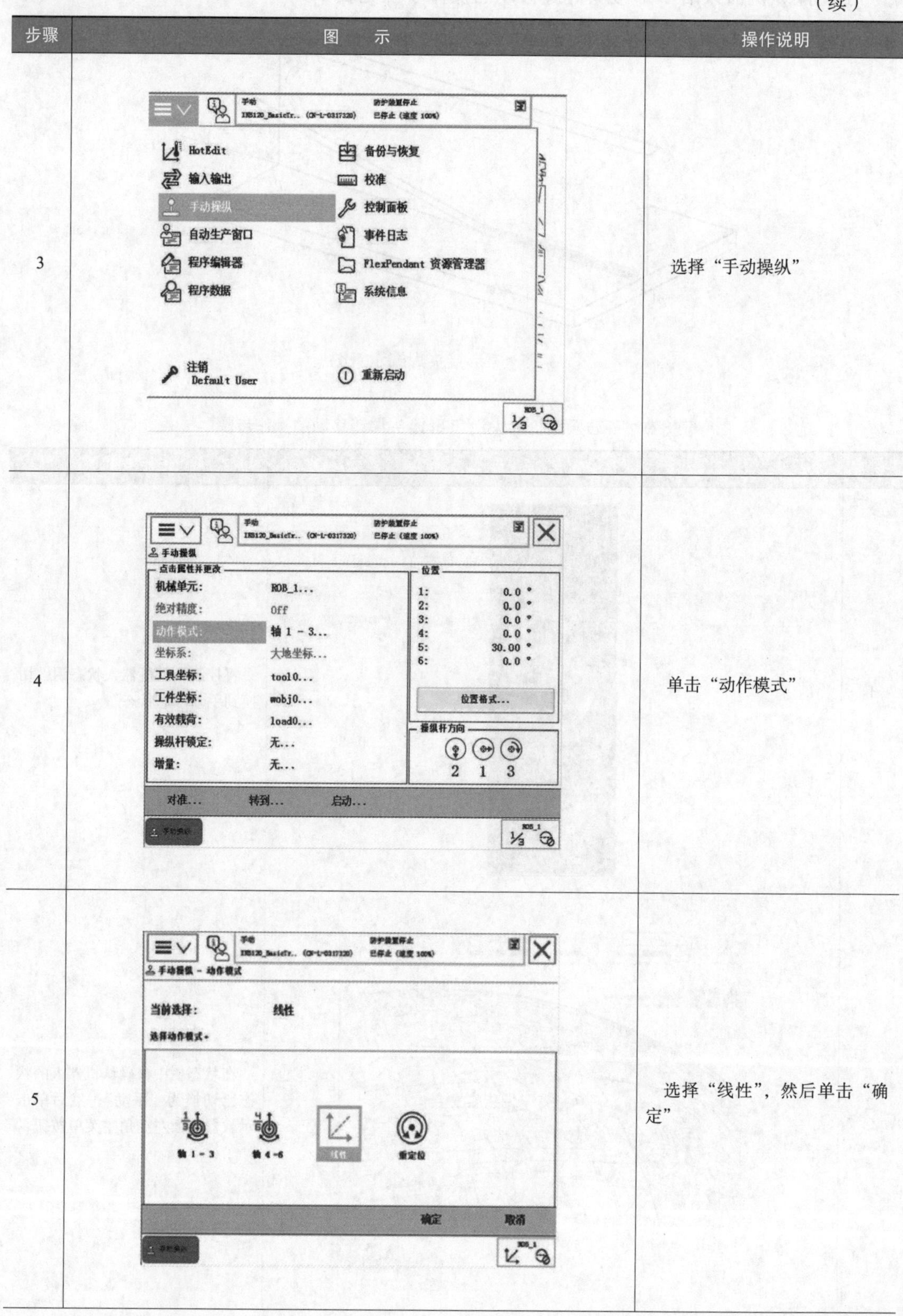

步骤	图　示	操作说明
3		选择“手动操纵”
4		单击“动作模式”
5		选择“线性”，然后单击“确定”

（续）

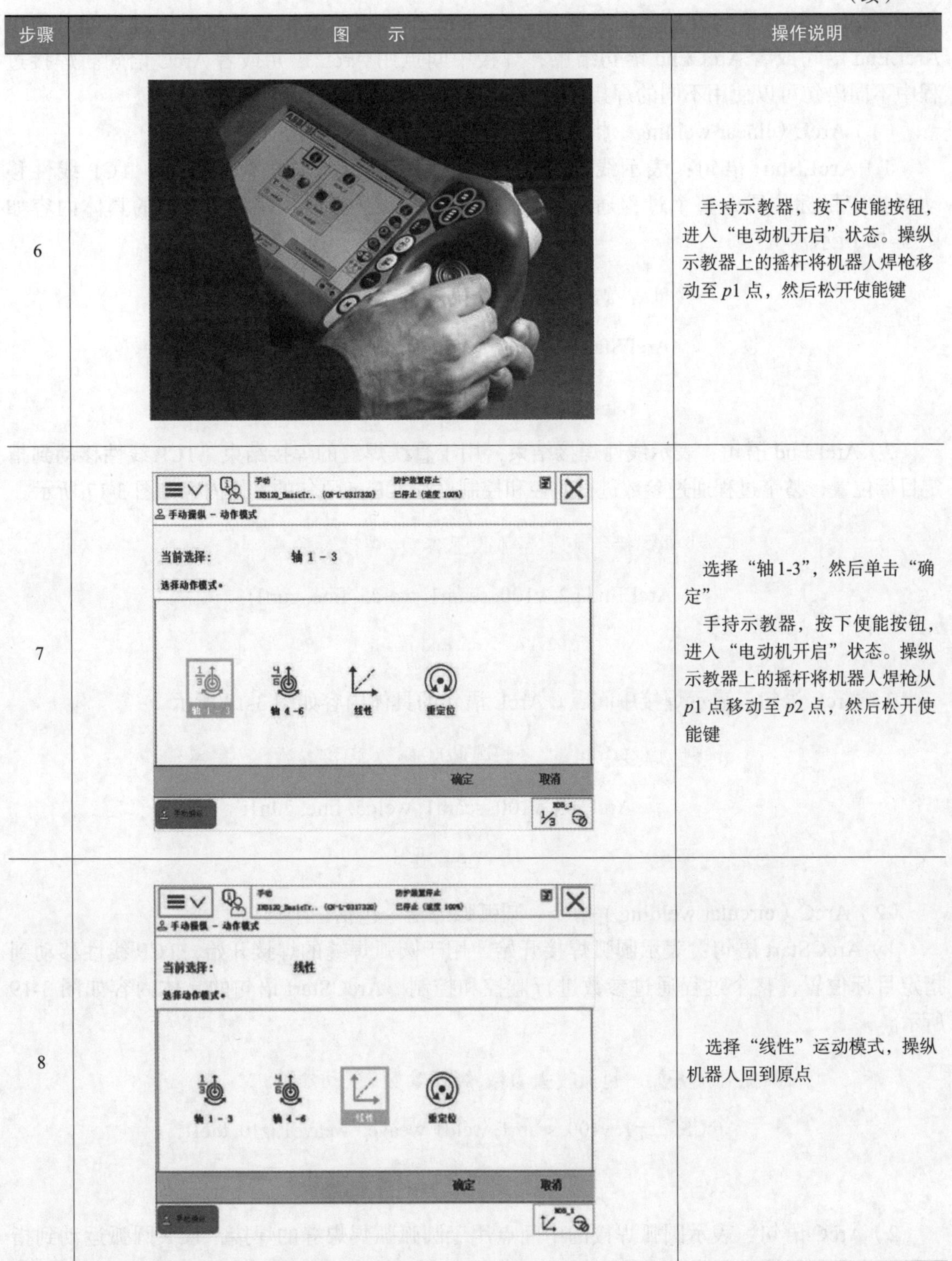

步骤	图示	操作说明
6		手持示教器，按下使能按钮，进入“电动机开启”状态。操纵示教器上的摇杆将机器人焊枪移动至 $p1$ 点，然后松开使能键
7		选择“轴 1-3”，然后单击“确定” 手持示教器，按下使能按钮，进入“电动机开启”状态。操纵示教器上的摇杆将机器人焊枪从 $p1$ 点移动至 $p2$ 点，然后松开使能键
8		选择“线性”运动模式，操纵机器人回到原点

2. 弧焊机器人编程指令

弧焊指令可实现运动及定位，它的指令主要包括：ArcL 指令、ArcC 指令、seam 指令、weld 指令、weave 指令以及可选参数 \on 和 \off。任何焊接程序都必须以 ArcLStart 语句或者 ArcCStart 语句开始，通常运用 ArcLStart 作为起始语句；任何焊接过程都必须以 ArcLEnd 语句或者 ArcCEnd 语句结束；焊接中间点用 ArcL 语句或者 ArcC 语句。焊接过程中不同语句可以使用不同的焊接参数，如 seamdata、welddata 和 weavedata。

（1）ArcL（linear welding）指令　直线弧焊指令包含如下三个选项：

1）ArcLStart 语句：表示线性焊接开始，用于直线焊缝的焊接开始，TCP 线性移动到指定目标位置，整个过程通过参数进行监控和控制。ArcLStart 语句的具体内容如图 3-16 所示。

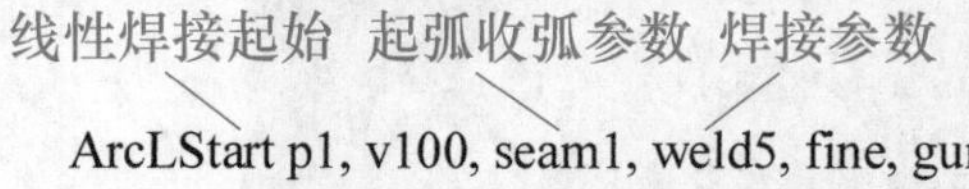

线性焊接起始　起弧收弧参数　焊接参数

ArcLStart p1, v100, seam1, weld5, fine, gun1;

图 3-16　ArcLStart 语句

2）ArcLEnd 语句：表示线性焊接结束，用于直线焊缝的焊接结束，TCP 线性移动到指定目标位置，整个过程通过参数进行监控和控制。ArcLEnd 语句的具体内容如图 3-17 所示。

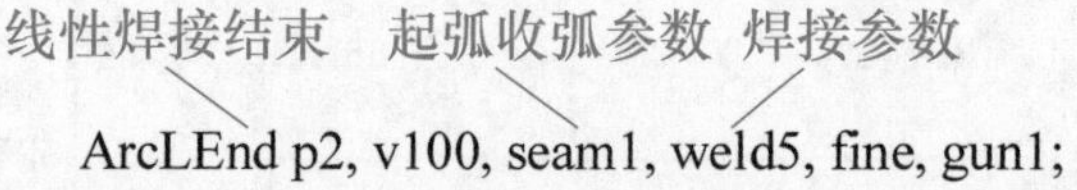

线性焊接结束　起弧收弧参数　焊接参数

ArcLEnd p2, v100, seam1, weld5, fine, gun1;

图 3-17　ArcLEnd 语句

3）ArcL 语句：表示焊接中间点。ArcL 语句的具体内容如图 3-18 所示。

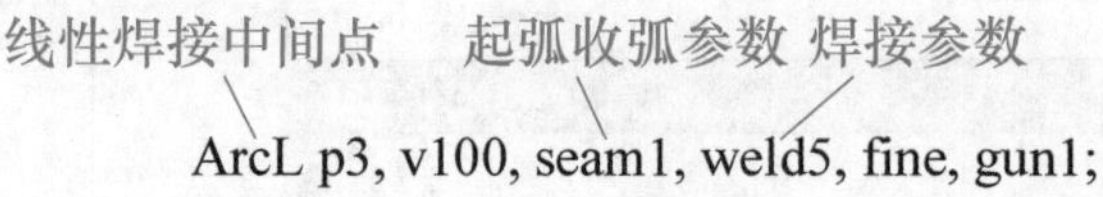

线性焊接中间点　起弧收弧参数　焊接参数

ArcL p3, v100, seam1, weld5, fine, gun1;

图 3-18　ArcL 语句

（2）ArcC（circular welding）指令　圆弧弧焊指令包括三个选项：

1）ArcCStart 语句：表示圆弧焊接开始，用于圆弧焊缝的焊接开始，TCP 线性移动到指定目标位置，整个过程通过参数进行监控和控制。ArcCStart 语句的具体内容如图 3-19 所示。

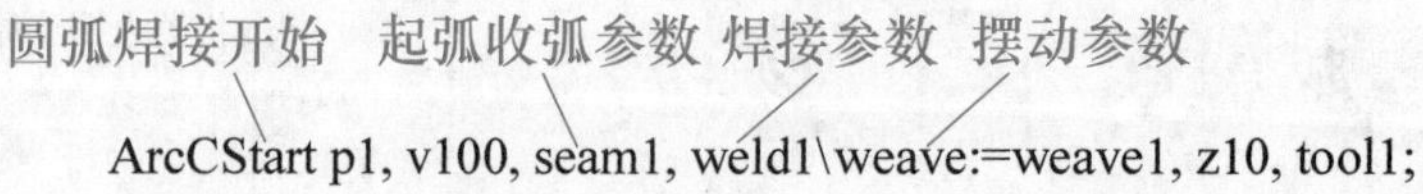

圆弧焊接开始　起弧收弧参数　焊接参数　摆动参数

ArcCStart p1, v100, seam1, weld1\weave:=weave1, z10, tool1;

图 3-19　ArcCStart 语句

2）ArcC 语句：表示圆弧焊接的中间点用于圆弧弧焊焊缝的焊接，TCP 圆弧运动到指定目标位置，焊接过程通过参数控制。ArcC 语句的具体内容如图 3-20 所示。

3）ArcCEnd 语句：表示圆弧焊接结束用于圆弧焊缝的焊接结束，TCP 圆弧运动到指定目标位置，整个焊接过程通过参数监控和控制。ArcCEnd 语句的具体内容如图 3-21 所示。

圆弧焊接中间点　起弧收弧参数　焊接参数　摆动参数

ArcC p1, p2, v100, seam1, weld1\weave:=weave1, z10, tool1;

图 3-20　ArcC 语句

圆弧焊接结束　起弧收弧参数　焊接参数

ArcCEnd p2, p3, v100, seam1, weld5, fine, gun1;

图 3-21　ArcCEnd 语句

（3）seam（seamdata）指令　弧焊参数的一种，用于定义起弧和收弧时的焊接参数，其主要内容见表 3-10。

表 3-10　弧焊参数 seamdata　（单位：s）

序号	弧焊指令	指令定义的参数说明
1	purge_time	保护气管路的预充气时间，这个时间不会影响焊接的时间
2	preflow_time	保护气的预吹气时间
3	bback_time	收弧时焊丝的回烧量
4	postflow_time	尾送气时间，收弧时为防止焊缝氧化，保护气体的吹气时间

（4）weld（welddata）指令　弧焊参数的一种，用于定义焊接参数，其主要的内容见表 3-11。

表 3-11　弧焊参数 welddata

序号	弧焊指令	指令定义的参数说明
1	weld_speed	焊缝的焊接速度，单位是 mm/s
2	weld_voltage	定义焊缝的焊接电压，单位是 V
3	weld_wirefeed	焊接时送丝系统的送丝速度，单位是 m/min

（5）weave（weavedata）指令　弧焊参数的一种，用于定义摆动参数，其主要内容见表 3-12。

（6）\on 指令　可选参数，令焊接系统在该语句的目标点到达之前，依照 seam 参数中的定义，预先启动保护气体，同时将焊接参数进行数模转换后，送往焊机。

（7）\off 指令　可选参数，令焊接系统在该语句的目标点到达之时，依照 seam 参数中的定义，结束焊接过程。

下面以焊接直线焊缝焊接语句为例介绍焊接运动指令各项所表示的含义。

ArcL\On p1，v100，seam1，weld1，weave1，fine，gun1;

通常程序中显示的是参数的简化形式，如 sm1、wd1 及 wv 等。该程序语句中各部分的具体含义见表 3-13 所示。

表 3-12 弧焊参数 weavedata

序号	弧焊指令	指令定义的参数说明	
1	weave_shape 焊枪摆动类型	0	无摆动
		1	平面锯齿形摆动
		2	空间 V 字形摆动
		3	空间三角形型摆动
2	weave_type 机器人摆动方式	0	机器人 6 个轴均参与摆动
		1	仅 5 轴和 6 轴参与摆动
		2	1、2、3 轴参与摆动
		3	4、5、6 轴参与摆动
3	weave_ length	摆动一个周期的长度	
4	weave_ width	摆动一个周期的宽度	
5	weave_ height	摆动一个周期的高度	

表 3-13 程序语句解析

序号	弧焊指令	指令定义的参数说明
1	ArcL\On	指令定义的参数直线移动焊枪（电弧），预先启动保护气
2	pl	目标点的位置
3	v100	单步（FWD）运行时焊枪的速度，在焊接过程中为 Weld_ speed 指令所取代
4	fine	zonedata，焊接指令中一般均用 fine 指令
5	gun1	tooldata，定义工具坐标系参数，一般在编辑程序前设定

3. 直线焊缝焊接

下面以低碳钢薄板 I 形坡口 CO_2 气体保护焊对接平焊为例，介绍焊接工业机器人直线运动轨迹焊接的操作方法。

（1）焊接任务　本任务焊接的工件为两块长约 200mm，宽约 80mm，厚度约为 4mm 的 Q235 普通低碳钢 I 形坡口薄板。将这两块薄板矫平、除锈后对接放在焊接平台上，调整两板间距约为 2mm，使用机器人焊接专用指令，设置合适的焊接参数，用 CO_2 气体保护焊将两块对接的薄板焊接起来，如图 3-22 所示。

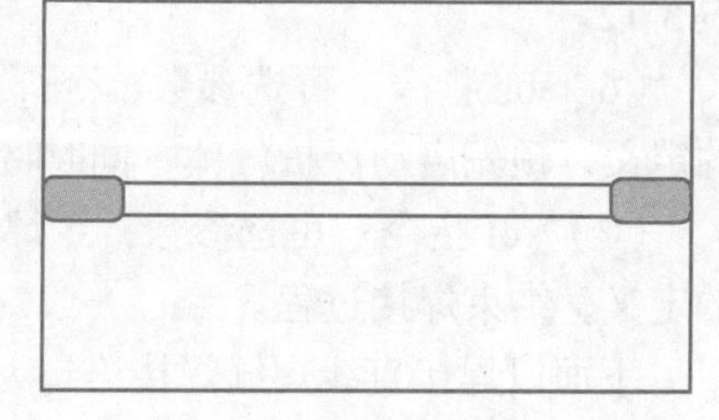

图 3-22　I 形坡口薄板对接焊示意图

（2）焊接材料　焊丝需根据母材型号，按照等强度原则选用规格为 ER49-1，直径为 1.0mm 的焊丝，使用前检查焊丝是否损坏，除去污物杂锈，保证其表面光滑。CO_2 气体纯度在 99.5% 以上。

（3）焊接工艺要求　施焊时清理焊嘴，由点焊处起焊，焊接过程中要保持焊枪适当的倾斜和枪嘴高度，调整焊丝伸出长度为10~12mm，气体流量为15L/min，焊枪工作角为90°，前进角为80°~85°，由于板薄间隙小无须摆动，焊接时必须根据焊接实际效果判断焊接工艺参数是否合适。看清熔池情况、电弧稳定性、飞溅大小及焊缝成形的好坏来修正焊接工艺参数，直至满意为止。焊接结束前必须收弧，若收弧不当容易产生弧坑并出现裂纹、气孔等缺陷。

（4）焊接参数　由于工件为薄板且焊缝间隙小，故采用直线运动，不摆动。焊接参数见表3-14。

表3-14　焊接参数

项目	焊接层次	焊丝直径/mm	电流/A	电压/V	CO_2 纯度	气体流量/（L/min）	焊丝伸出长度/mm
参数	1	1.0	100~120	18~20	≥99.8%	15	10~12

（5）焊接准备　在焊接前要做下列准备：

1）检查焊机：①检查冷却水，保护气，焊丝、导电嘴、送丝轮规格；②检查面板设置（保护气、焊丝、起弧收弧、焊接工艺参数等）；③检查工件接地良好。

2）检查信号：①检查手动送丝、手动送气、焊枪开关及电流检测等信号；②检查水压开关、保护气检测等传感信号，调节气体流量；③检查电流、电压等控制的模拟信号。

3）将工件安放在变位机上，夹紧固定

（6）弧焊参数的设置　弧焊参数的设置主要包括：seamdata、welddata和weavedata。它们是提前设置并存储在程序数据里的，在编辑焊接指令时可以直接调用，在编辑调用时也可以对它们进行修改。下面介绍在示教器中设置它们的操作步骤。在示教器中，设置弧焊参数seamdata、弧焊参数welddata及弧焊参数weavedata的操作步骤分别见表3-15、表3-16及表3-17。

表3-15　设置弧焊参数seamdata的操作步骤

步骤	图　示	操作说明
1	手动 LEP-01709301235 防护装置停止 已停止（速度 100%） 生产屏幕 备份与恢复 HotEdit 校准 输入输出 控制面板 手动操纵 事件日志 自动生产窗口 FlexPendant 资源管理器 程序编辑器 系统信息 程序数据 注销 Default User 重新启动	单击示教器界面左上角主菜单按钮，然后选择“程序数据”

（续）

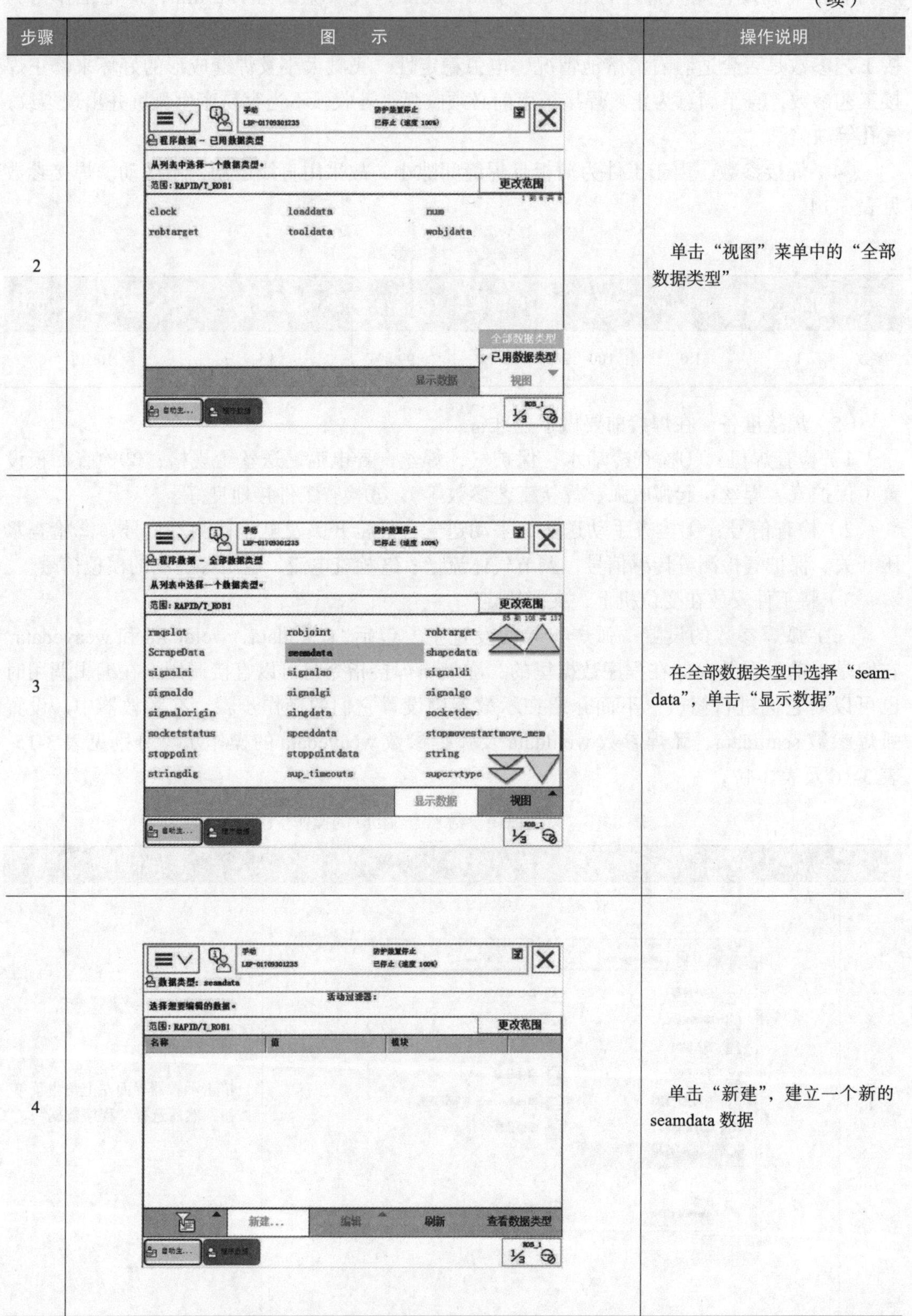

步骤	图　示	操作说明
2		单击“视图”菜单中的“全部数据类型”
3		在全部数据类型中选择“seamdata”，单击“显示数据”
4		单击“新建”，建立一个新的seamdata数据

（续）

步骤	图示	操作说明
5	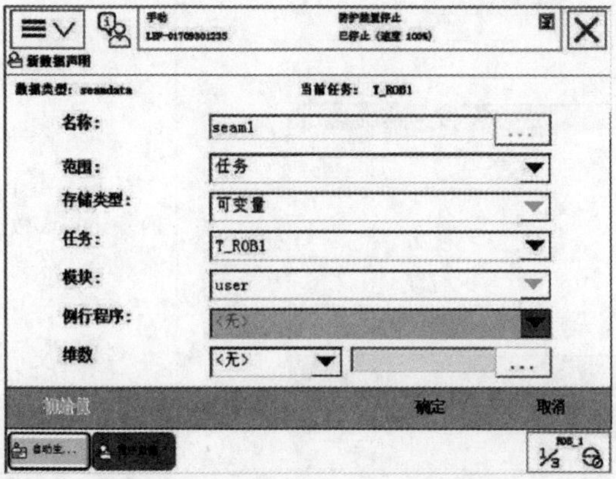	将“名称”更改为“seam1”，“存储类型”选择“可变量”，“模块”选择“user”，然后单击“初始值”进行具体参数的设定
6	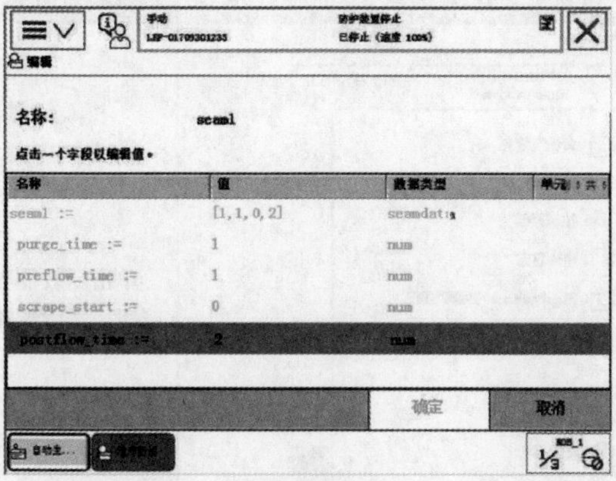	单击参数名称后面的值，在弹出的编辑器中可以进行参数的设定。参数设定完毕后，单击“确定”
7	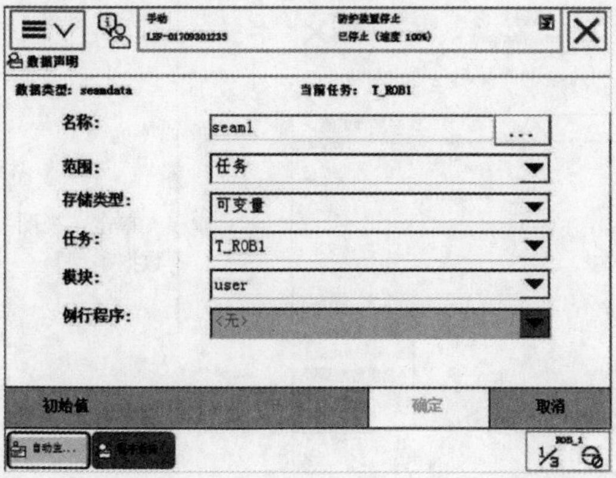	单击“确定”

（续）

步骤	图　　示	操作说明
8	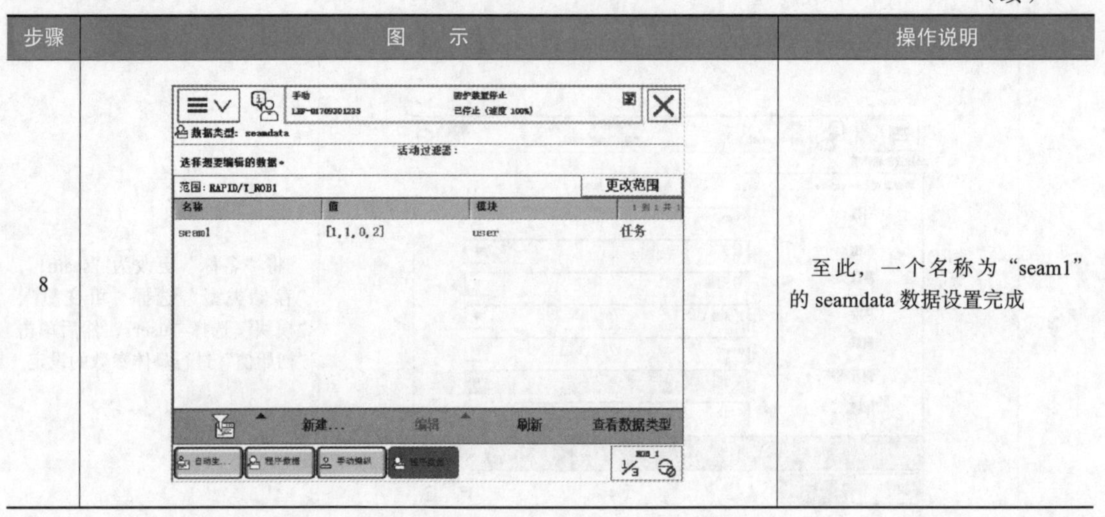	至此，一个名称为“seam1”的 seamdata 数据设置完成

表 3-16　设置弧焊参数 welddata 的操作步骤

步骤	图　　示	操作说明
1	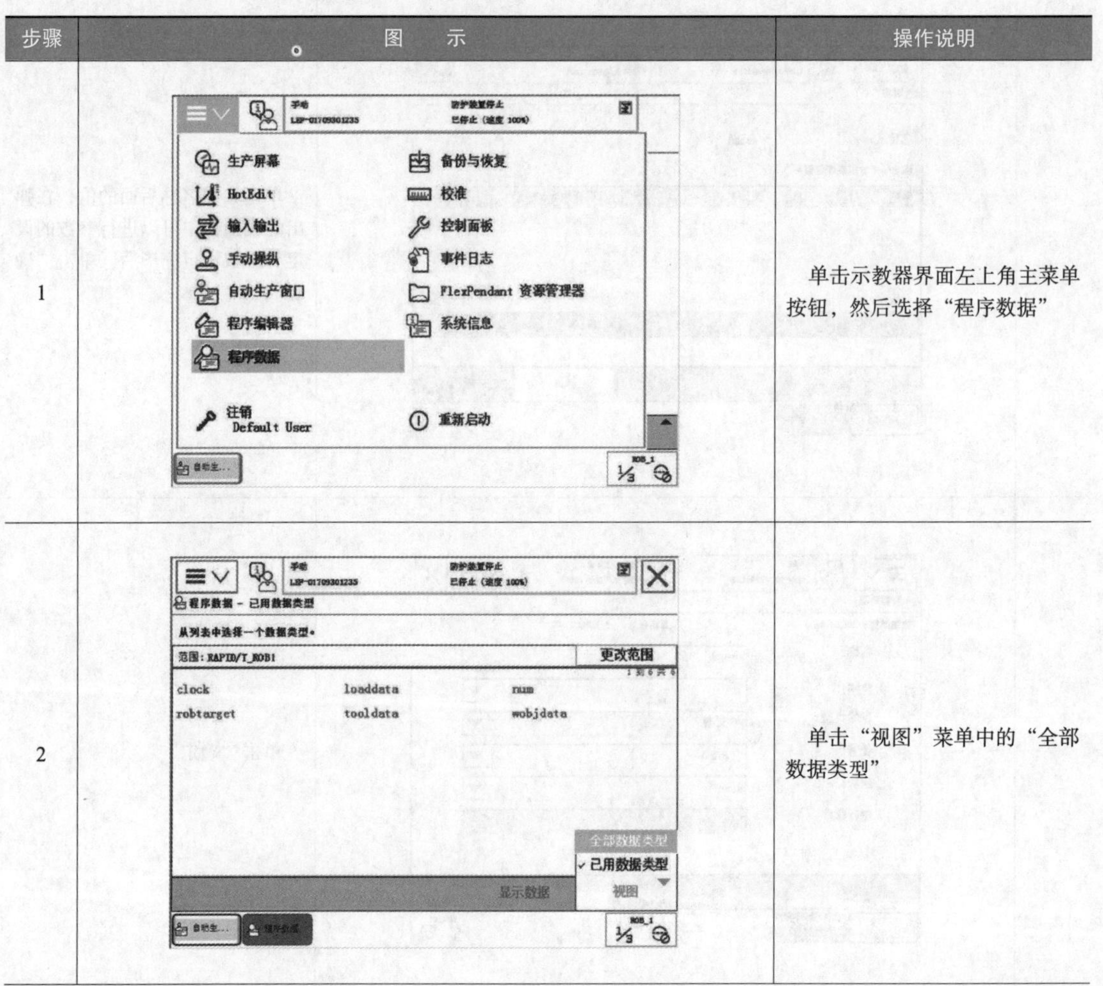	单击示教器界面左上角主菜单按钮，然后选择“程序数据”
2		单击“视图”菜单中的“全部数据类型”

（续）

步骤	图　示	操作说明
3	手动 LEP-01709301235 防护装置停止 已停止（速度 100%） 程序数据 - 全部数据类型 从列表中选择一个数据类型。 范围：RAPID/T_ROB1　更改范围 tooldata　tpnum　trackdata trapdata　triggdata　triggflag triggios　triggiosdnum　triggmode triggstrgo　tsp_status　tuneparid tunetype　uishownum　veldata visiondata　weavedata　weavestartdata welddata　wobjdata　wzstationary wztemporary　zonedata 显示数据　视图 自动生... ROB_1　1/3	在全部数据类型中选择“weld-data”，单击“显示数据”
4	手动 LEP-01709301235 防护装置停止 已停止（速度 100%） 数据类型：welddata 活动过滤器： 选择想要编辑的数据。 范围：RAPID/T_ROB1　更改范围 名称　值　模块 新建...　编辑　刷新　查看数据类型 自动生... ROB_1　1/3	单击“新建”，建立一个新的welddata数据
5	手动 LEP-01709301235 防护装置停止 已停止（速度 100%） 新数据声明 数据类型：welddata　当前任务：T_ROB1 名称：weld2 范围：任务 存储类型：可变量 任务：T_ROB1 模块：user 例行程序：<无> 维数　<无> 初始值　确定　取消 自动生... ROB_1　1/3	将“名称”更改为“weld2”，“存储类型”选择“可变量”，“模块”选择“user”，然后单击“初始值”进行具体参数的设定

（续）

步骤	图　　示	操作说明
6		单击参数名称后面的值，在弹出的编辑器中可以进行参数的设定。参数设定完毕后，单击“确定”
7		单击“确定”
8		至此，一个名称为“weld2”的welddata数据设置完成

表 3-17 设置弧焊参数 weavedata 的操作步骤

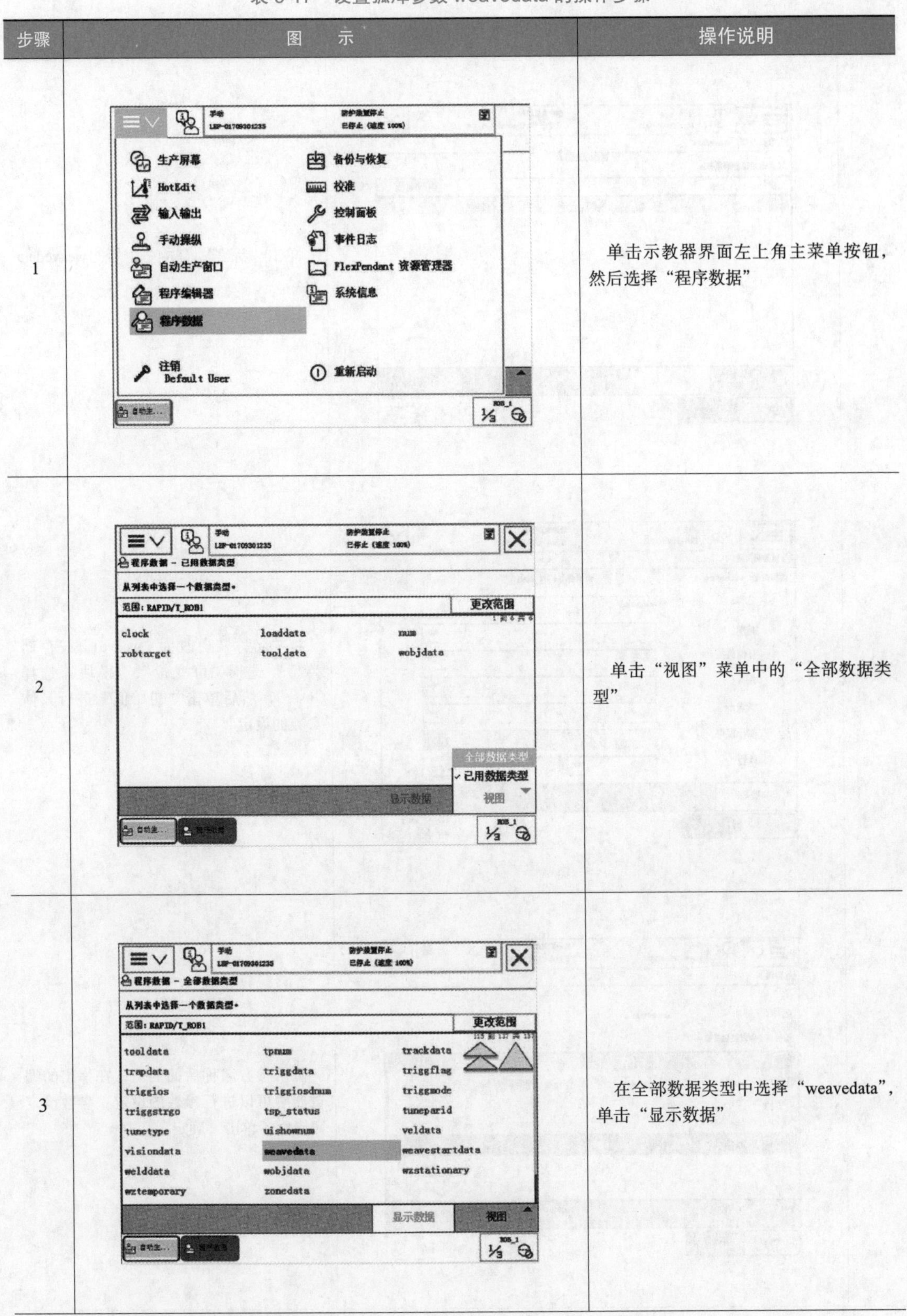

步骤	图示	操作说明
1		单击示教器界面左上角主菜单按钮，然后选择“程序数据”
2		单击“视图”菜单中的“全部数据类型”
3		在全部数据类型中选择“weavedata”，单击“显示数据”

（续）

步骤	图　　示	操作说明
4	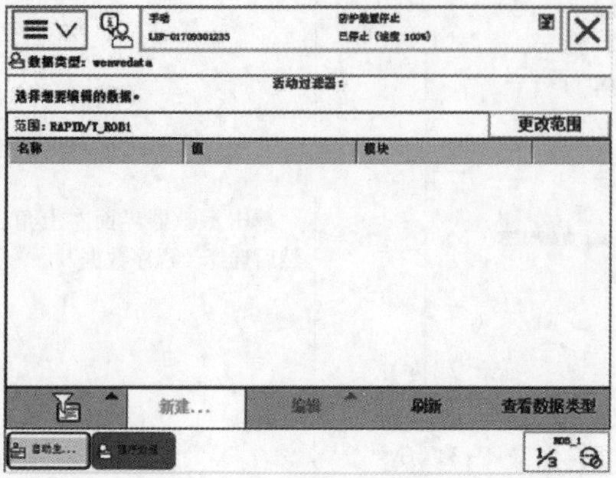 手动 LEP-01709301235 防护装置停止 已停止（速度 100%） 数据类型：weavedata 活动过滤器： 选择想要编辑的数据。 范围：RAPID/T_ROB1　更改范围 名称　值　模块 新建…　编辑　刷新　查看数据类型 ROB_1　1/3	单击“新建”，建立一个新的weavedata数据
5	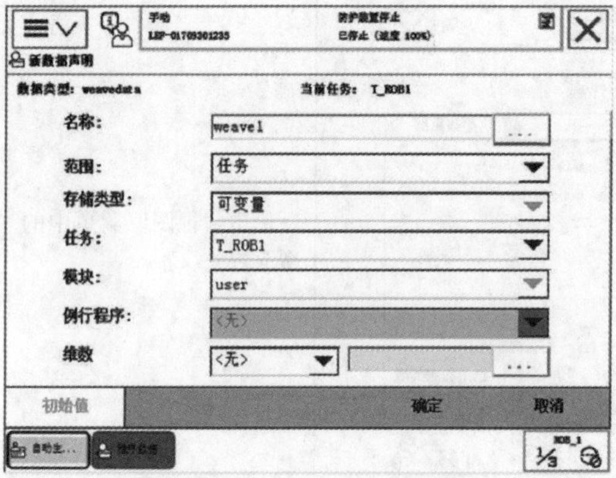 手动 LEP-01709301235 防护装置停止 已停止（速度 100%） 新数据声明 数据类型：weavedata　当前任务：T_ROB1 名称：weave1 范围：任务 存储类型：可变量 任务：T_ROB1 模块：user 例行程序：<无> 维数　<无> 初始值　确定　取消 ROB_1　1/3	将“名称”更改为“weave1”，“存储类型”选择“可变量”，“模块”选择“user”，然后单击“初始值”进行具体参数的设定
6	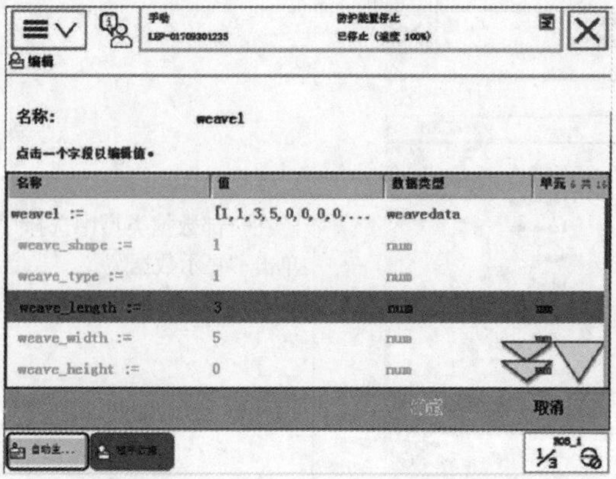 手动 LEP-01709301235 防护装置停止 已停止（速度 100%） 编辑 名称：weave1 点击一个字段以编辑值。 名称　值　数据类型　单元 weave1 :=　[1, 1, 3, 5, 0, 0, 0, 0, …　weavedata weave_shape :=　1　num weave_type :=　1　num weave_length :=　3　num weave_width :=　5　num weave_height :=　0　num 确定　取消 ROB_1　1/3	单击参数名称后面的值，在弹出的编辑器中可以进行参数的设定。参数设定完毕后，单击“确定”

（续）

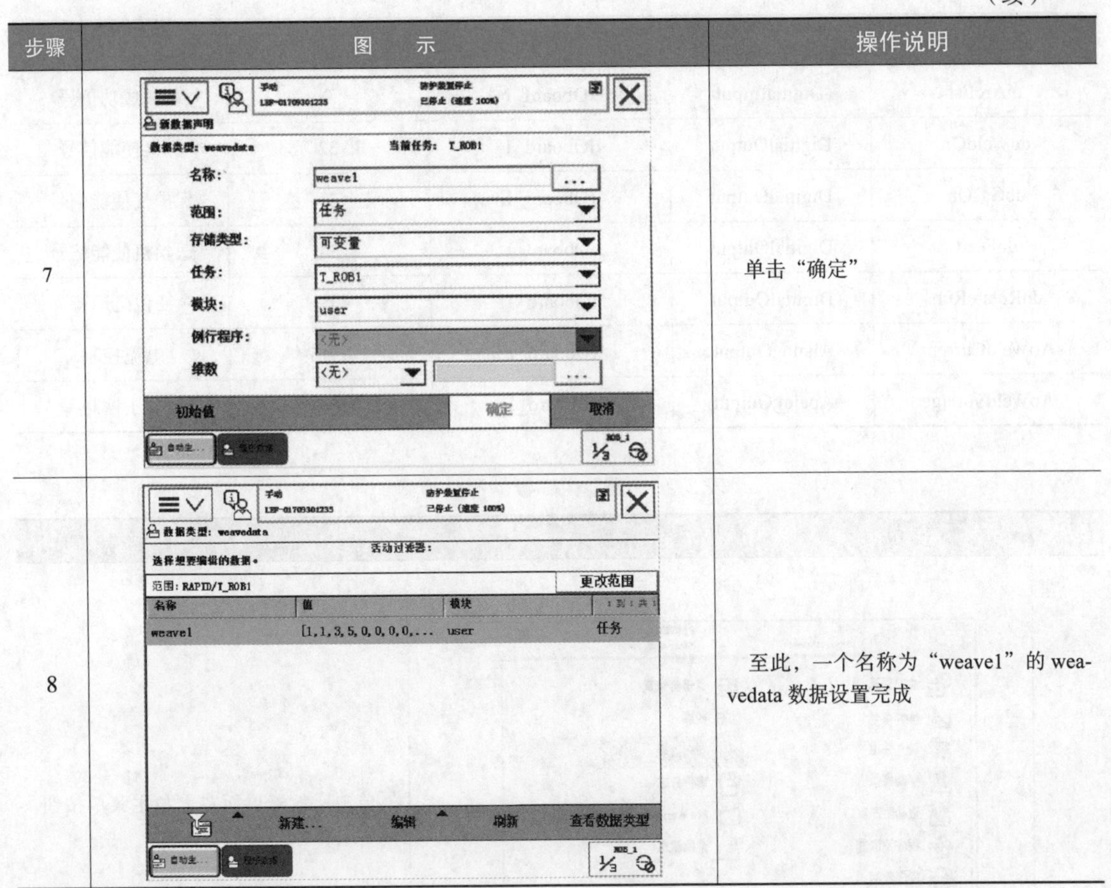

步骤	图示	操作说明
7		单击“确定”
8		至此，一个名称为“weave1”的 weavedata 数据设置完成

（7）配置系统 I/O 信号　项目一、项目二中介绍的雕刻实训工作站和去毛刺实训工作站只有数字 I/O 信号，它们采用的是 DSQC 652 标准 I/O 板，而对于焊接实训工作站而言，还需要有模拟 I/O 信号，所以焊接工作站选用 DSQC 651 标准 I/O 板。本焊接工作站需要按照表 3-18 所列的参数配置 I/O 单元，需要配置的 I/O 信号见表 3-19，其中共设置了 1 个数字输入信号、4 个数字输出信号和 2 个模拟输出信号。配置 I/O 板的操作步骤见表 3-20，配置 I/O 信号的操作步骤见表 3-21。

配置完 I/O 信号以后，还需要将部分 I/O 信号与 ArcWare 信号进行关联，需要关联的信号见表 3-22，包括了数字输入信号（diArcEst）、数字输出信号（doWeldOn、doGasOn、doFeed）和模拟输出信号（AoWeldCurrent、AoWeldVoltage）与 ArcWare 信号的关联。建立数字输入信号与 ArcWare 信号关联的操作步骤见表 3-23，建立数字输出信号与 ArcWare 信号关联的操作步骤见表 3-24，建立模拟输出信号与 ArcWare 信号关联的操作步骤见表 3-25。

表 3-18　I/O 单元参数

参数名称	设 定 值
Name	IOboard_1
Type of Unit	DSQC 651 Combi I/O Device
Connected to Bus	DeviceNet
DeviceNet Address	63

表 3-19　I/O 信号参数配置

Name	Type of Signal	Assigned to Device	Device Mapping	I/O 信号注解
diArcEst	DigitialInput	IOboard_1	0	起弧成功信号
doWeldOn	DigitialOutput	IOboard_1	32	焊接使能信号
doGasOn	DigitialOutput	IOboard_1	33	保护气使能信号
doFeed	DigitialOutput	IOboard_1	34	送丝机使能信号
doRotateRun	DigitialOutput	IOboard_1	35	变位机运行
AoWeldCurrent	AnalogOutput	IOboard_1	0–15	电流控制
AoWeldVoltage	AnalogOutput	IOboard_1	16–31	电压控制

表 3-20　配置 I/O 板的操作步骤

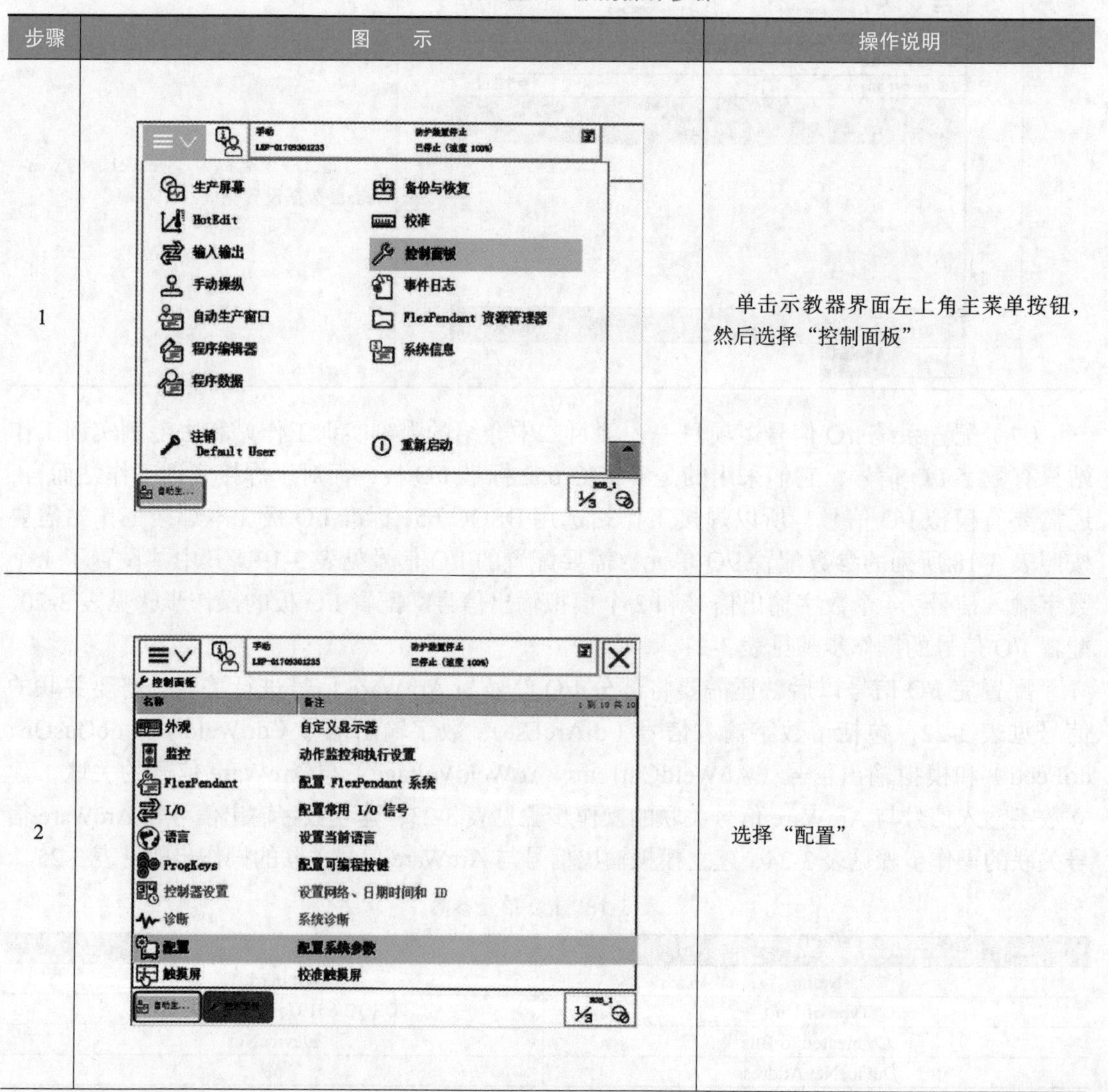

步骤	图　　示	操作说明
1		单击示教器界面左上角主菜单按钮，然后选择“控制面板”
2		选择“配置”

（续）

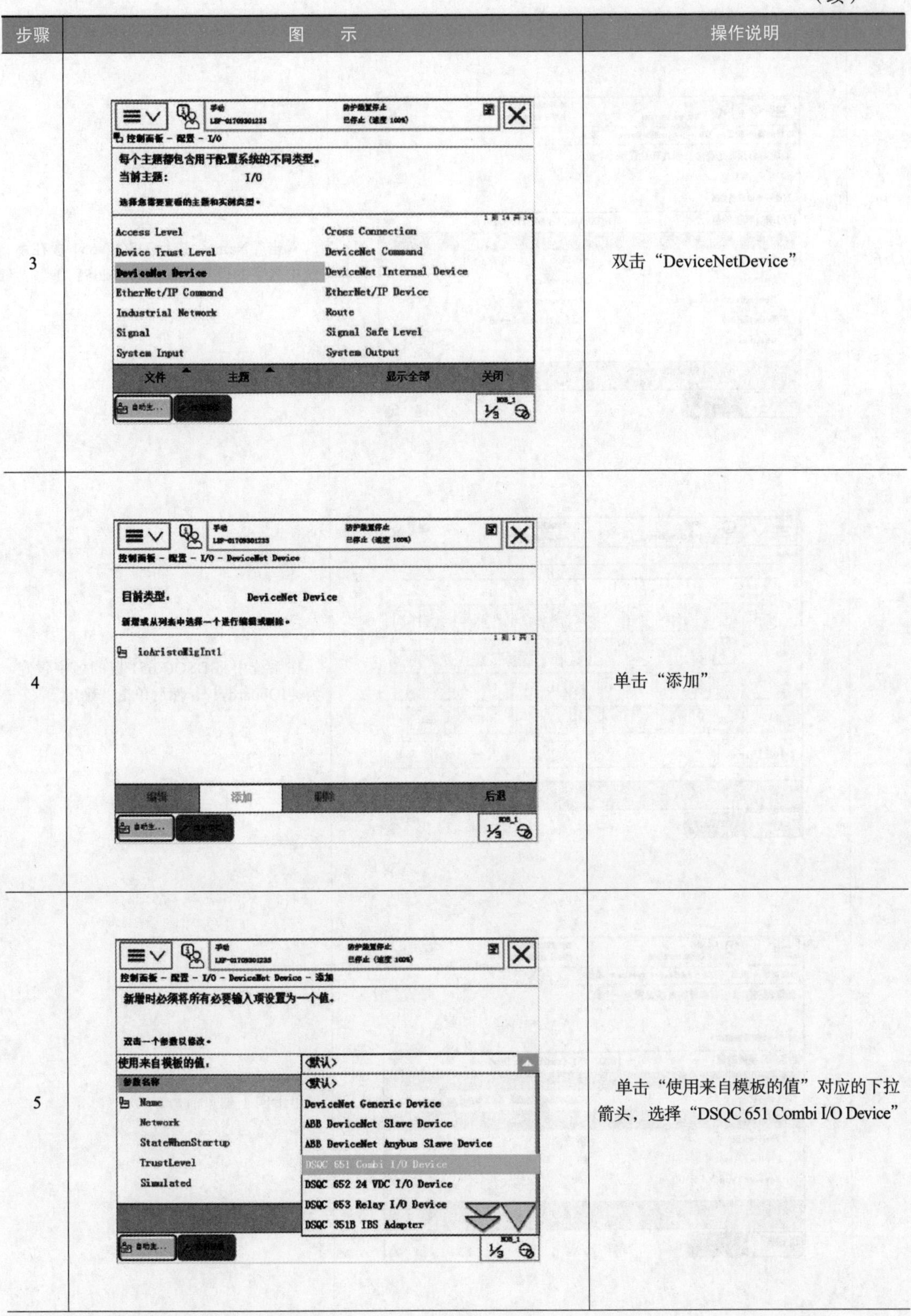

步骤	图　示	操作说明
3		双击“DeviceNetDevice”
4		单击“添加”
5		单击“使用来自模板的值”对应的下拉箭头，选择“DSQC 651 Combi I/O Device”

（续）

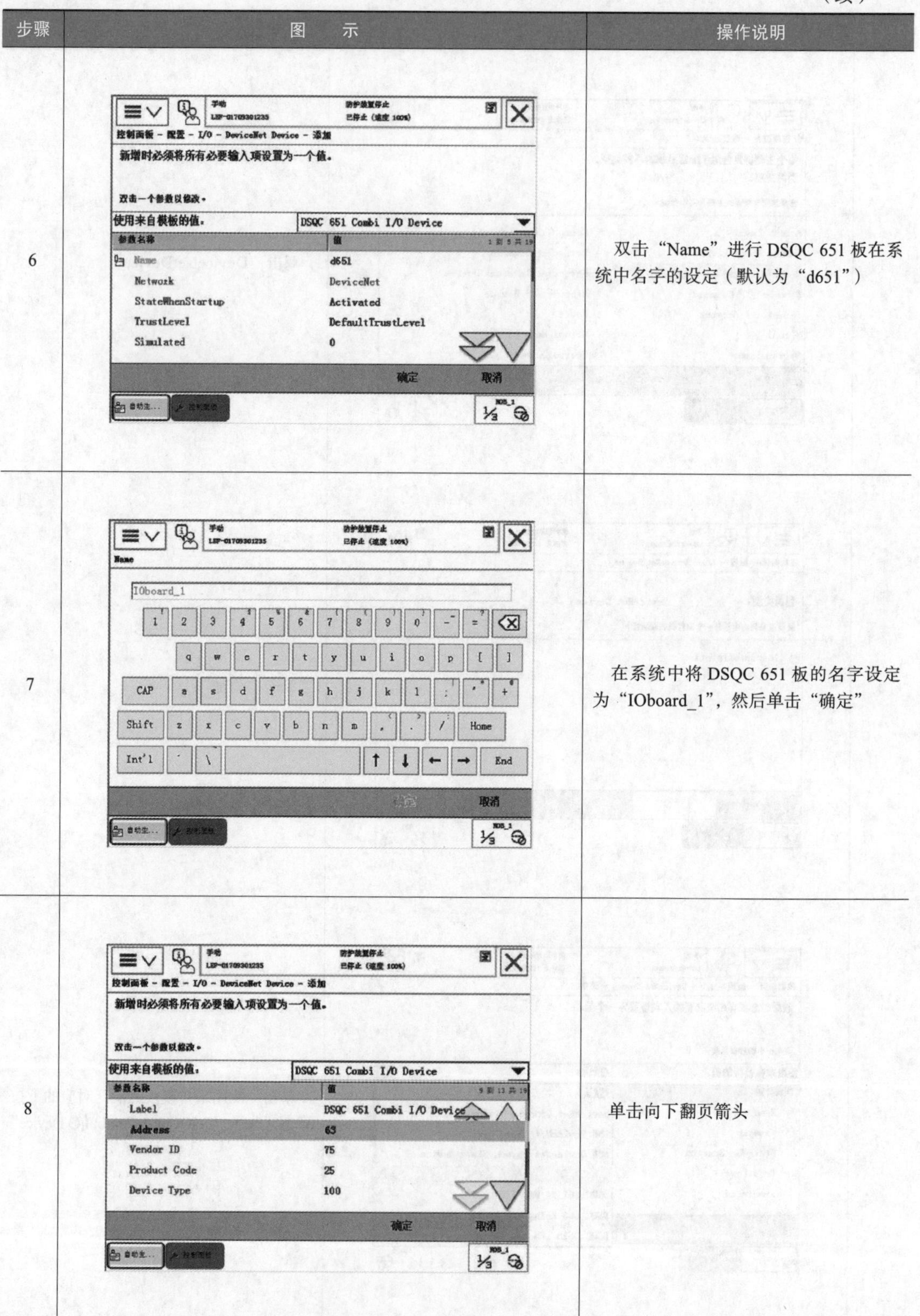

步骤	图示	操作说明
6		双击“Name”进行 DSQC 651 板在系统中名字的设定（默认为“d651”）
7		在系统中将 DSQC 651 板的名字设定为“IOboard_1”，然后单击“确定”
8		单击向下翻页箭头

（续）

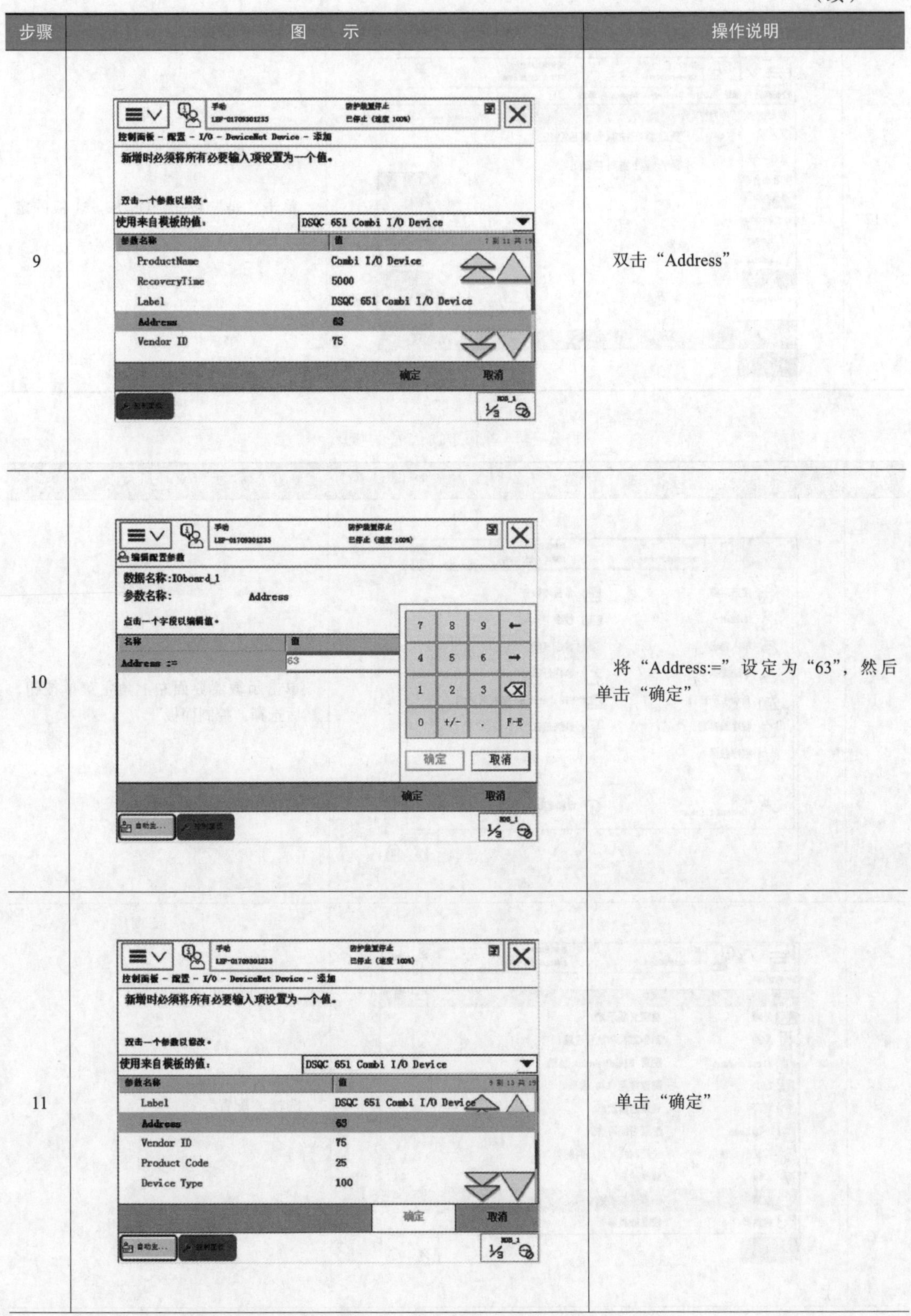

步骤	图 示	操作说明
9		双击“Address”
10		将“Address:=”设定为“63”，然后单击“确定”
11		单击“确定”

（续）

步骤	图　示	操作说明
12	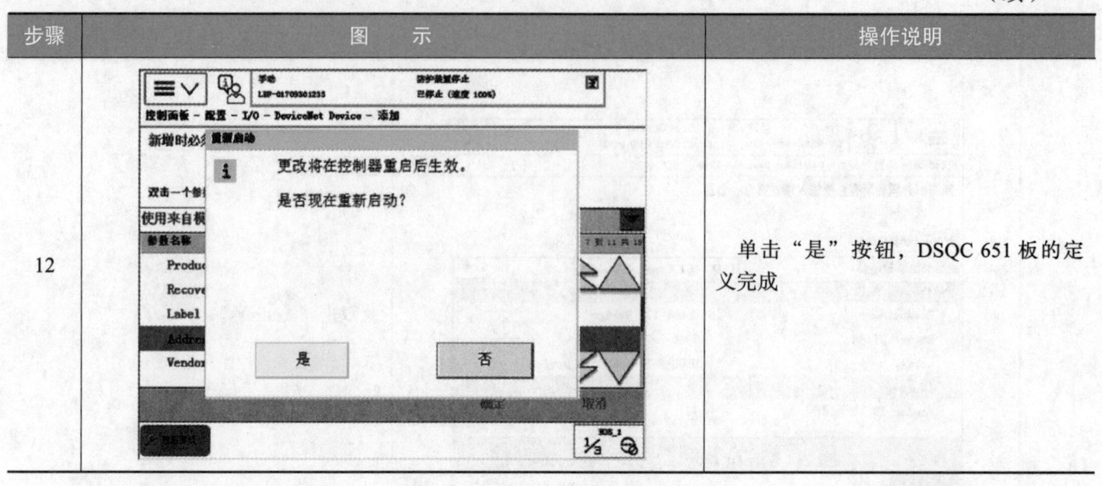	单击“是”按钮，DSQC 651 板的定义完成

表 3-21　配置 I/O 信号的步骤

步骤	图　示	操作说明
1	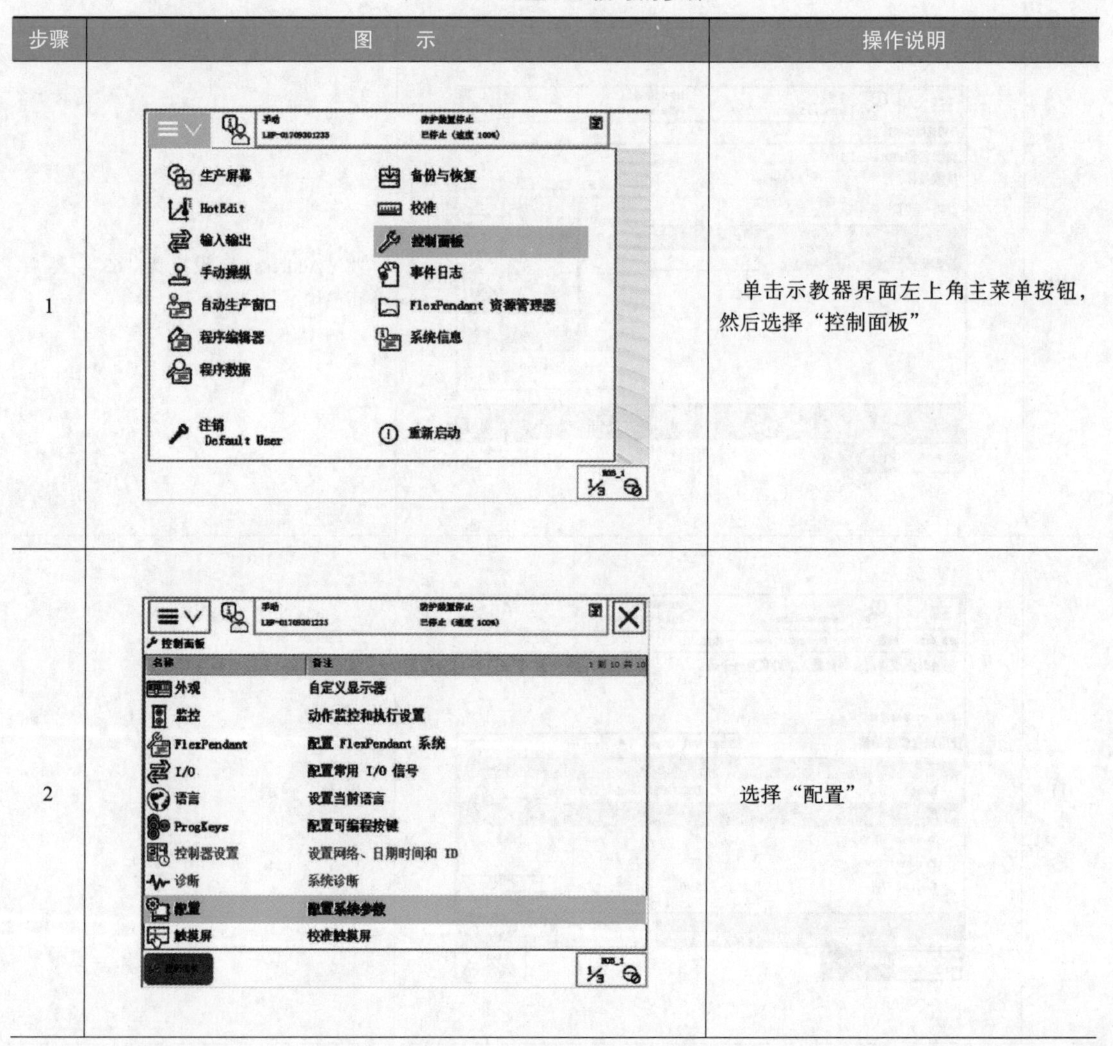	单击示教器界面左上角主菜单按钮，然后选择“控制面板”
2		选择“配置”

（续）

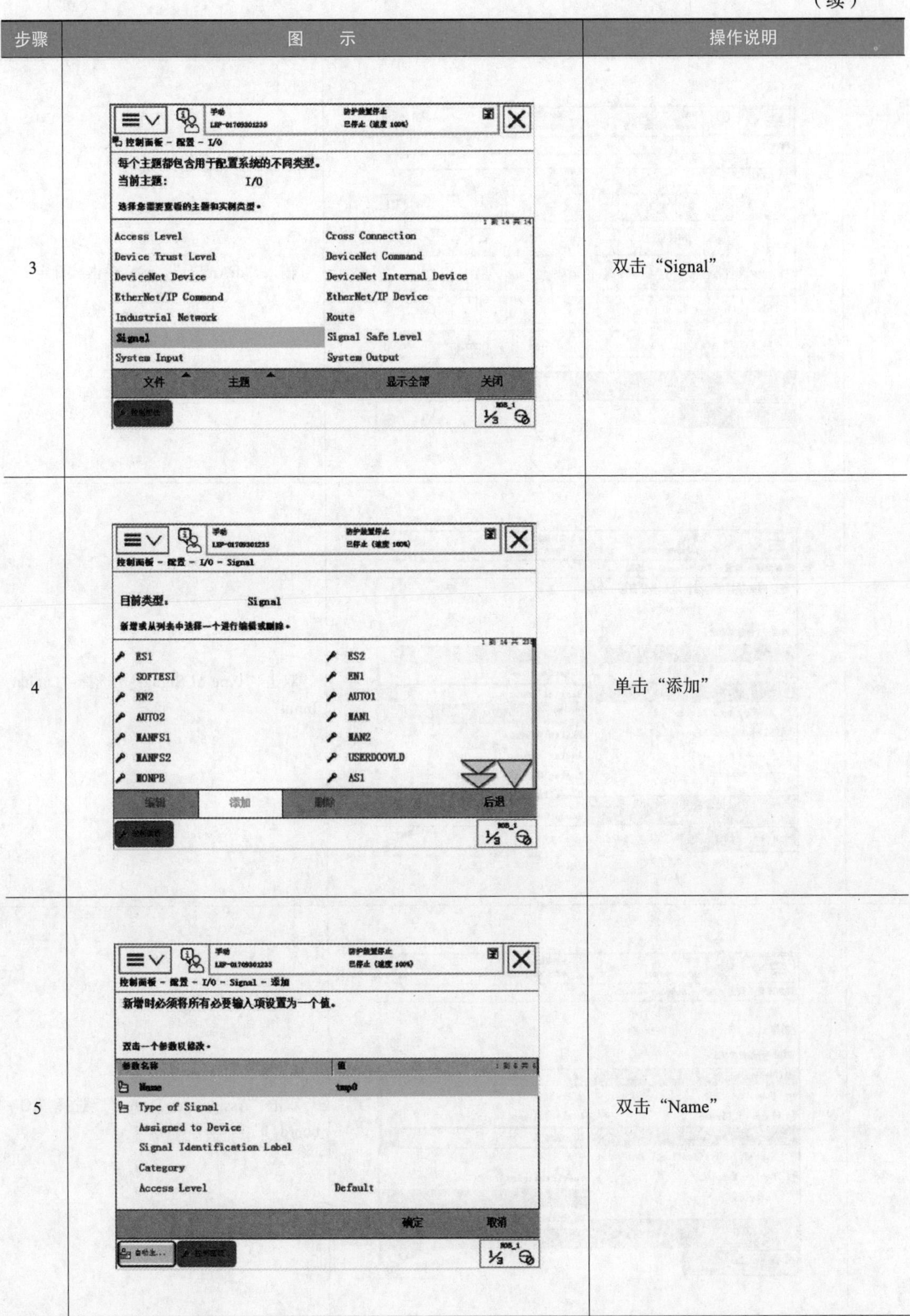

步骤	图　示	操作说明
3		双击“Signal”
4		单击“添加”
5		双击“Name”

（续）

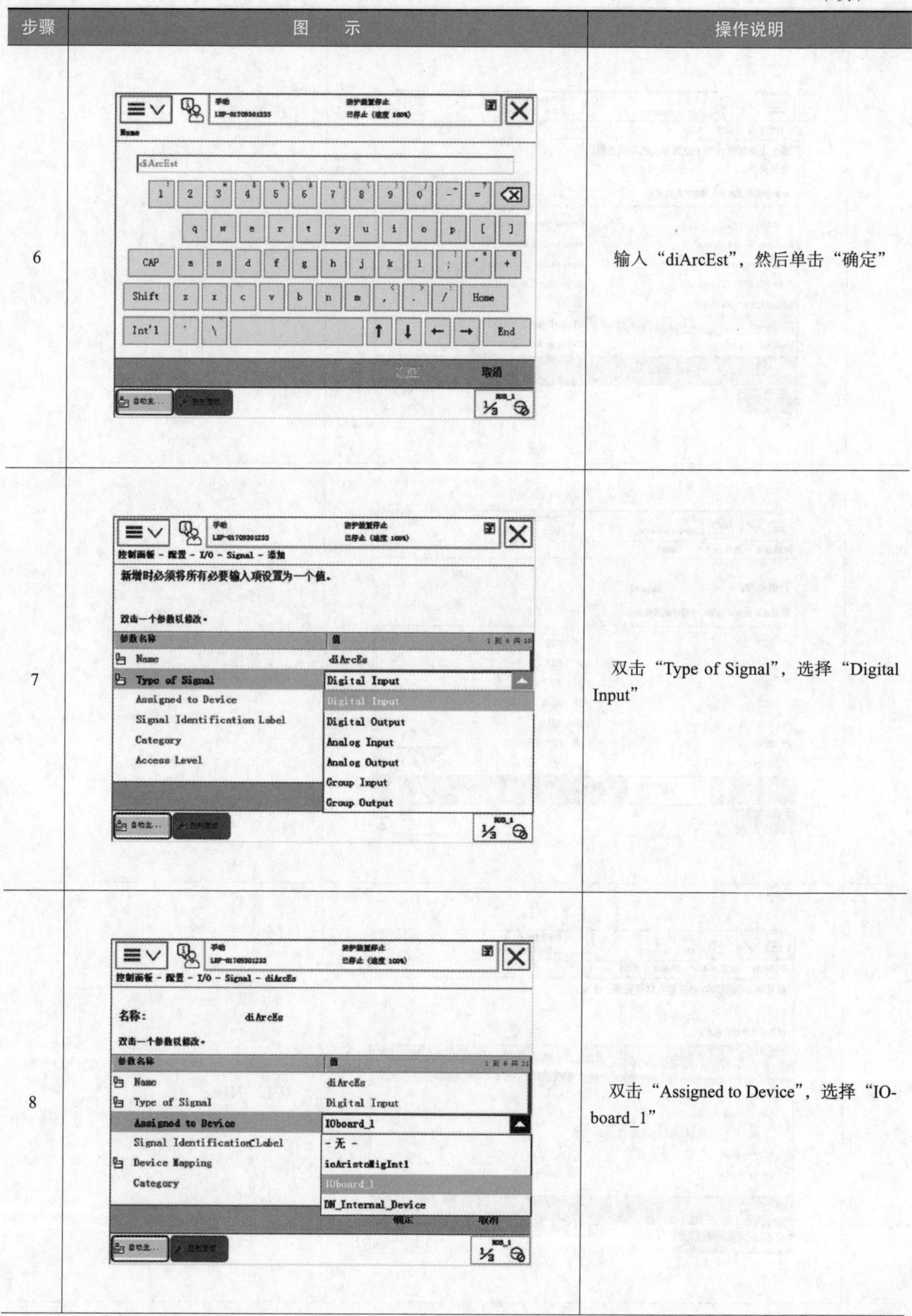

步骤	图　示	操作说明
6		输入“diArcEst”，然后单击“确定”
7		双击“Type of Signal”，选择“Digital Input”
8		双击“Assigned to Device”，选择“IO-board_1”

（续）

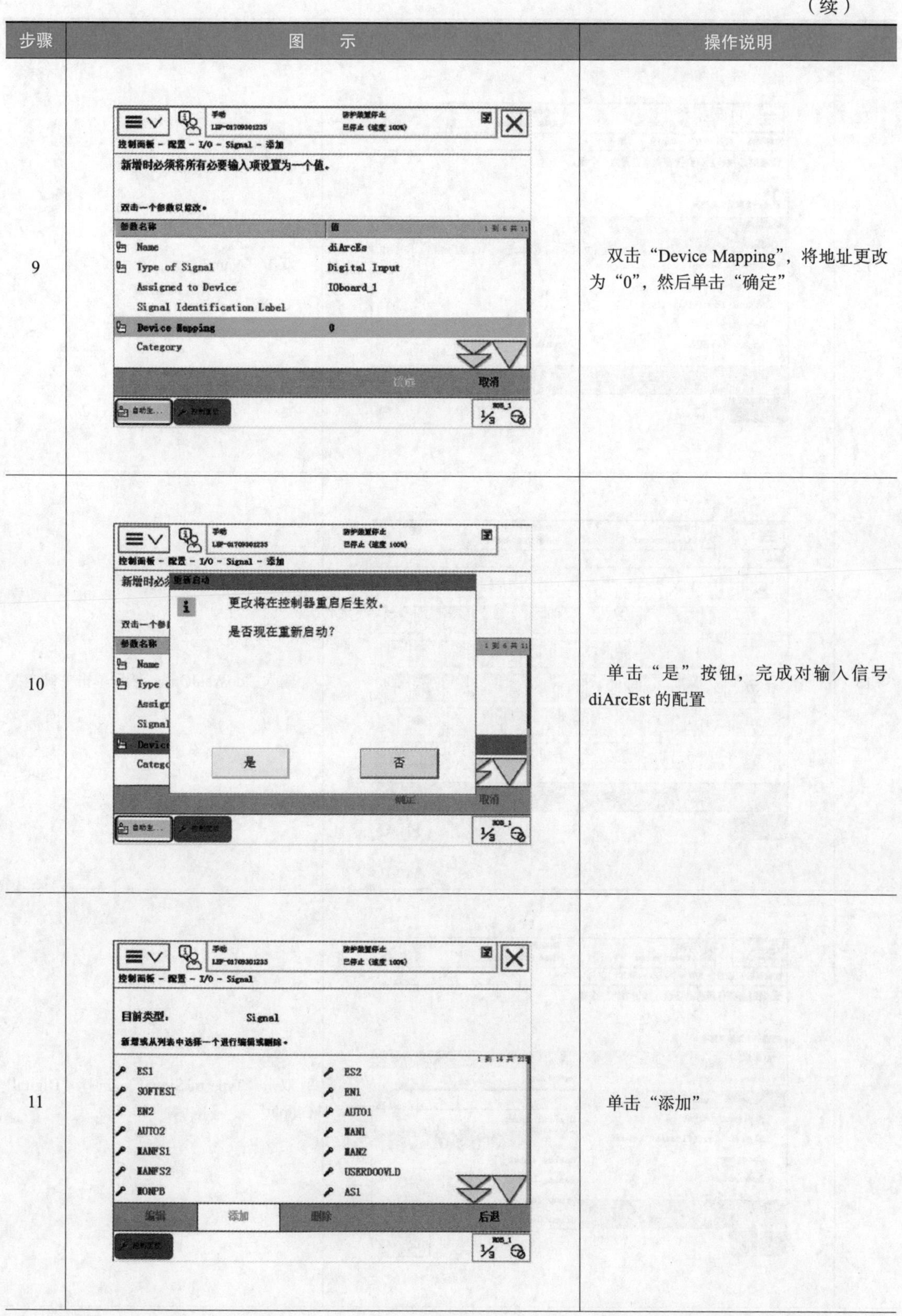

步骤	图示	操作说明
9		双击“Device Mapping”，将地址更改为“0”，然后单击“确定”
10		单击“是”按钮，完成对输入信号 diArcEst 的配置
11		单击“添加”

（续）

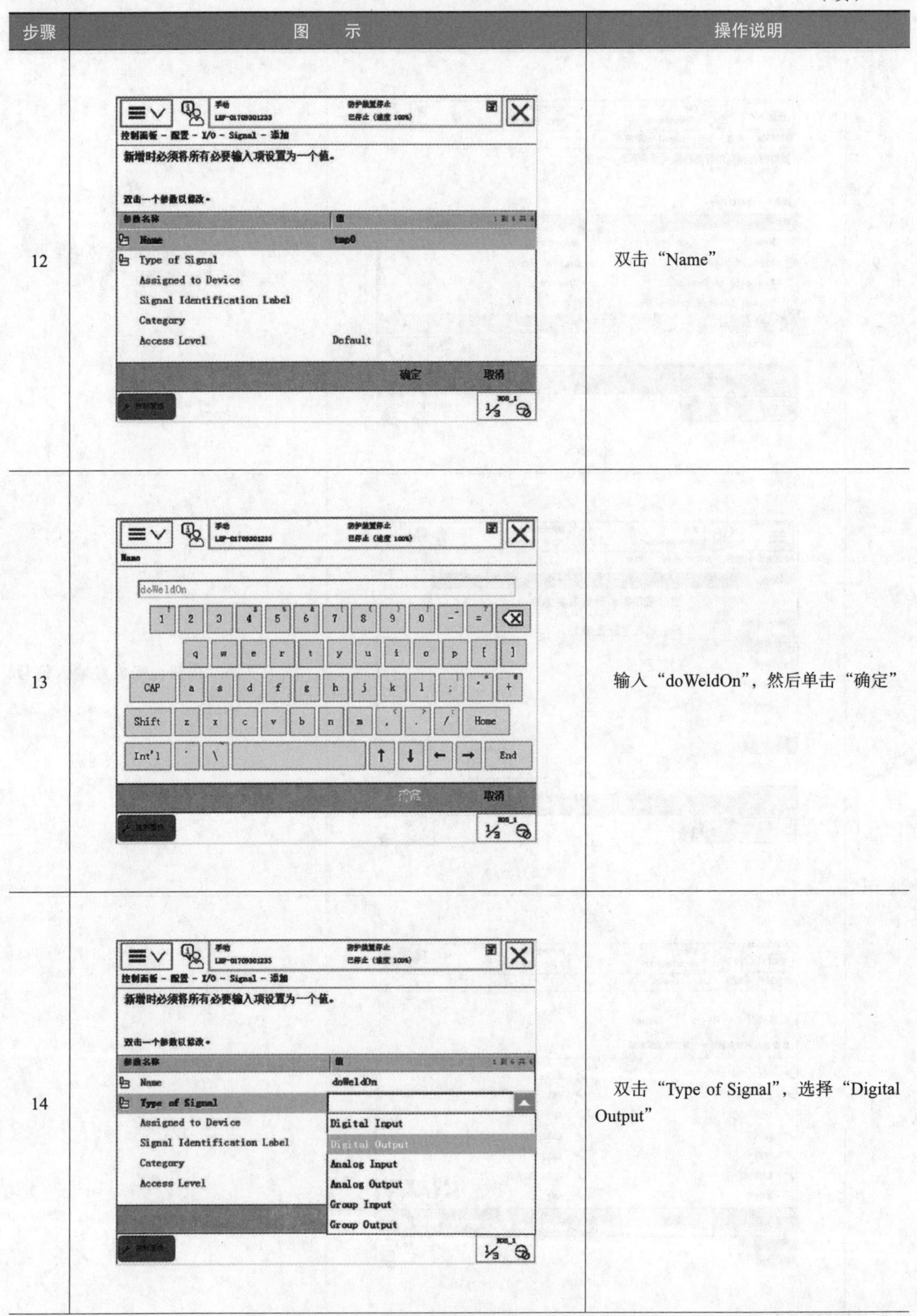

步骤	图　示	操作说明
12		双击“Name”
13		输入“doWeldOn”，然后单击“确定”
14		双击“Type of Signal”，选择“Digital Output”

（续）

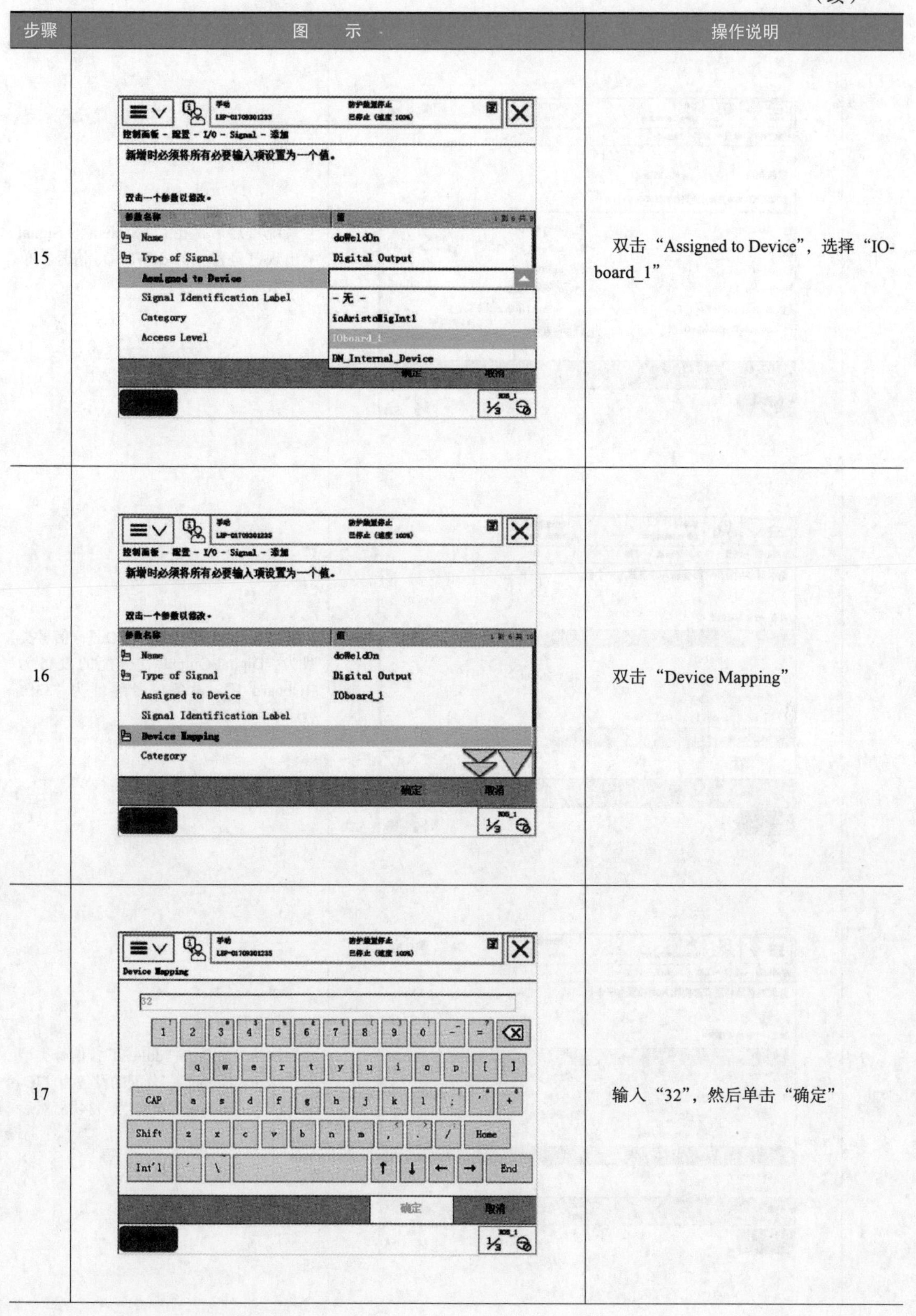

步骤	图示	操作说明
15		双击“Assigned to Device”，选择“IO-board_1”
16		双击“Device Mapping”
17		输入“32”，然后单击“确定”

（续）

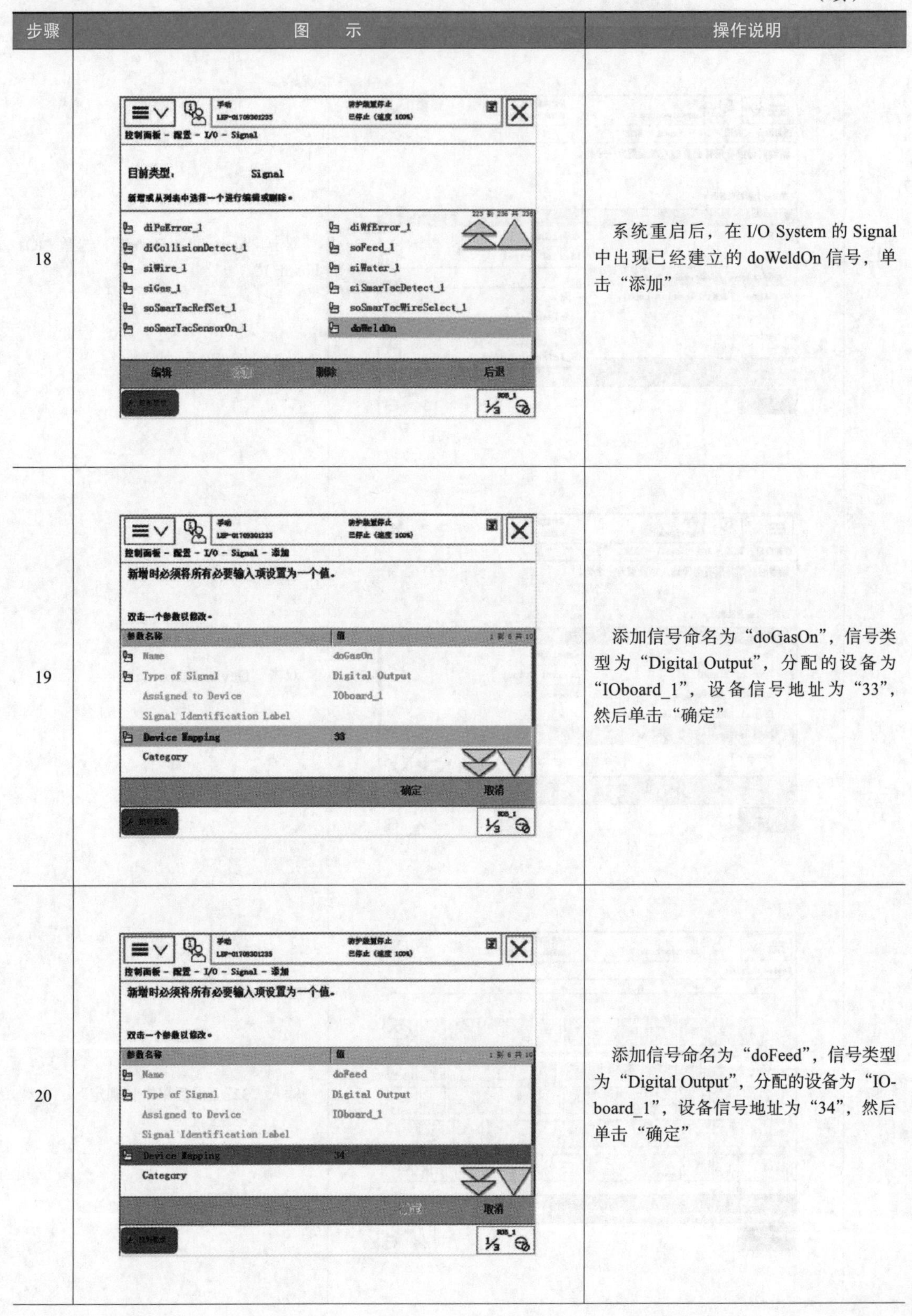

步骤	图　示	操作说明
18		系统重启后，在 I/O System 的 Signal 中出现已经建立的 doWeldOn 信号，单击“添加”
19		添加信号命名为“doGasOn”，信号类型为“Digital Output”，分配的设备为“IOboard_1”，设备信号地址为“33”，然后单击“确定”
20		添加信号命名为“doFeed”，信号类型为“Digital Output”，分配的设备为“IOboard_1”，设备信号地址为“34”，然后单击“确定”

（续）

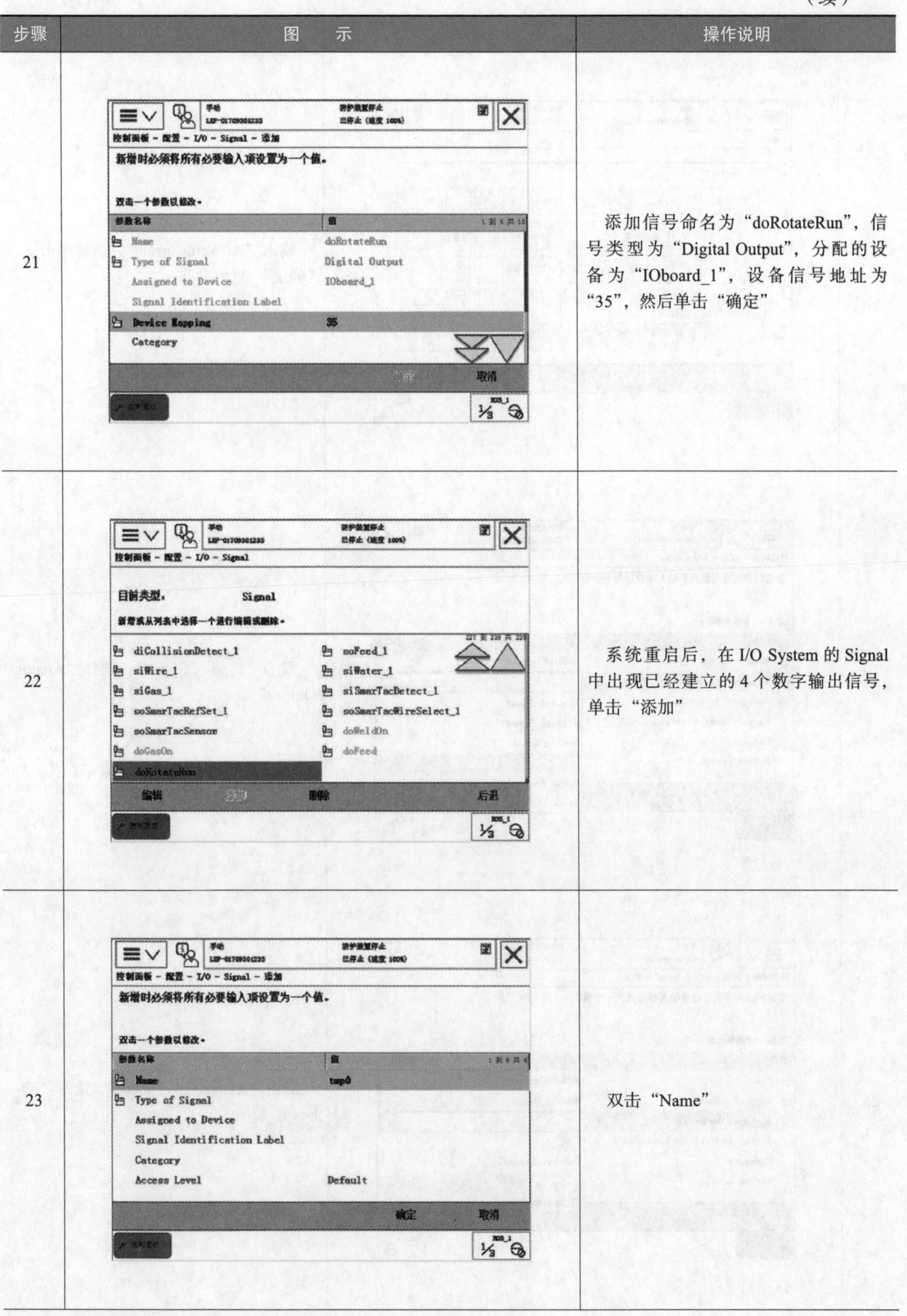

步骤	图 示	操作说明
21		添加信号命名为“doRotateRun”，信号类型为“Digital Output”，分配的设备为“IOboard_1”，设备信号地址为“35”，然后单击“确定”
22		系统重启后，在 I/O System 的 Signal 中出现已经建立的 4 个数字输出信号，单击“添加”
23		双击“Name”

（续）

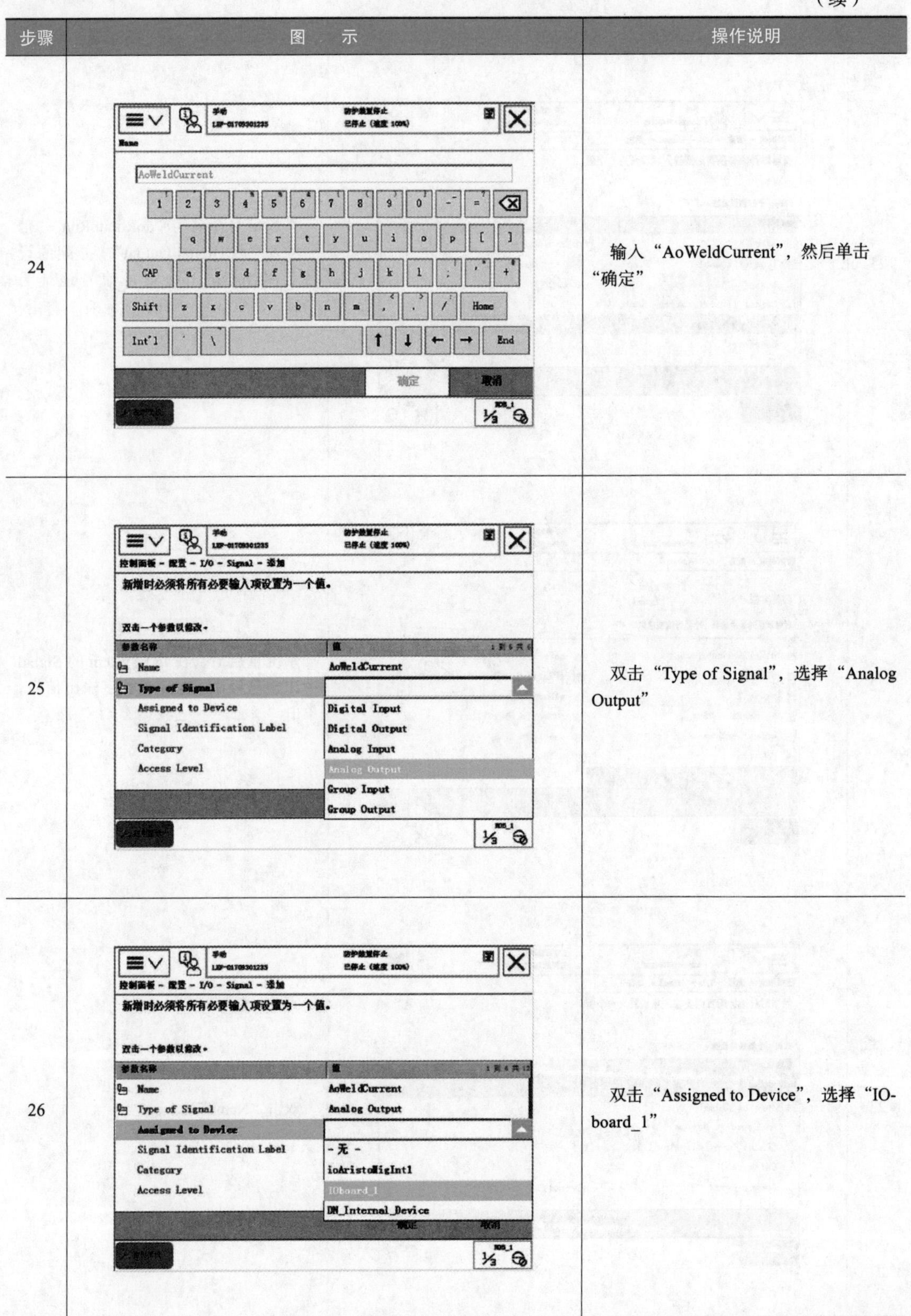

步骤	图　示	操作说明
24		输入“AoWeldCurrent”，然后单击“确定”
25		双击“Type of Signal”，选择“Analog Output”
26		双击“Assigned to Device”，选择“IO-board_1”

（续）

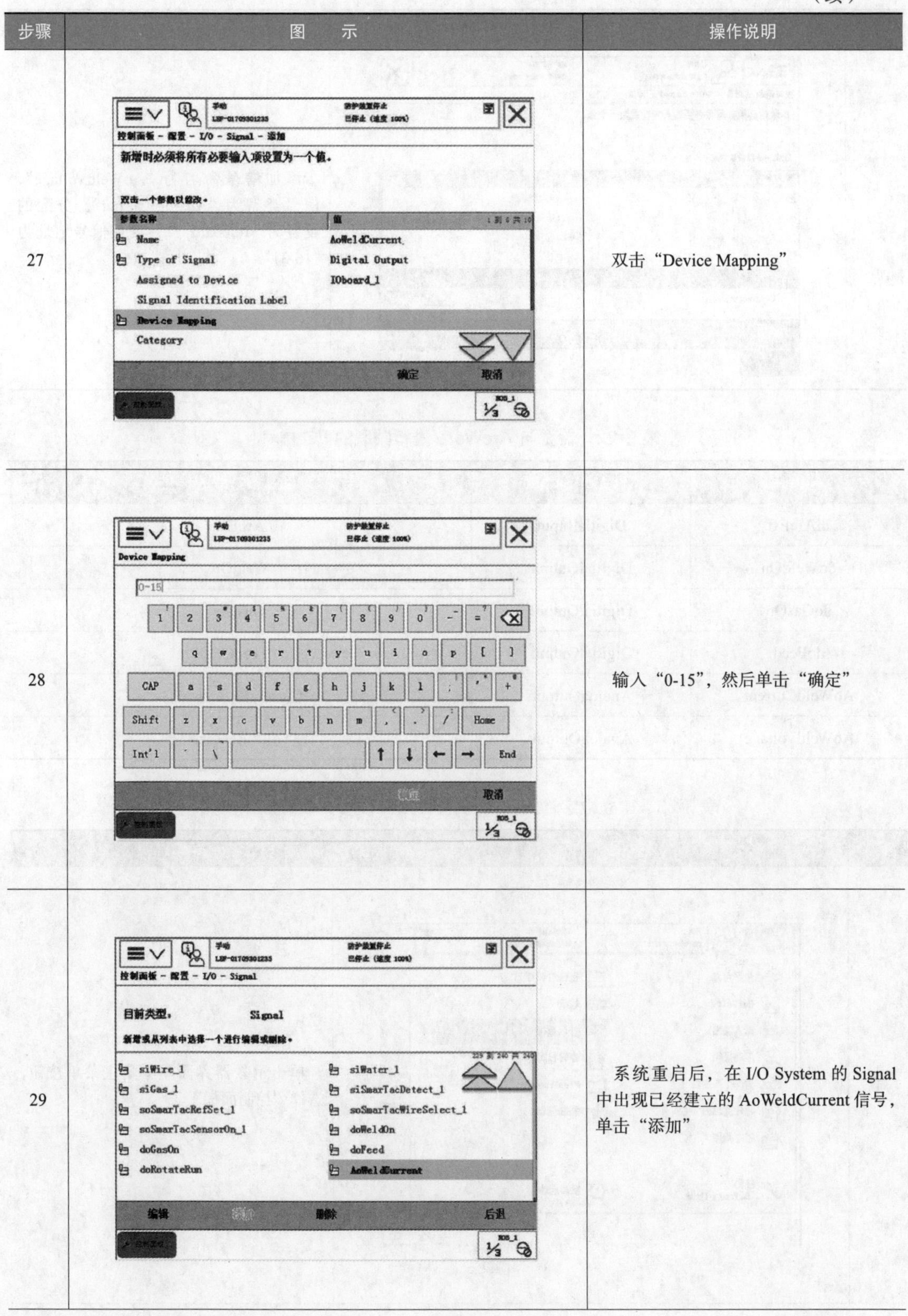

步骤	图　示	操作说明
27		双击“Device Mapping”
28		输入“0-15”，然后单击“确定”
29		系统重启后，在 I/O System 的 Signal 中出现已经建立的 AoWeldCurrent 信号，单击“添加”

（续）

步骤	图　示	操作说明
30	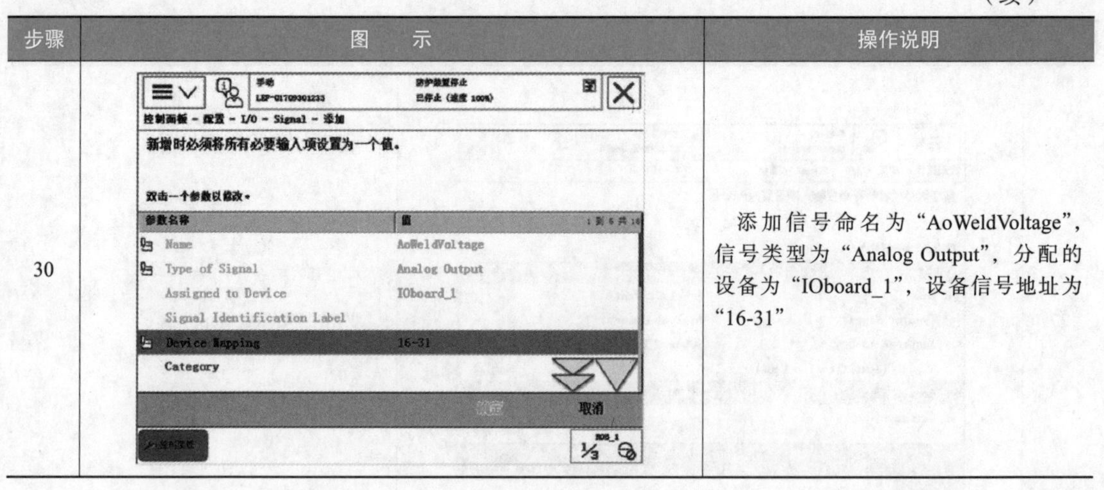	添加信号命名为“AoWeldVoltage”，信号类型为“Analog Output”，分配的设备为“IOboard_1”，设备信号地址为“16-31”

表 3-22　需要与 ArcWare 进行关联的 I/O 信号

Name	Type of Signal	与 ArcWare 相关联的信号名称
diArcEst	DigitialInput	ArcEst
doWeldOn	DigitialOutput	WeldOn
doGasOn	DigitialOutput	GasOn
doFeed	DigitialOutput	FeedOn
AoWeldCurrent	AnalogOutput	CurrentReference
AoWeldVoltage	AnalogOutput	VoltReference

表 3-23　建立数字输入信号与 ArcWare 信号关联的操作步骤

步骤	图　示	操作说明
1	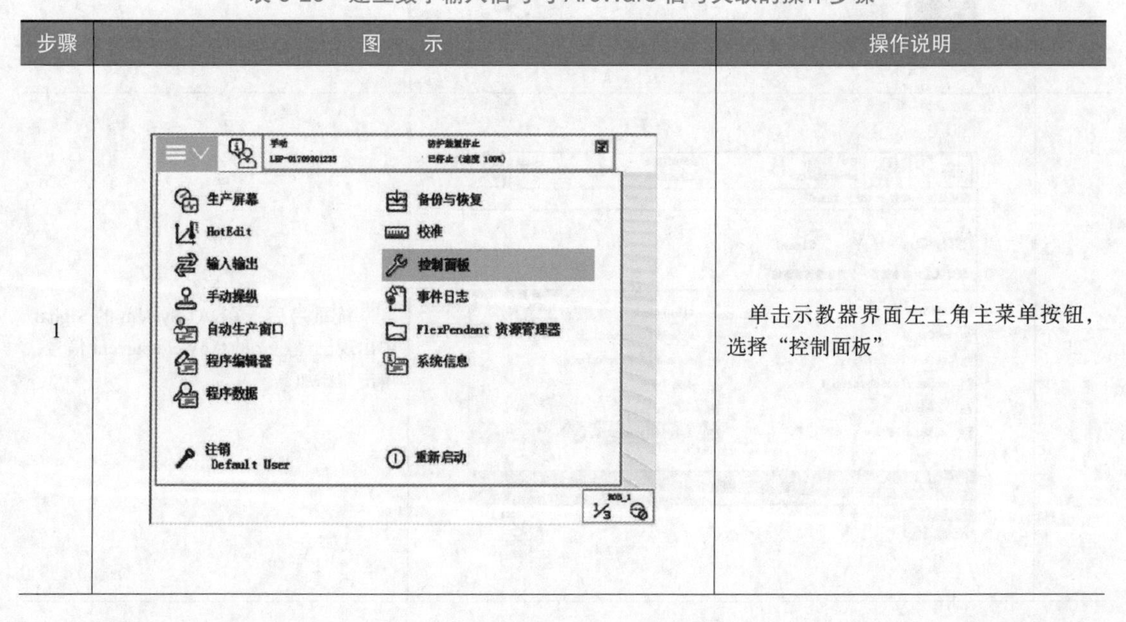	单击示教器界面左上角主菜单按钮，选择“控制面板”

（续）

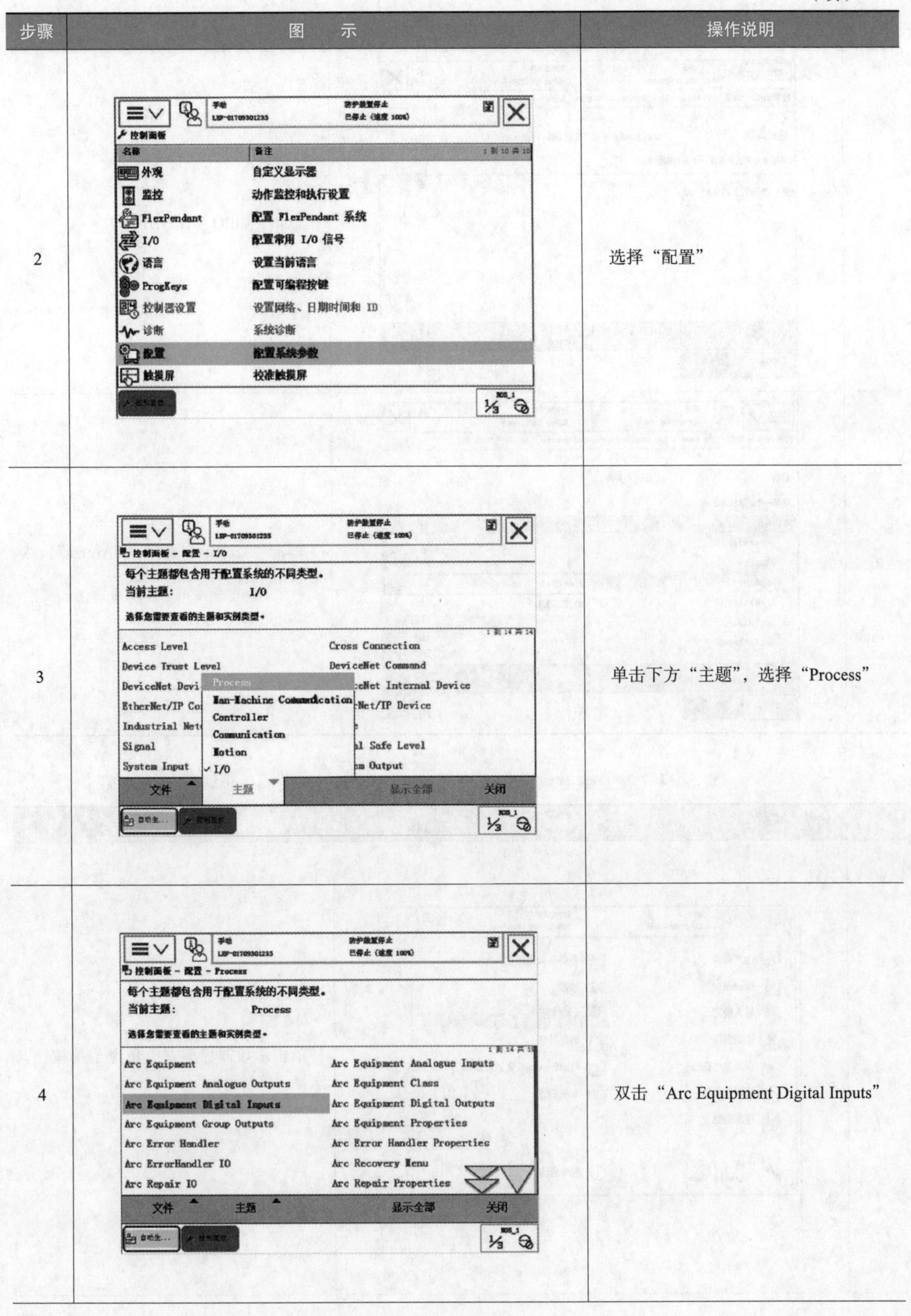

步骤	图示	操作说明
2		选择“配置”
3		单击下方“主题”，选择“Process”
4		双击“Arc Equipment Digital Inputs”

（续）

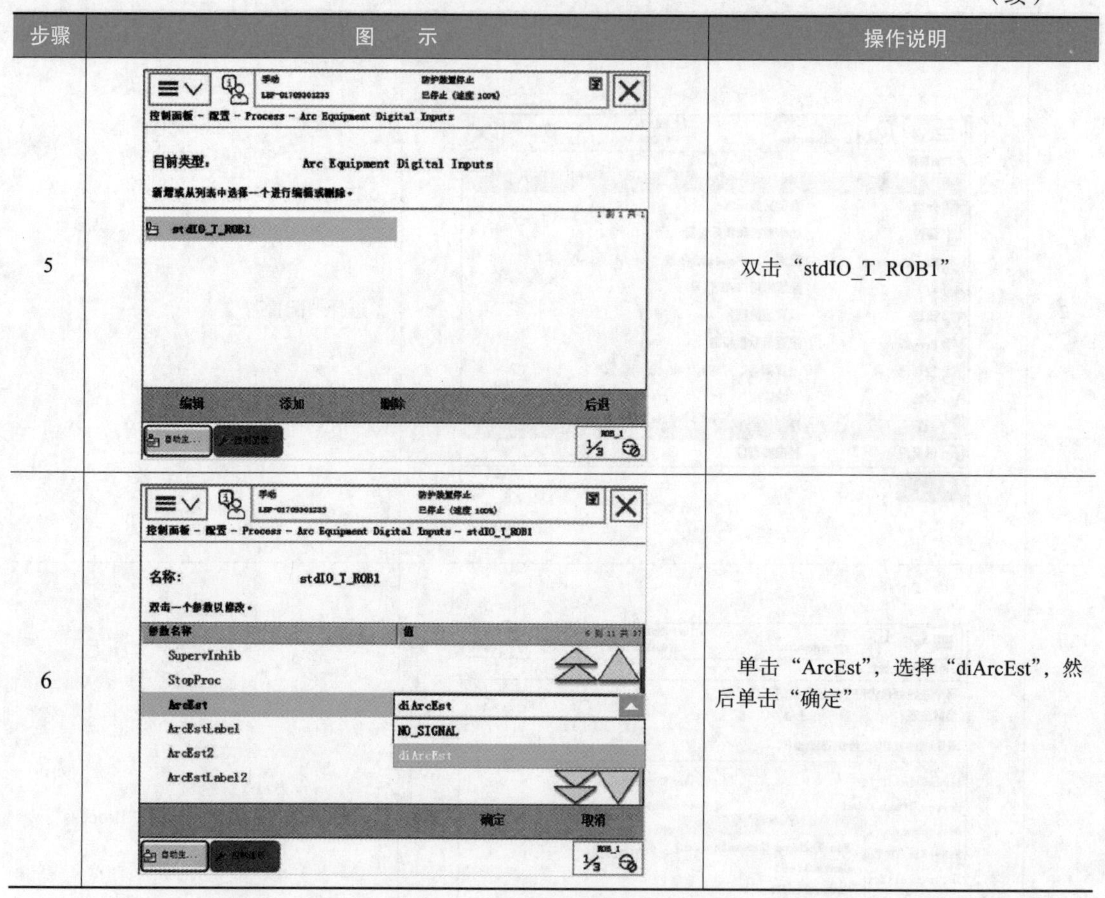

步骤	图　示	操作说明
5		双击“stdIO_T_ROB1”
6		单击“ArcEst”，选择“diArcEst”，然后单击“确定”

表 3-24　建立数字输出信号与 ArcWare 信号关联的操作步骤

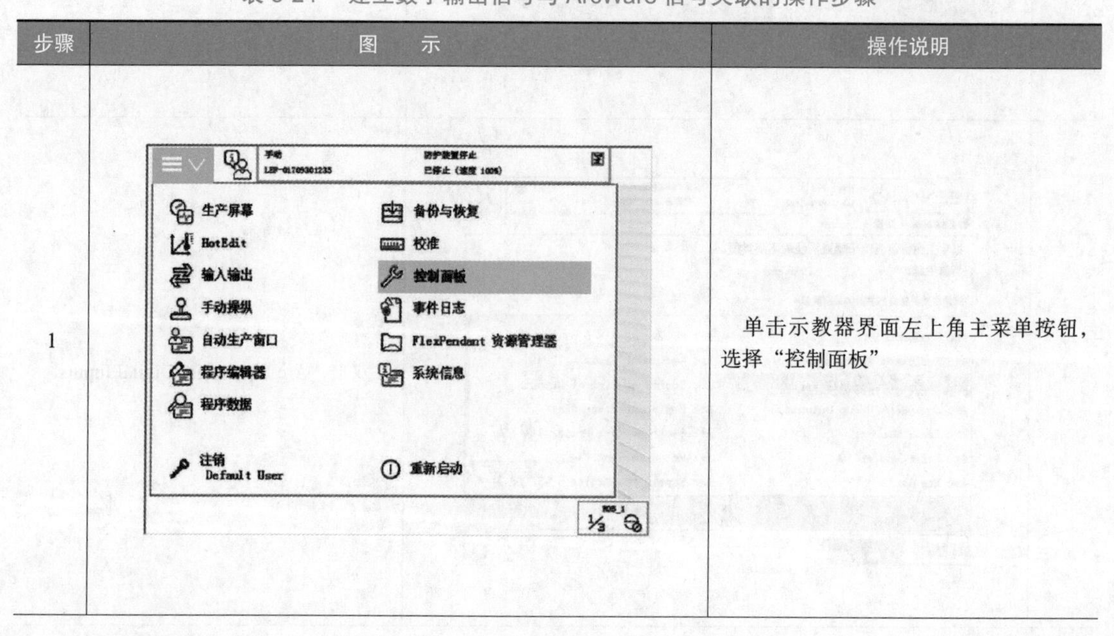

步骤	图　示	操作说明
1		单击示教器界面左上角主菜单按钮，选择“控制面板”

（续）

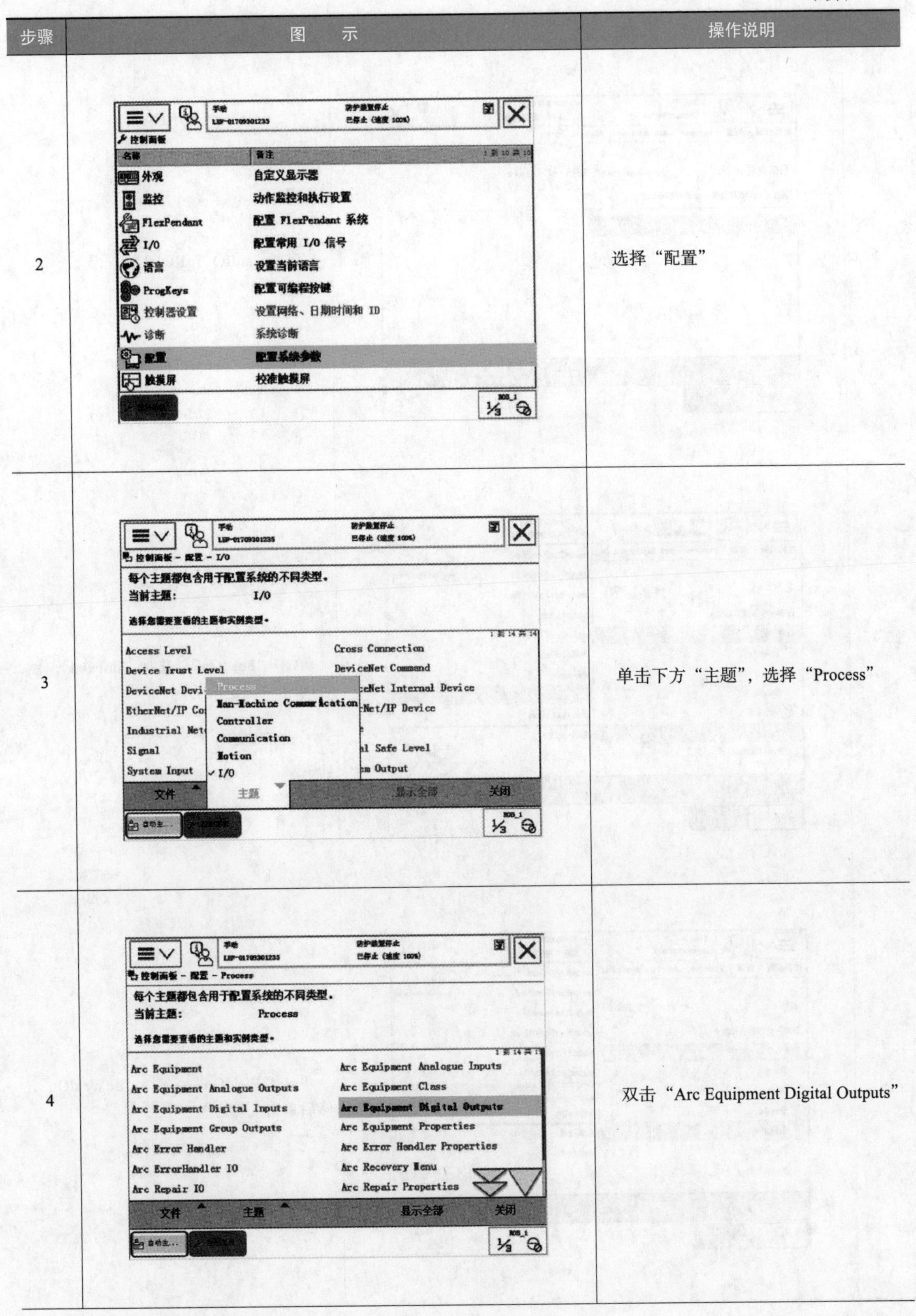

步骤	图　示	操作说明
2		选择“配置”
3		单击下方“主题”，选择“Process”
4		双击“Arc Equipment Digital Outputs”

（续）

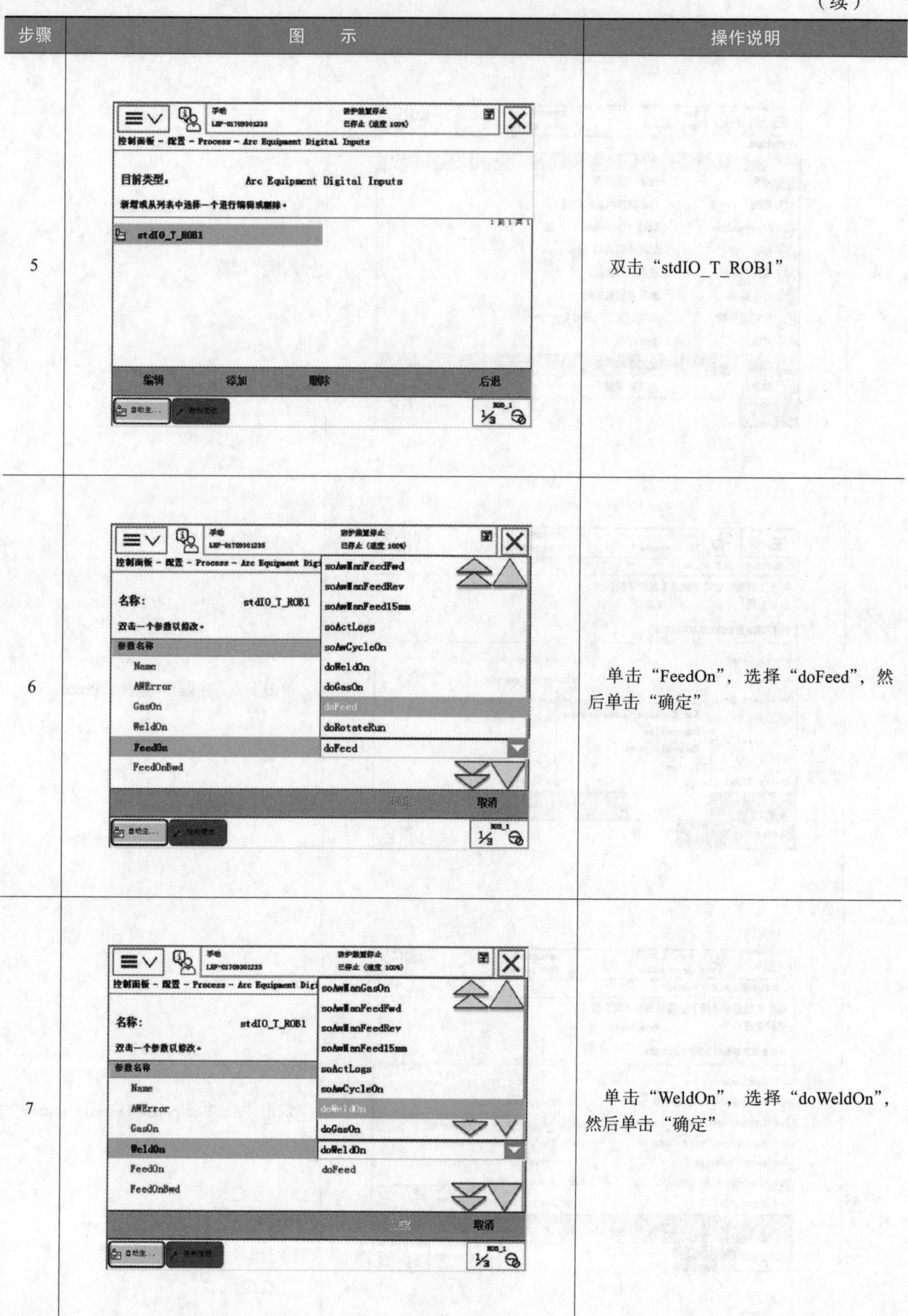

步骤	图示	操作说明
5		双击“stdIO_T_ROB1”
6		单击“FeedOn”，选择“doFeed”，然后单击“确定”
7		单击“WeldOn”，选择“doWeldOn”，然后单击“确定”

（续）

步骤	图示	操作说明
8	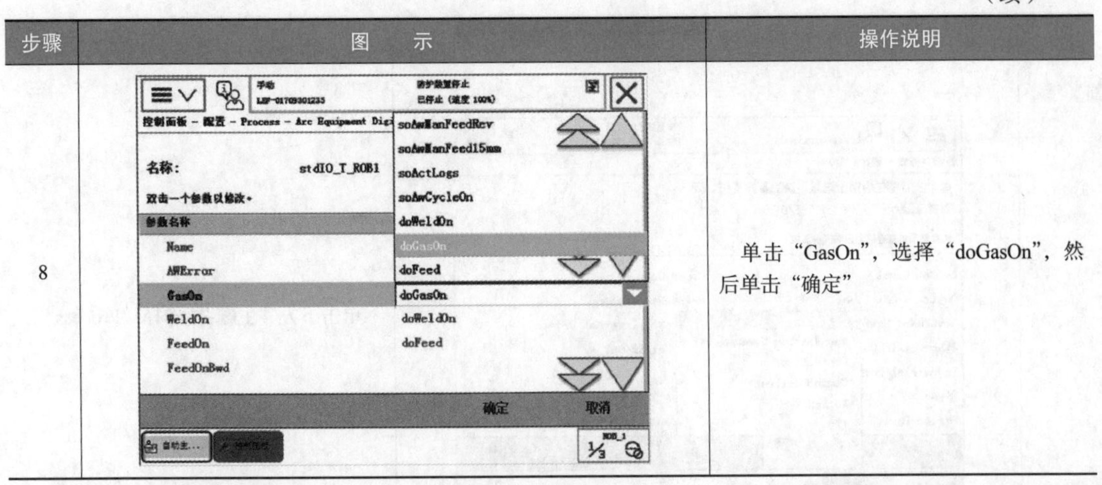	单击“GasOn”，选择“doGasOn”，然后单击“确定”

表 3-25 建立模拟输出信号与 ArcWare 信号关联的操作步骤

步骤	图示	操作说明
1	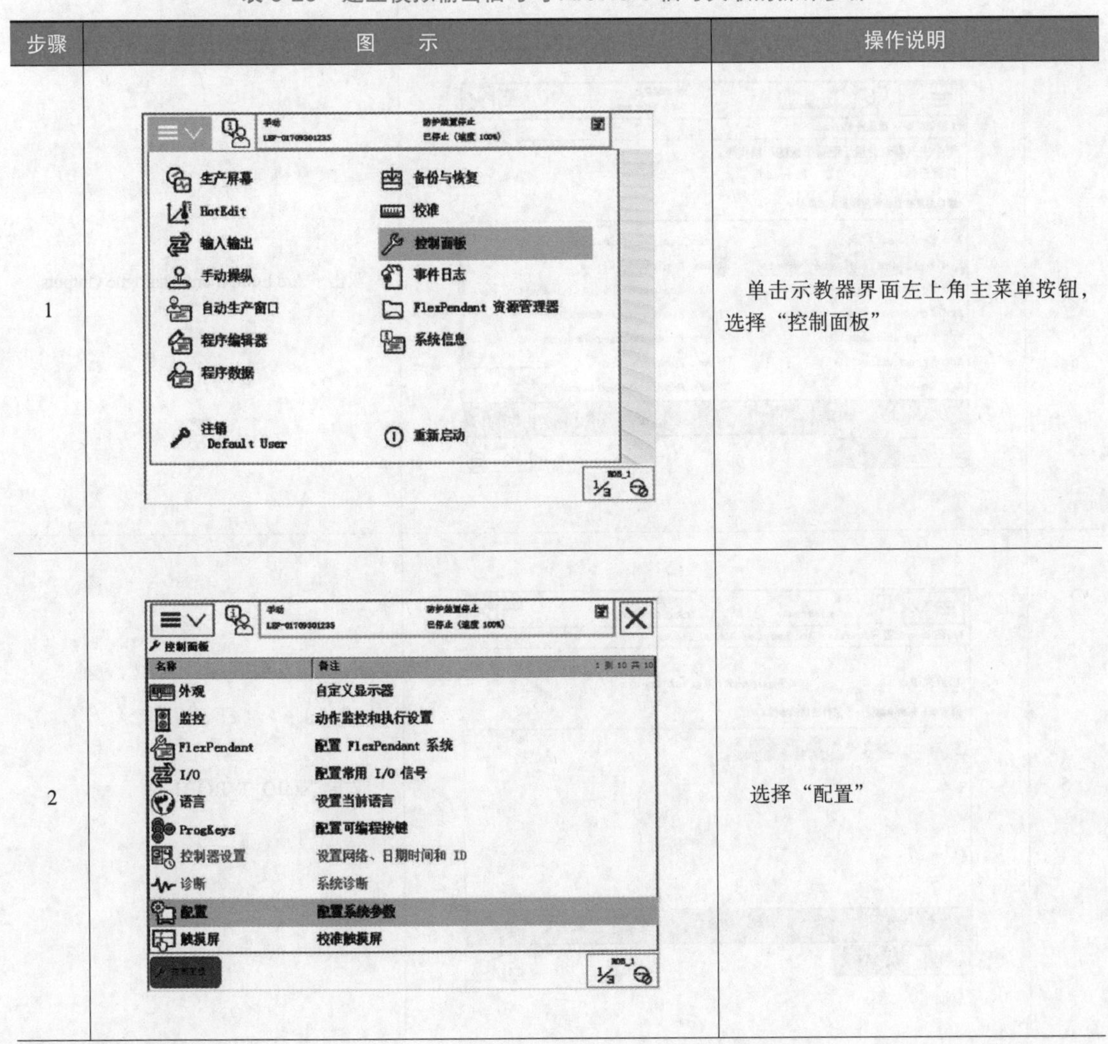	单击示教器界面左上角主菜单按钮，选择“控制面板”
2		选择“配置”

（续）

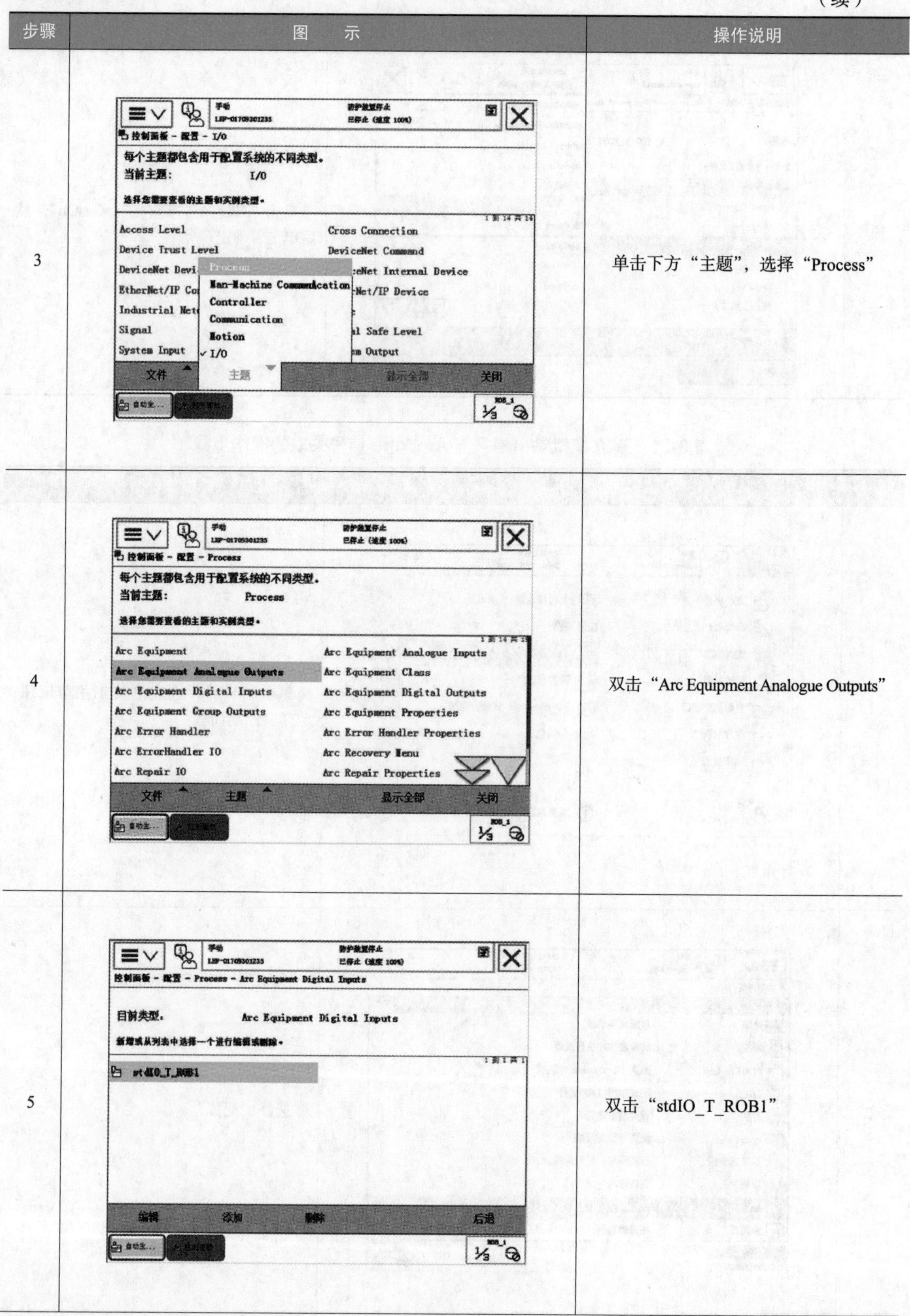

步骤	图　示	操作说明
3		单击下方“主题”，选择“Process”
4		双击“Arc Equipment Analogue Outputs”
5		双击“stdIO_T_ROB1”

（续）

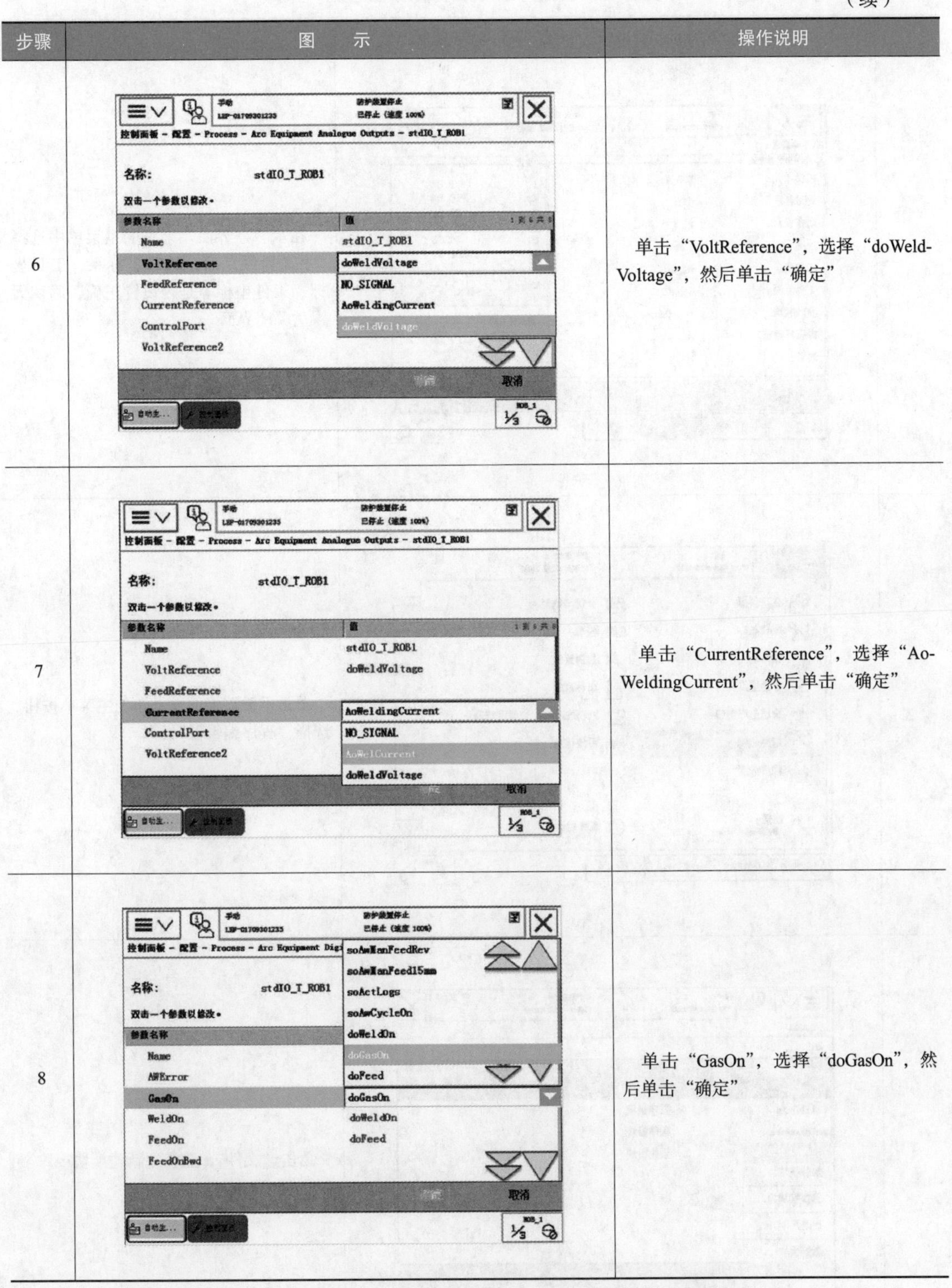

步骤	图示	操作说明
6		单击“VoltReference”，选择“doWeldVoltage”，然后单击“确定”
7		单击“CurrentReference”，选择“AoWeldingCurrent”，然后单击“确定”
8		单击“GasOn”，选择“doGasOn”，然后单击“确定”

（8）焊接示教编程　直线焊缝焊接示教编程的操作步骤见表 3-26。

表 3-26 直线焊缝焊接示教编程的操作步骤

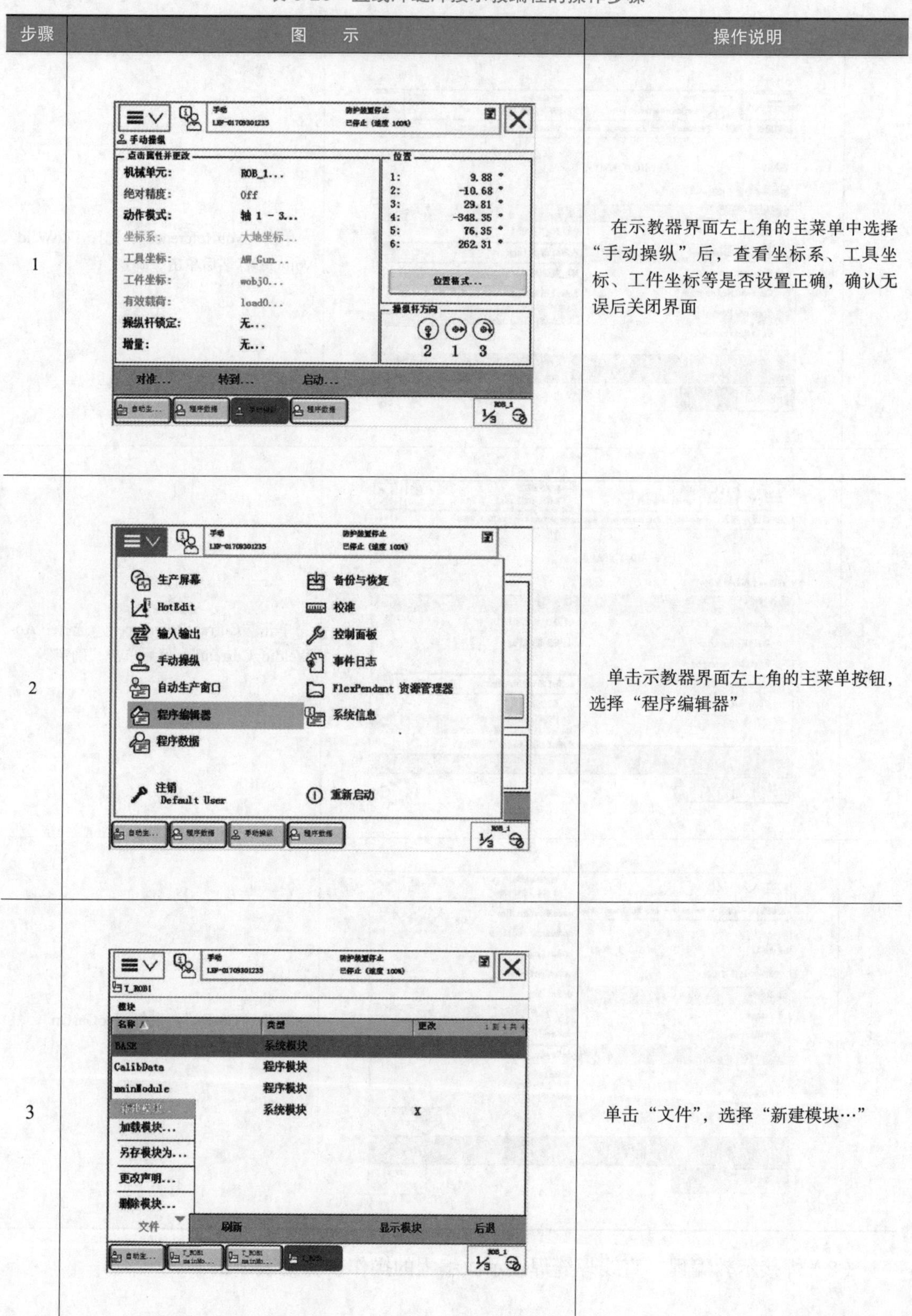

步骤	图示	操作说明
1		在示教器界面左上角的主菜单中选择“手动操纵”后，查看坐标系、工具坐标、工件坐标等是否设置正确，确认无误后关闭界面
2		单击示教器界面左上角的主菜单按钮，选择“程序编辑器”
3		单击“文件”，选择“新建模块…”

（续）

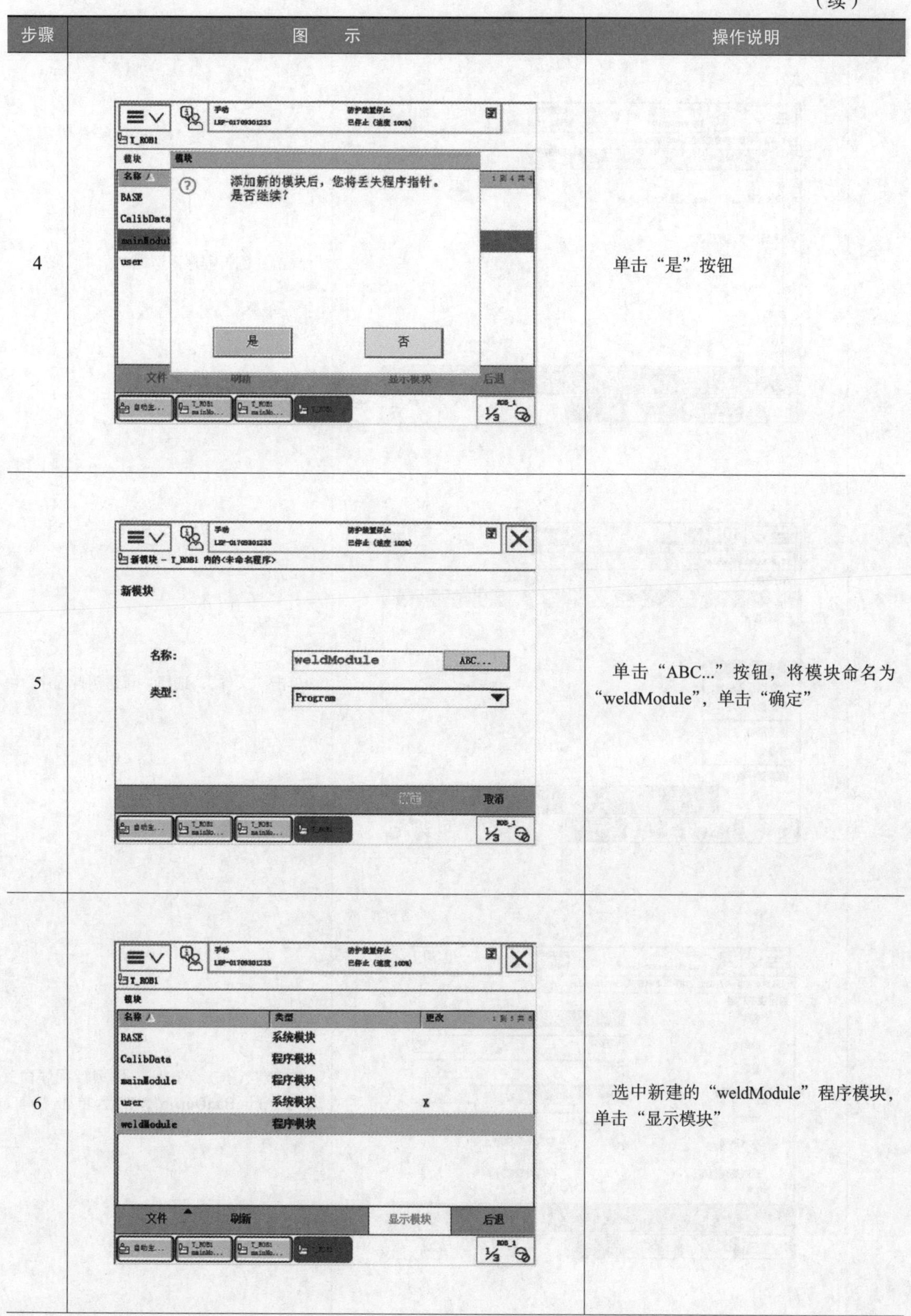

步骤	图示	操作说明
4		单击“是”按钮
5		单击“ABC...”按钮，将模块命名为“weldModule”，单击“确定”
6		选中新建的“weldModule”程序模块，单击“显示模块”

（续）

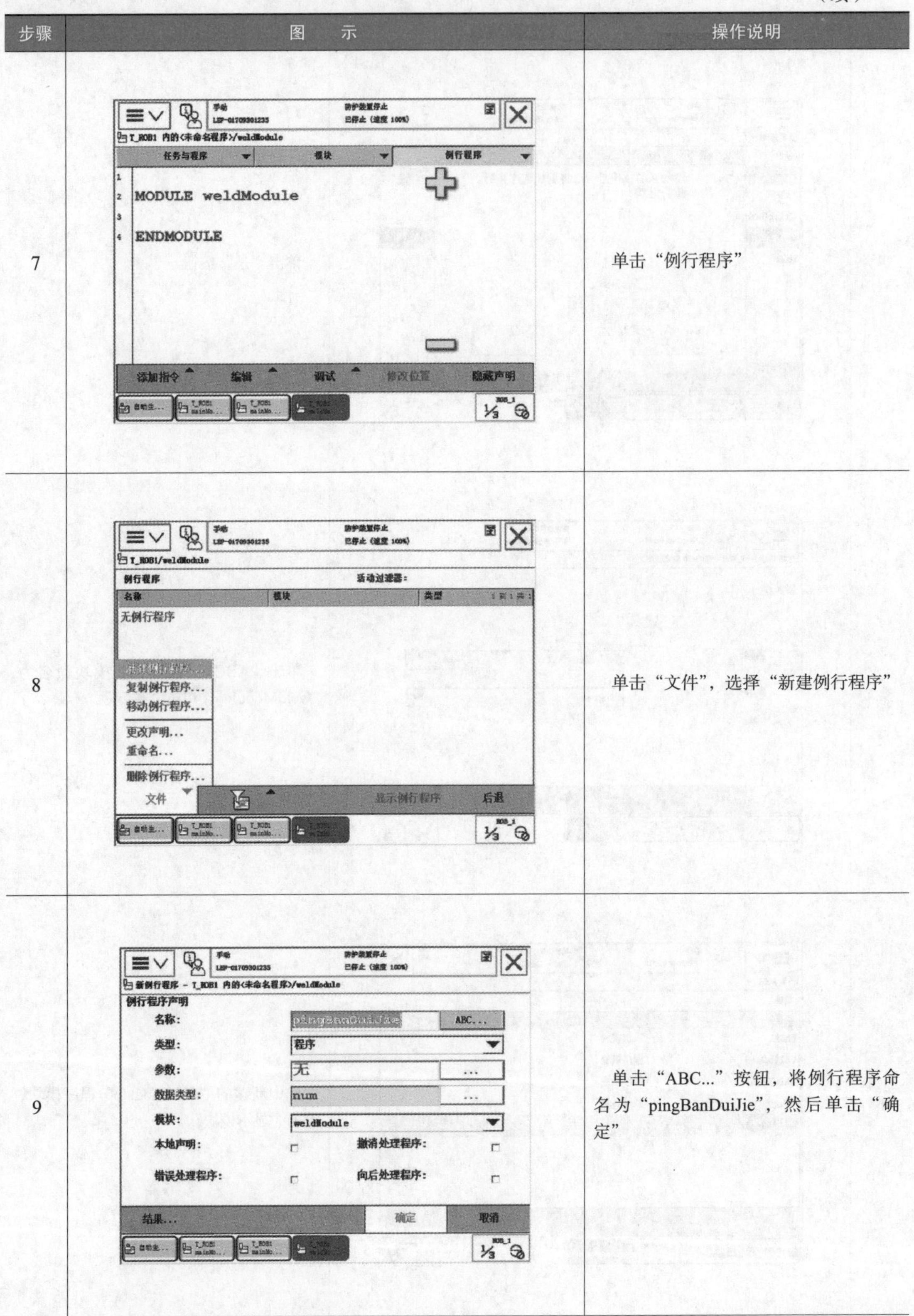

步骤	图　示	操作说明
7		单击“例行程序”
8		单击“文件”，选择“新建例行程序”
9		单击“ABC...”按钮，将例行程序命名为“pingBanDuiJie”，然后单击“确定”

（续）

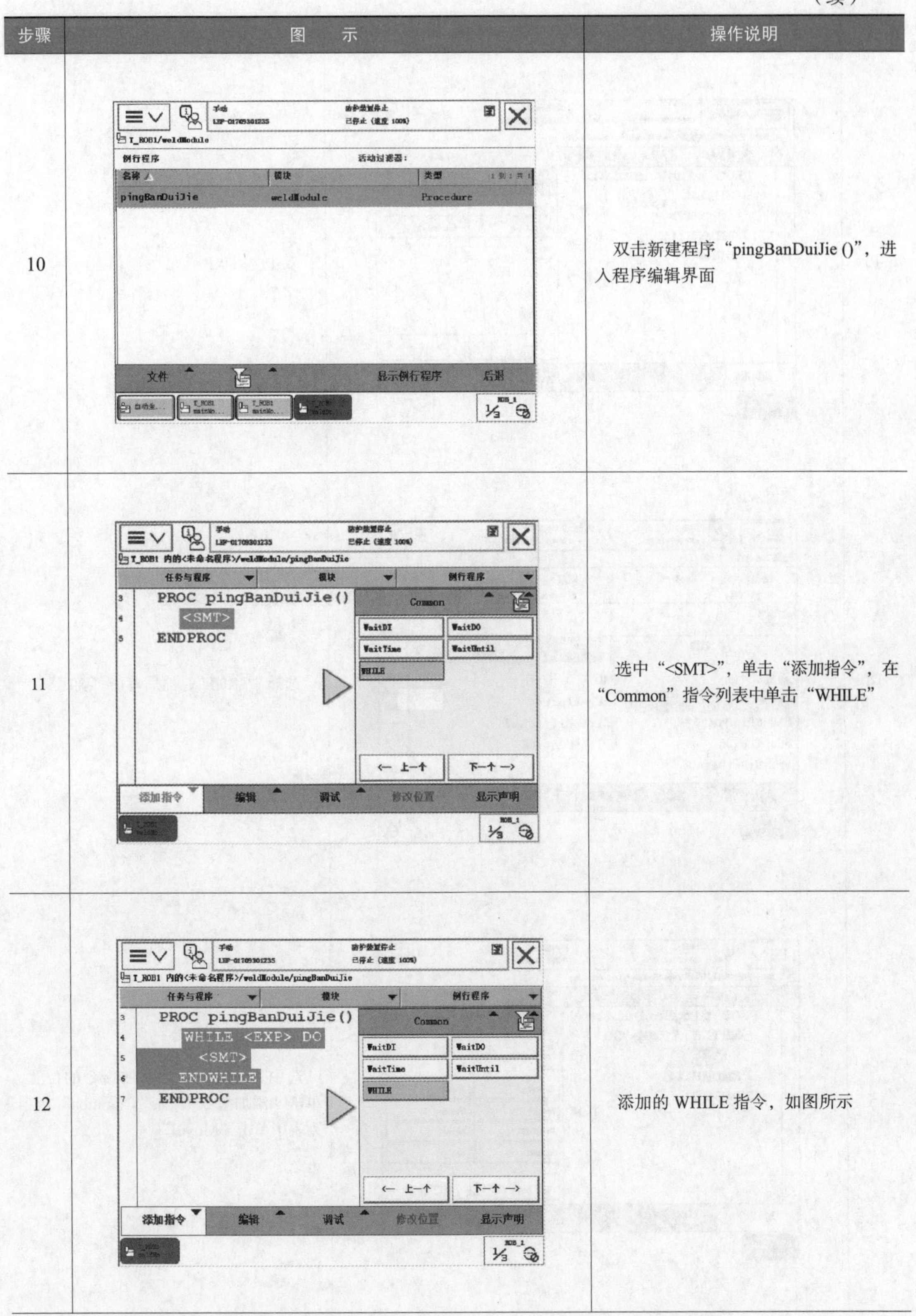

步骤	图　示	操作说明
10		双击新建程序“pingBanDuiJie ()”，进入程序编辑界面
11		选中“<SMT>”，单击“添加指令”，在“Common”指令列表中单击“WHILE”
12		添加的 WHILE 指令，如图所示

（续）

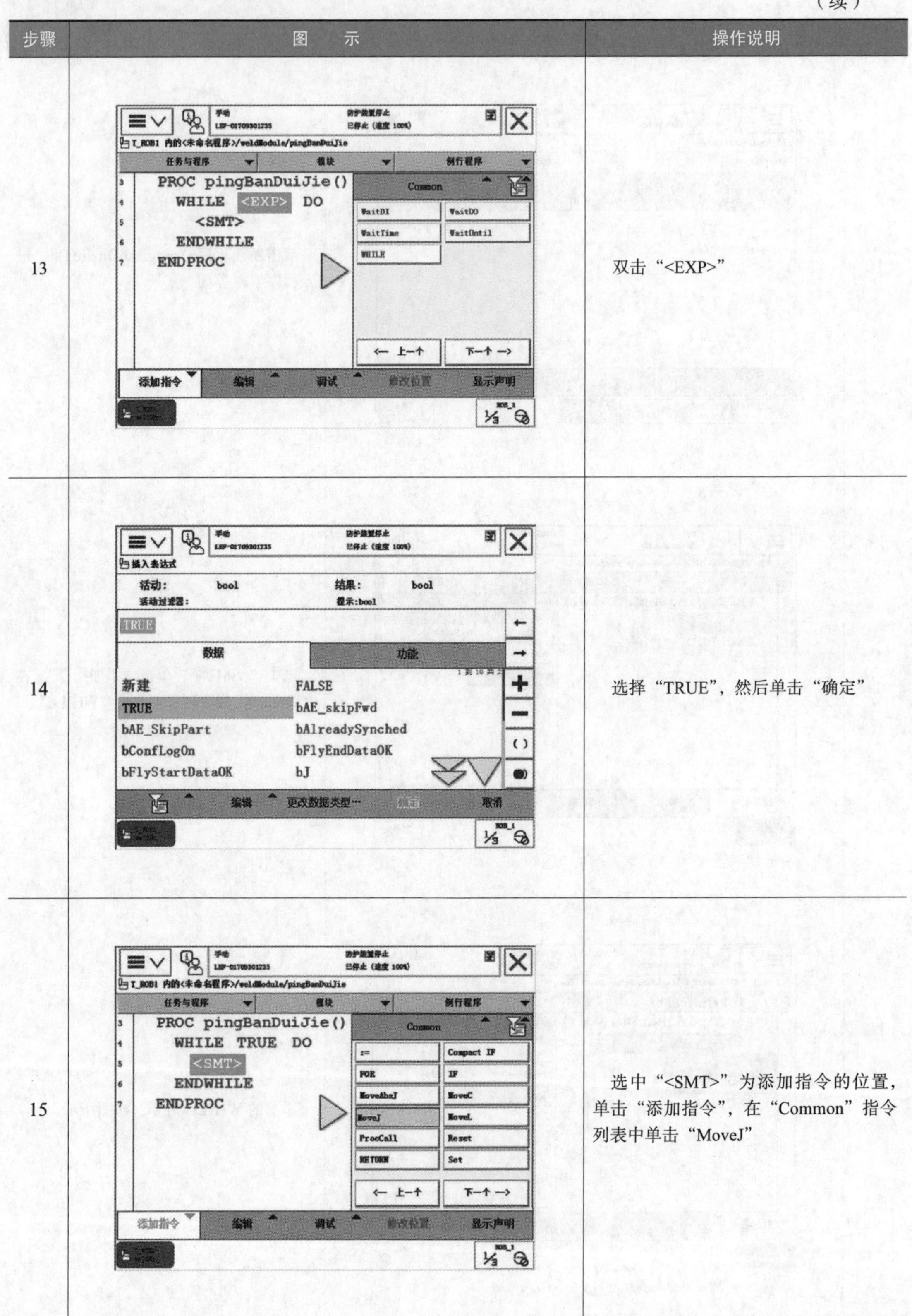

步骤	图　示	操作说明
13		双击“<EXP>”
14		选择“TRUE”，然后单击“确定”
15		选中“<SMT>”为添加指令的位置，单击“添加指令”，在“Common”指令列表中单击“MoveJ”

（续）

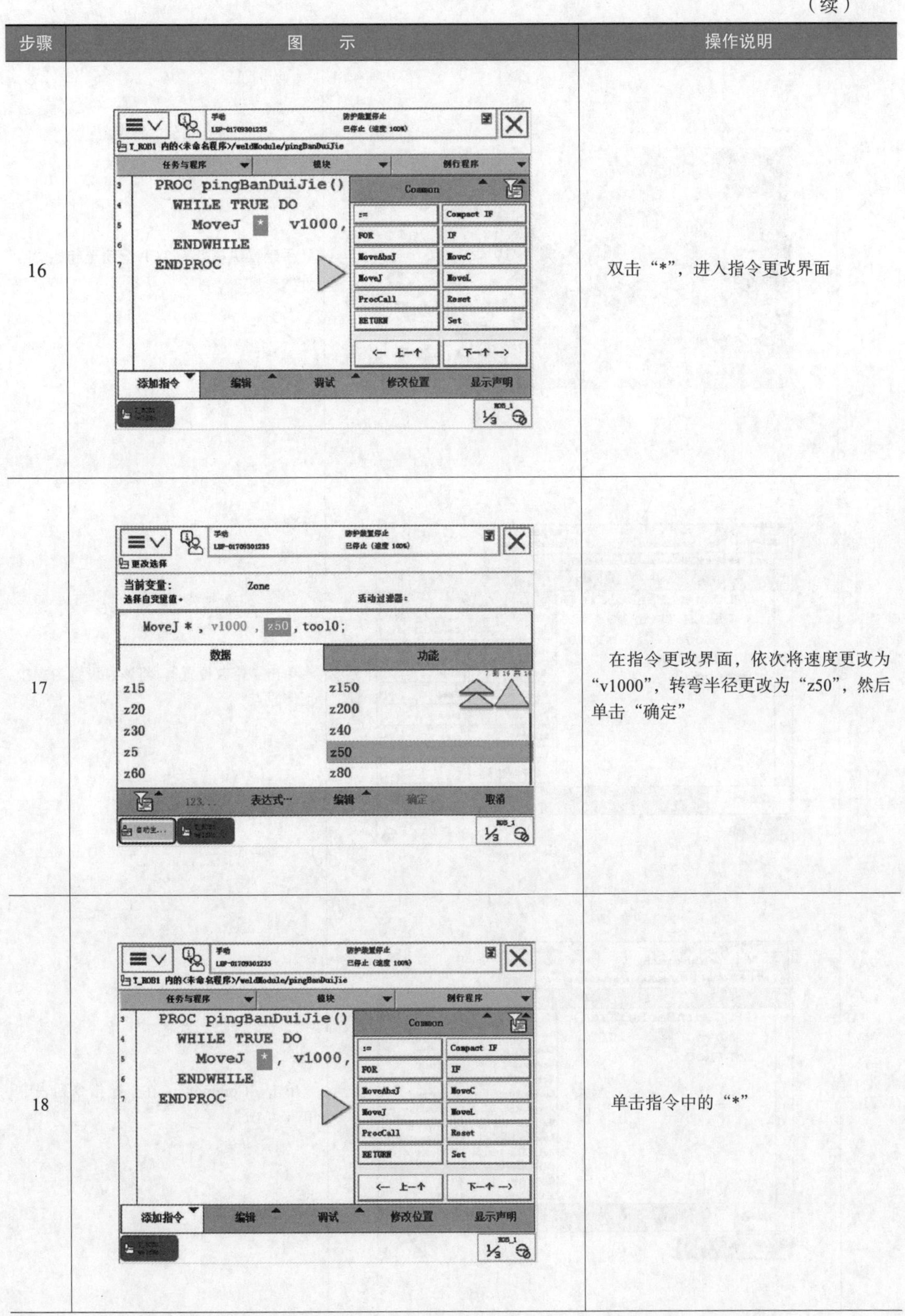

步骤	图　示	操作说明
16		双击“*”，进入指令更改界面
17		在指令更改界面，依次将速度更改为“v1000”，转弯半径更改为“z50”，然后单击“确定”
18		单击指令中的“*”

（续）

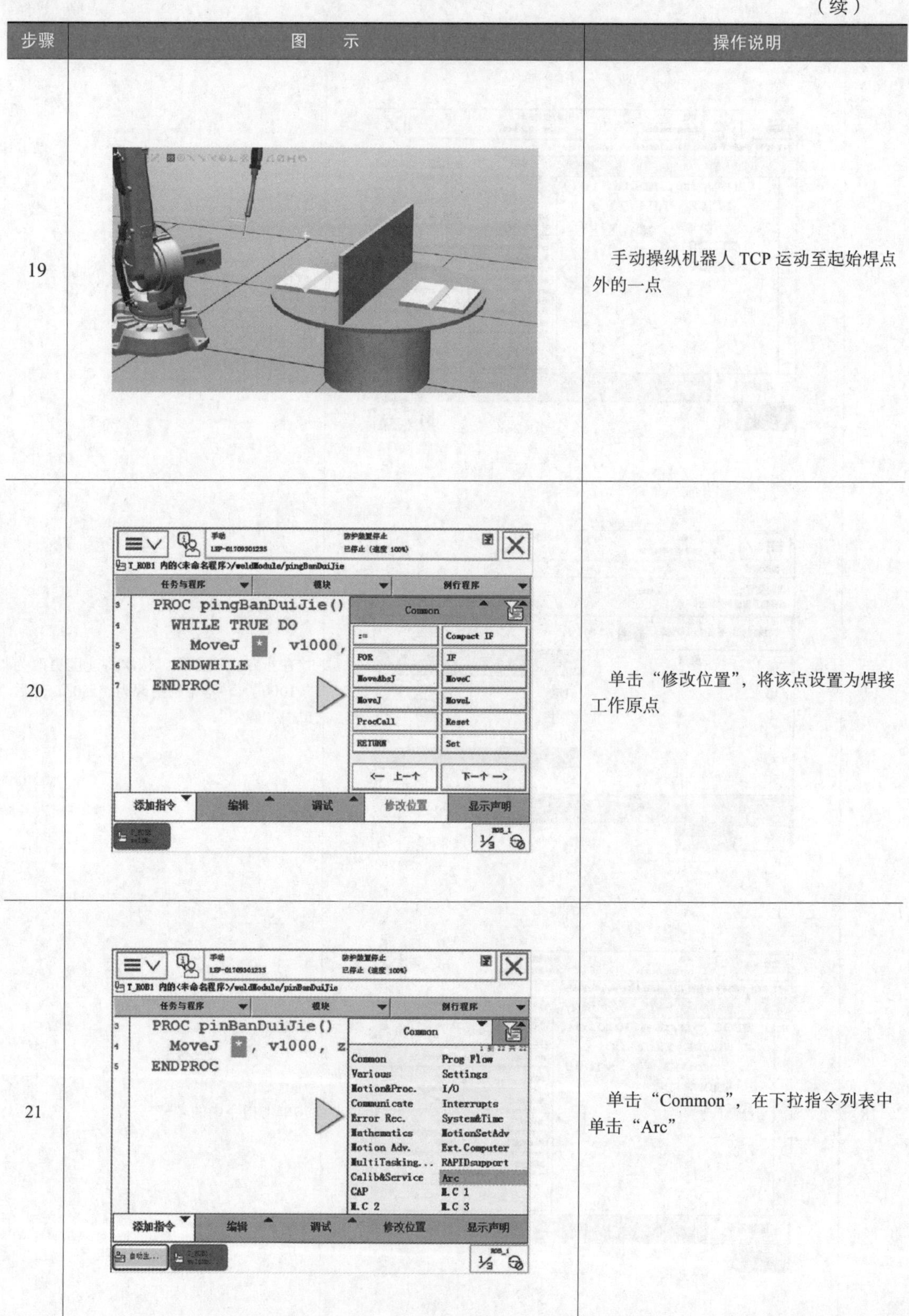

步骤	图示	操作说明
19		手动操纵机器人 TCP 运动至起始焊点外的一点
20		单击“修改位置”，将该点设置为焊接工作原点
21		单击“Common”，在下拉指令列表中单击“Arc”

（续）

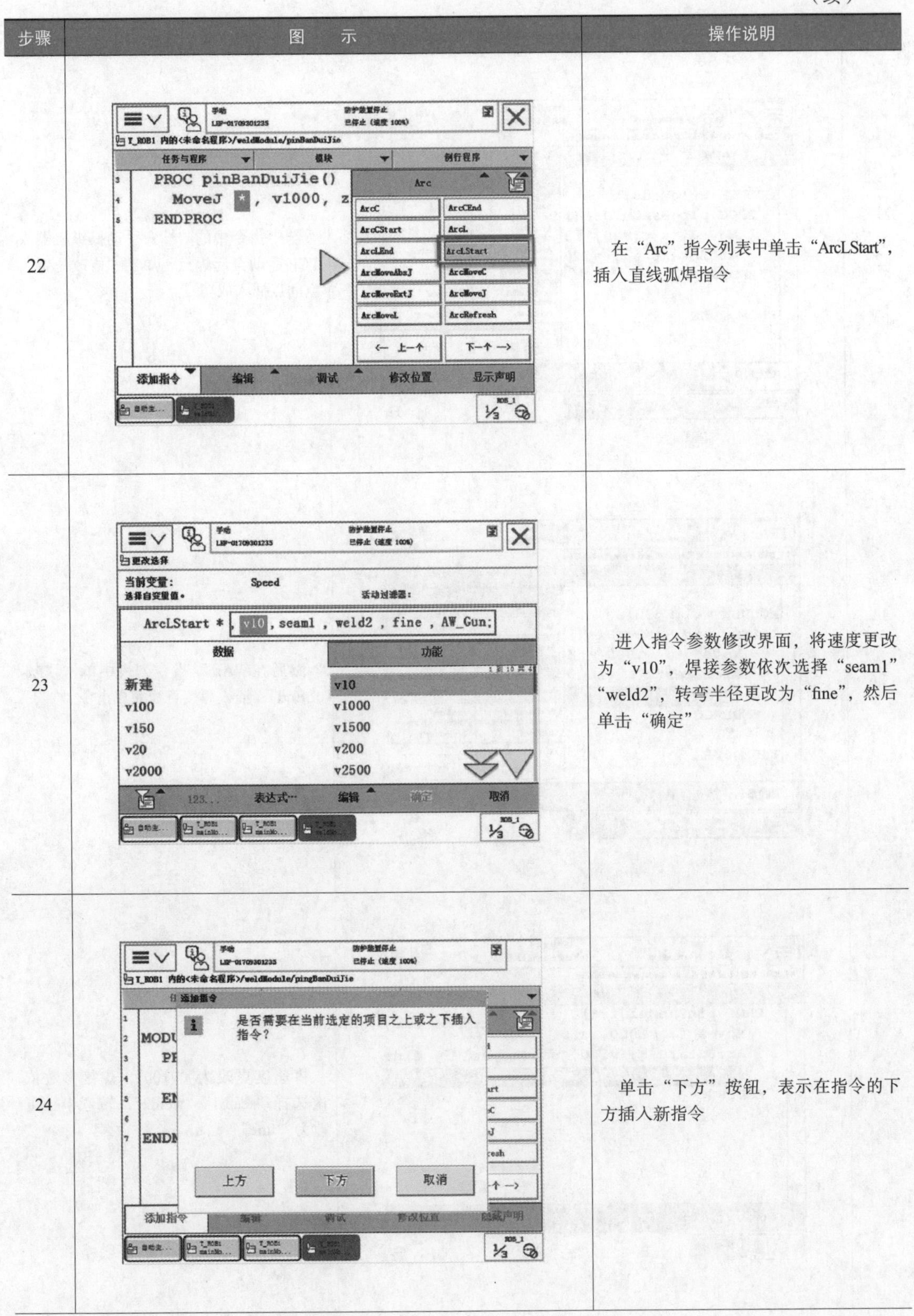

步骤	图　示	操作说明
22		在“Arc”指令列表中单击“ArcLStart”，插入直线弧焊指令
23		进入指令参数修改界面，将速度更改为“v10”，焊接参数依次选择“seam1”“weld2”，转弯半径更改为“fine”，然后单击“确定”
24		单击“下方”按钮，表示在指令的下方插入新指令

（续）

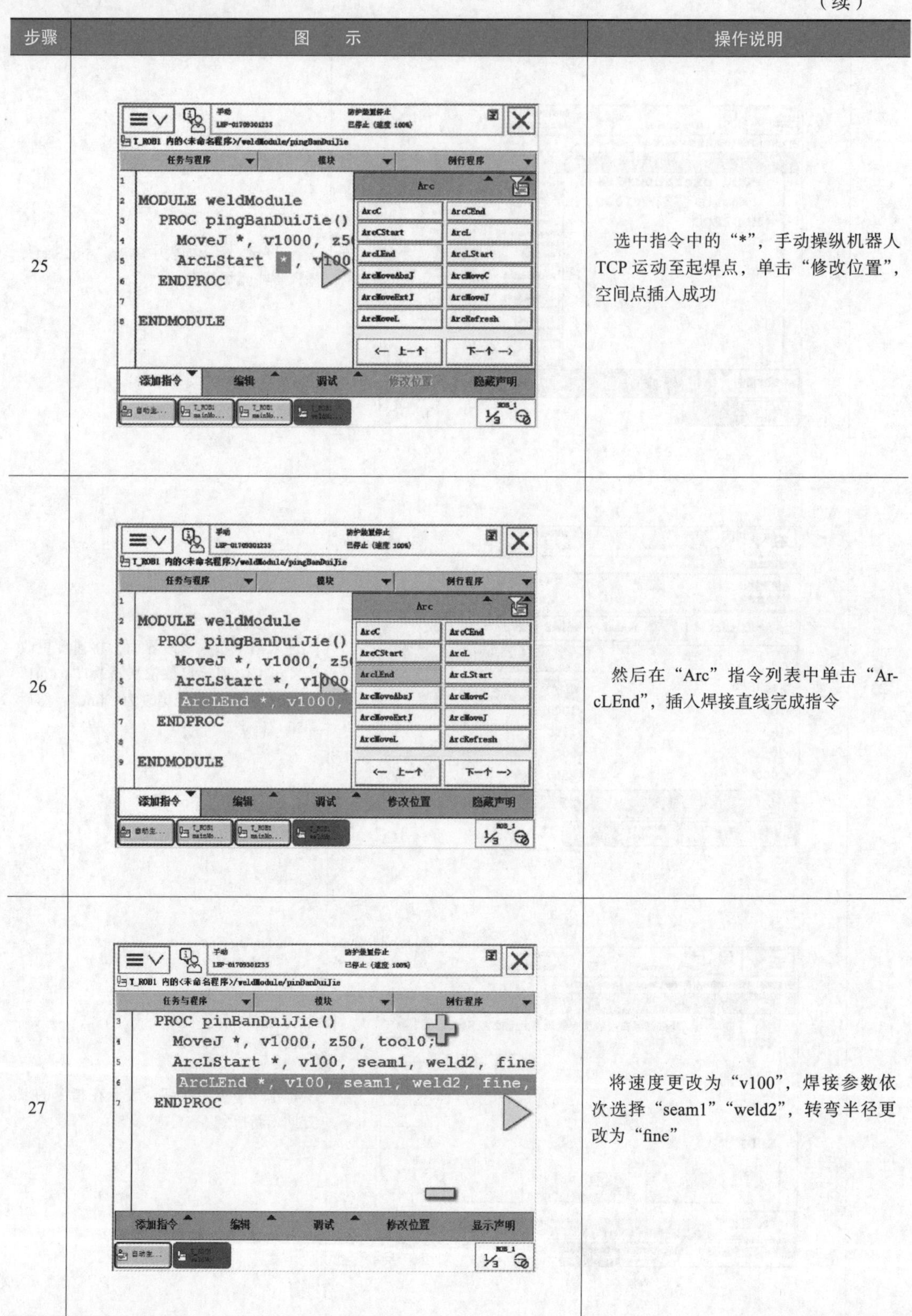

步骤	图　示	操作说明
25		选中指令中的“*”，手动操纵机器人TCP运动至起焊点，单击“修改位置”，空间点插入成功
26		然后在“Arc”指令列表中单击“ArcLEnd”，插入焊接直线完成指令
27		将速度更改为“v100”，焊接参数依次选择“seam1”“weld2”，转弯半径更改为“fine”

（续）

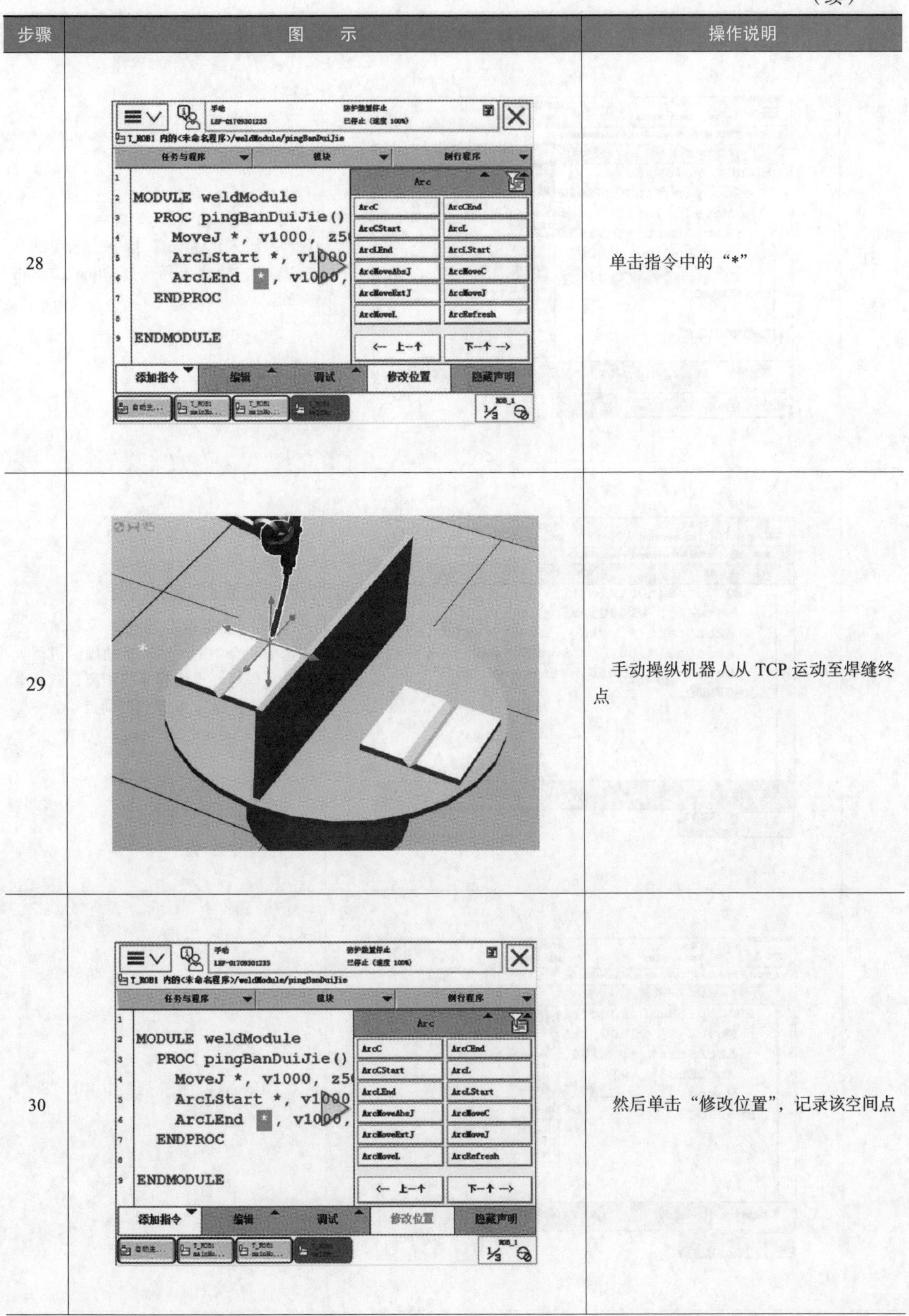

步骤	图　示	操作说明
28		单击指令中的“*”
29		手动操纵机器人从 TCP 运动至焊缝终点
30		然后单击“修改位置”，记录该空间点

（续）

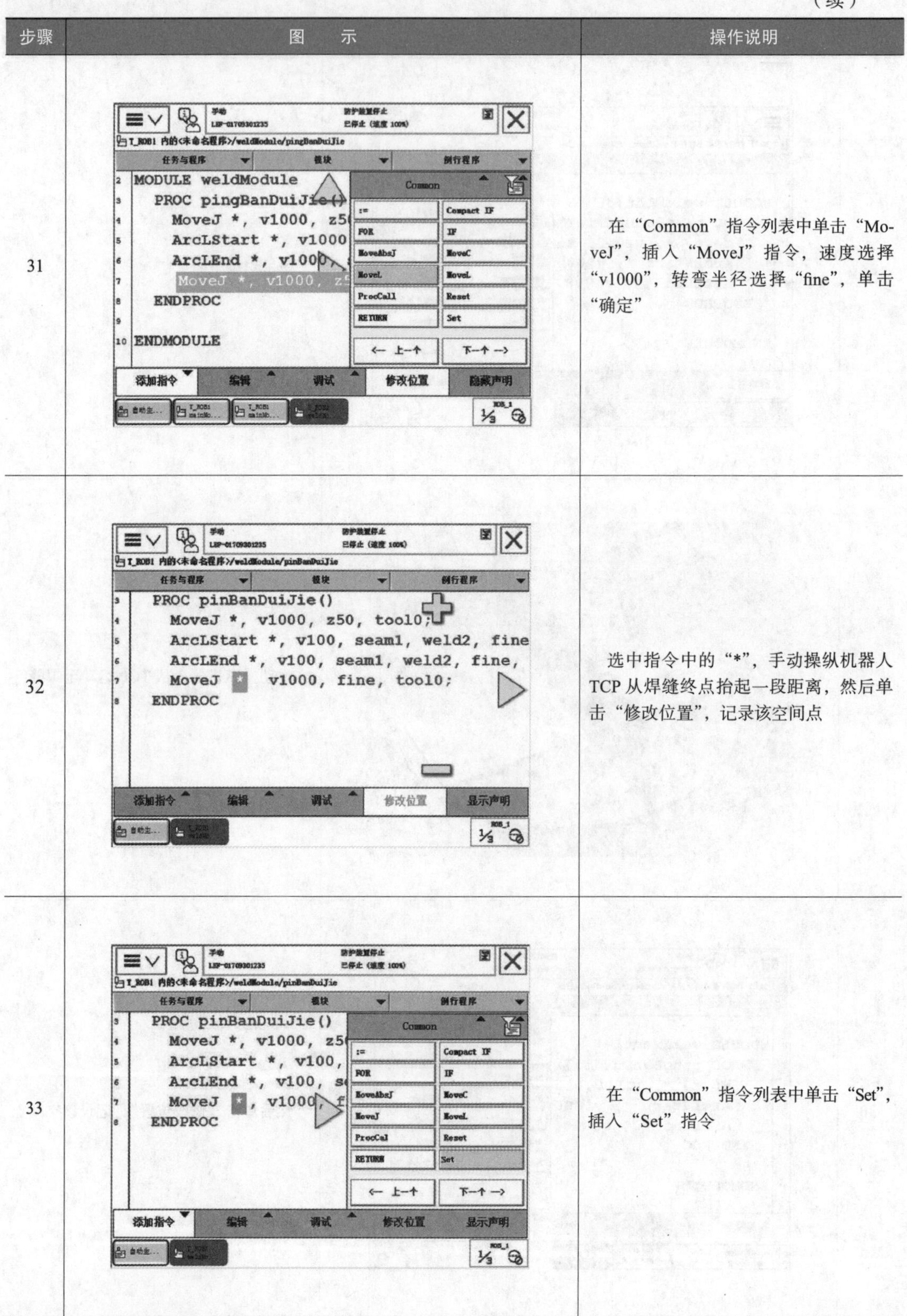

步骤	图 示	操作说明
31		在“Common”指令列表中单击“MoveJ”，插入“MoveJ”指令，速度选择“v1000”，转弯半径选择“fine”，单击“确定”
32		选中指令中的“*”，手动操纵机器人TCP从焊缝终点抬起一段距离，然后单击“修改位置”，记录该空间点
33		在“Common”指令列表中单击“Set”，插入“Set”指令

（续）

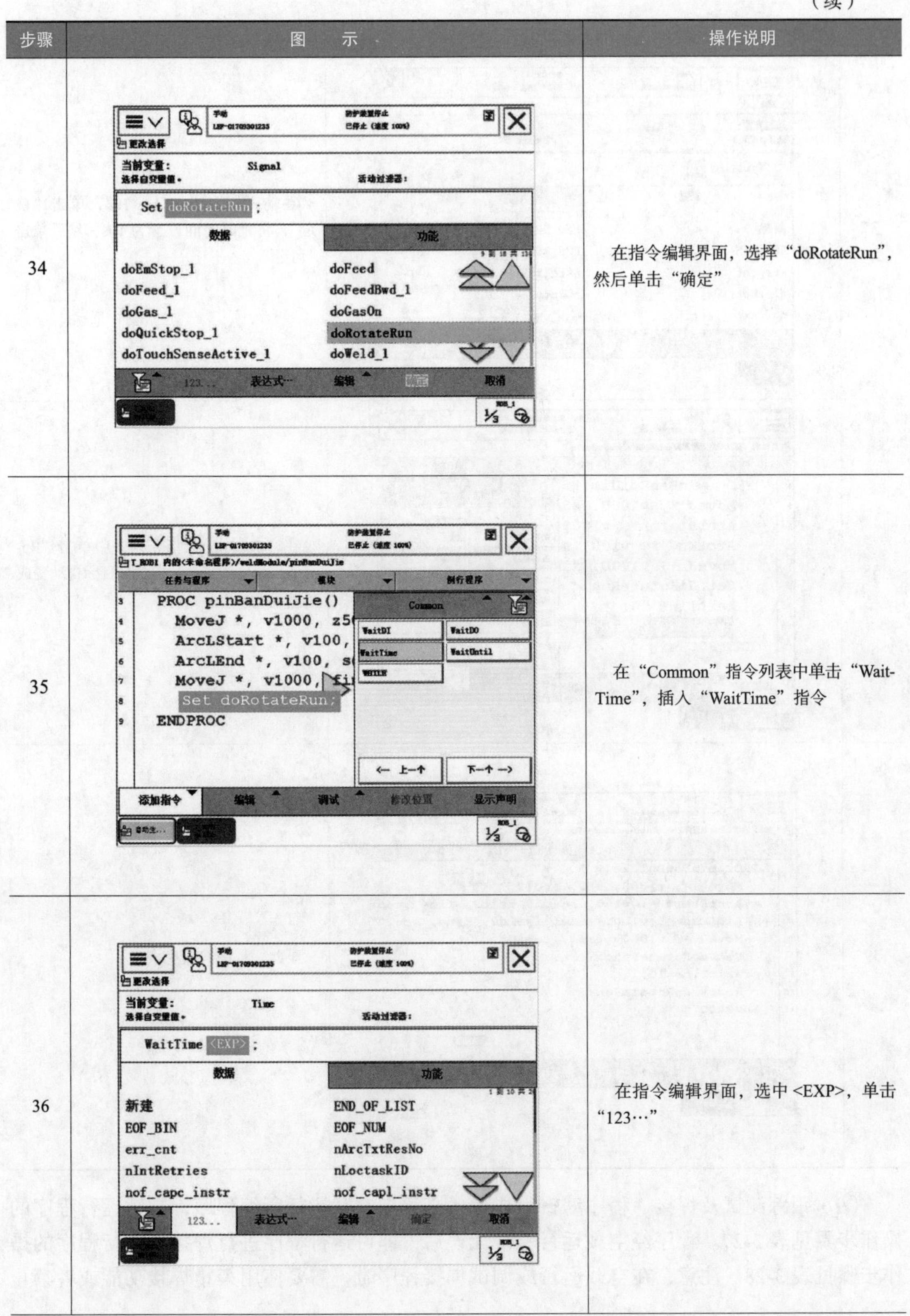

步骤	图示	操作说明
34		在指令编辑界面，选择“doRotateRun”，然后单击“确定”
35		在“Common”指令列表中单击“WaitTime”，插入“WaitTime”指令
36		在指令编辑界面，选中 <EXP>，单击“123…”

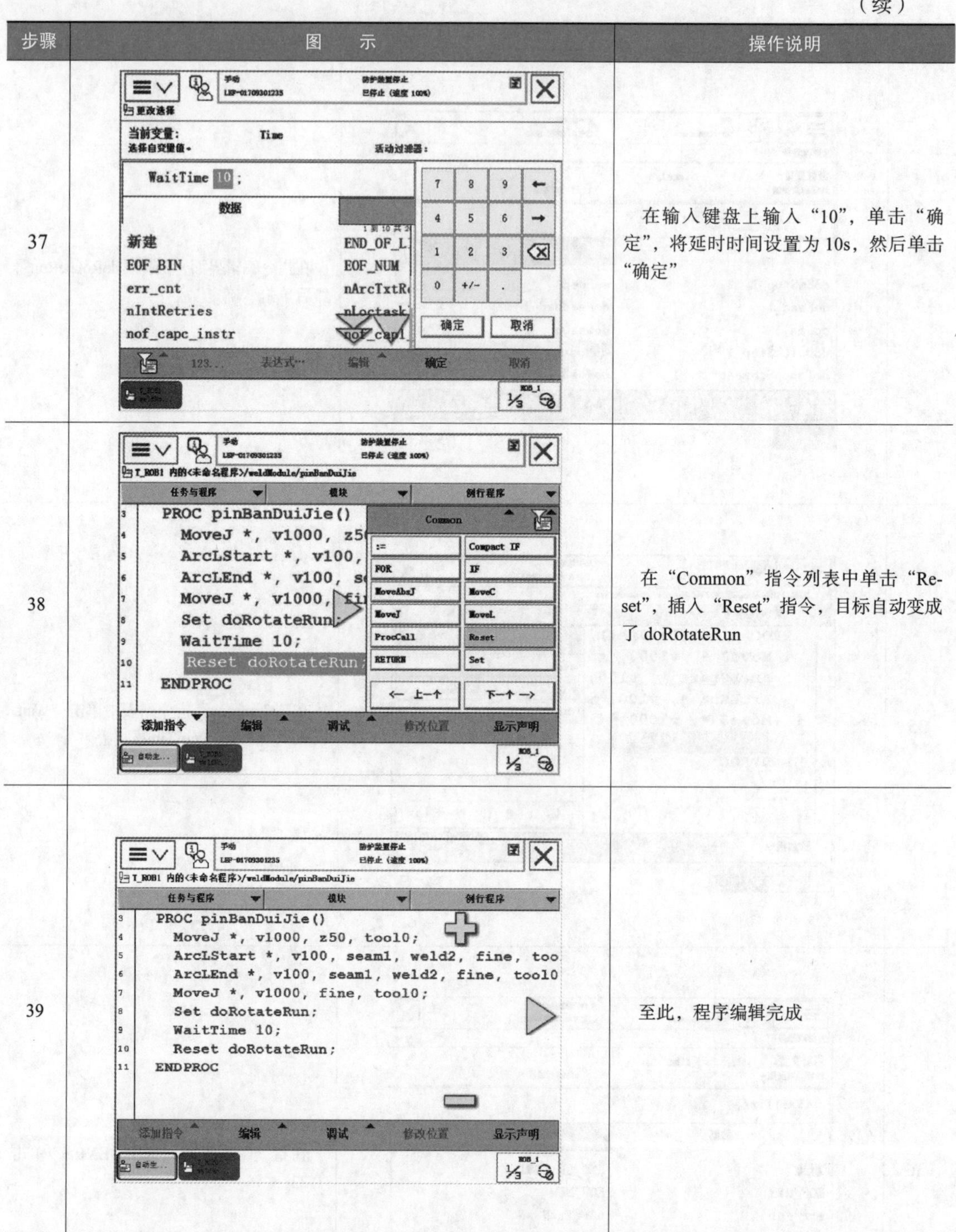

（续）

步骤	图　示	操作说明
37		在输入键盘上输入“10”，单击“确定”，将延时时间设置为10s，然后单击“确定”
38		在“Common”指令列表中单击“Reset”，插入“Reset”指令，目标自动变成了doRotateRun
39		至此，程序编辑完成

（9）跟踪测试及焊接　程序编辑完成后，必须先空载运行所编程序，空载运行程序的操作步骤见表3-27。程序经空载运行验证无误后，即可运行程序进行焊接，运行程序的操作步骤见表3-28。注意，在空载运行或调试焊接程序时，需要使用禁止焊接功能或者禁止

其他功能，如禁止焊枪摆动等。

表 3-27 空载运行程序的操作步骤

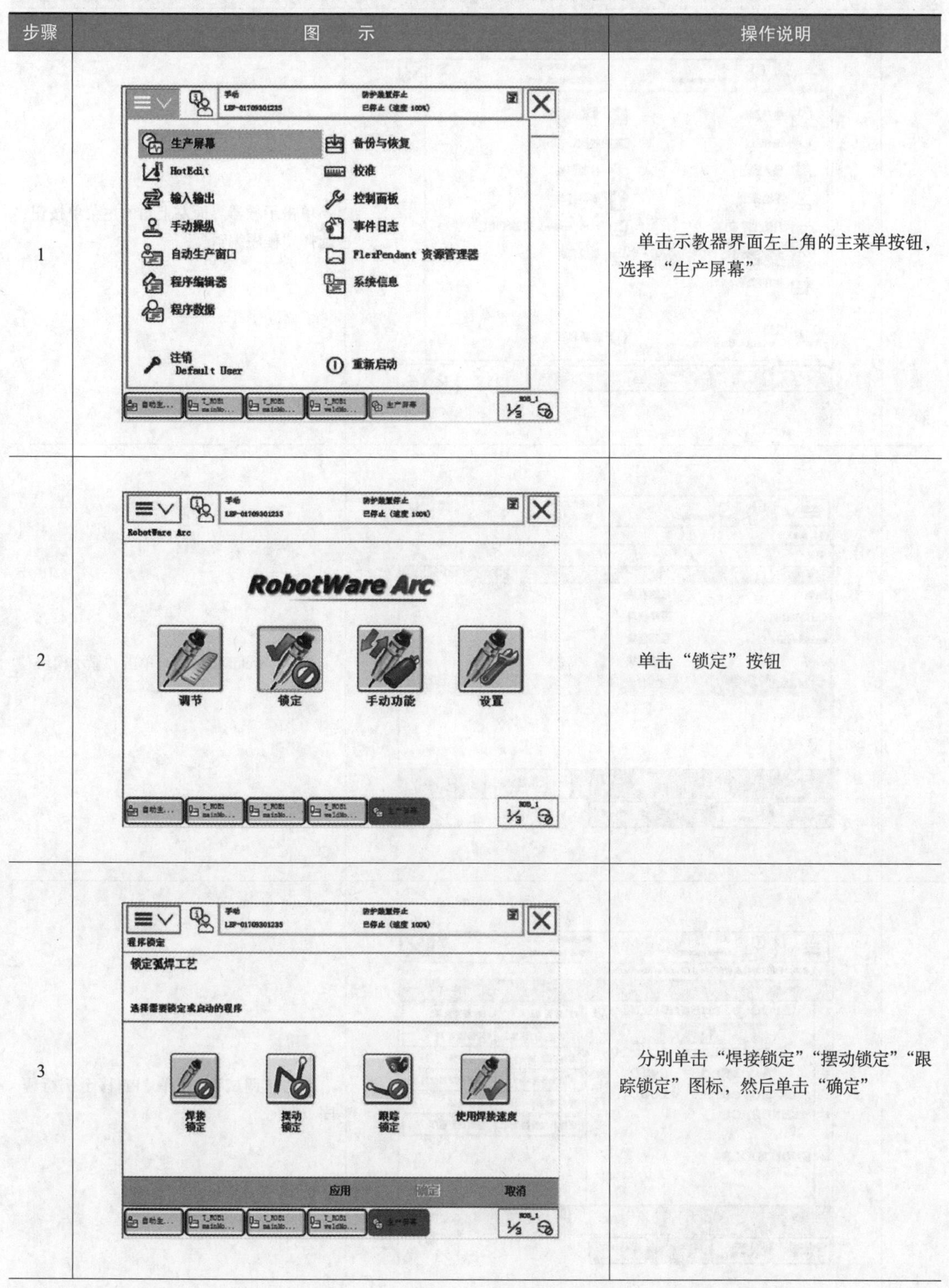

步骤	图示	操作说明
1		单击示教器界面左上角的主菜单按钮，选择“生产屏幕”
2		单击“锁定”按钮
3		分别单击“焊接锁定”“摆动锁定”“跟踪锁定”图标，然后单击“确定”

（续）

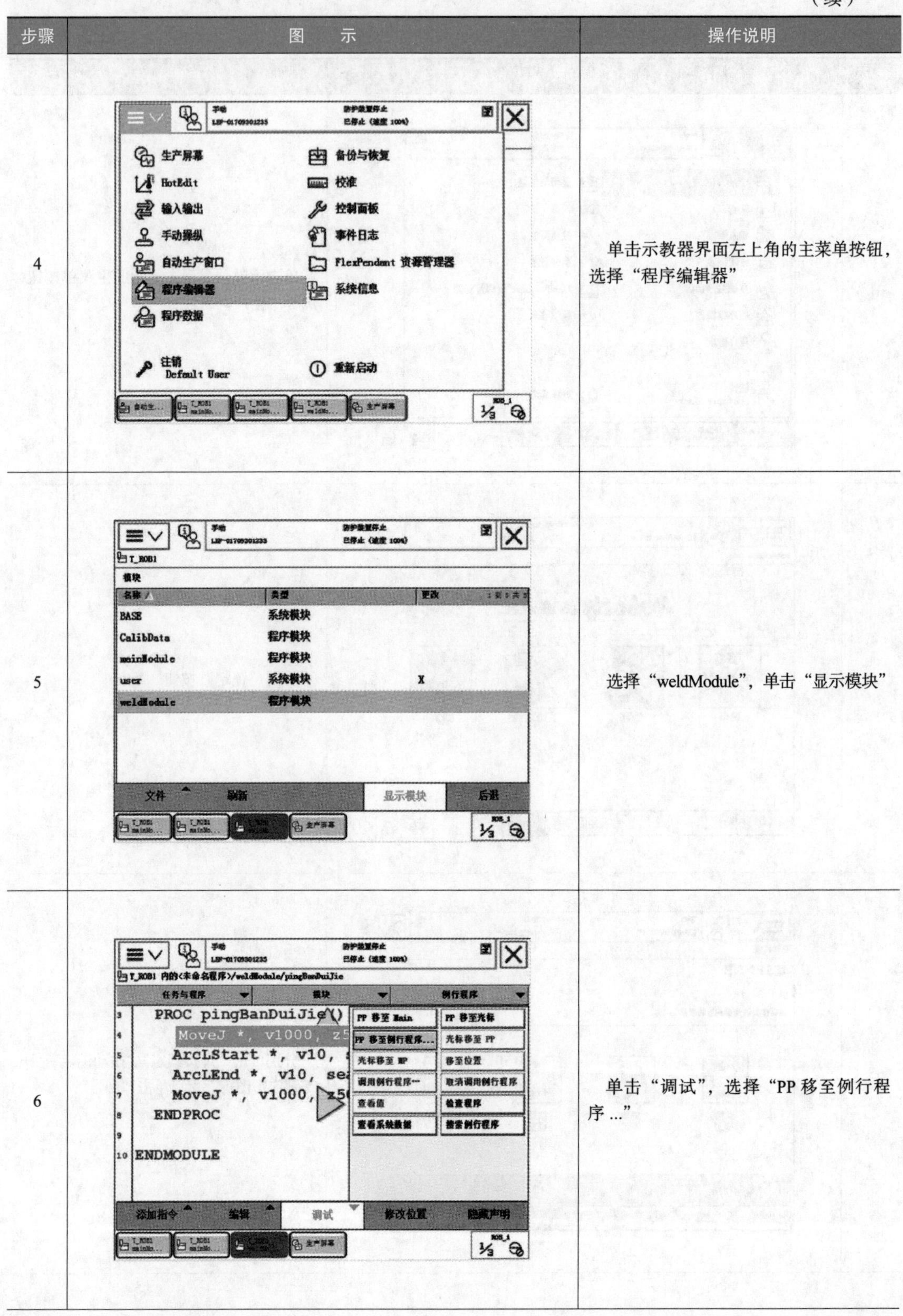

步骤	图　示	操作说明
4		单击示教器界面左上角的主菜单按钮，选择“程序编辑器”
5		选择“weldModule”，单击“显示模块”
6		单击“调试”，选择“PP 移至例行程序 ...”

（续）

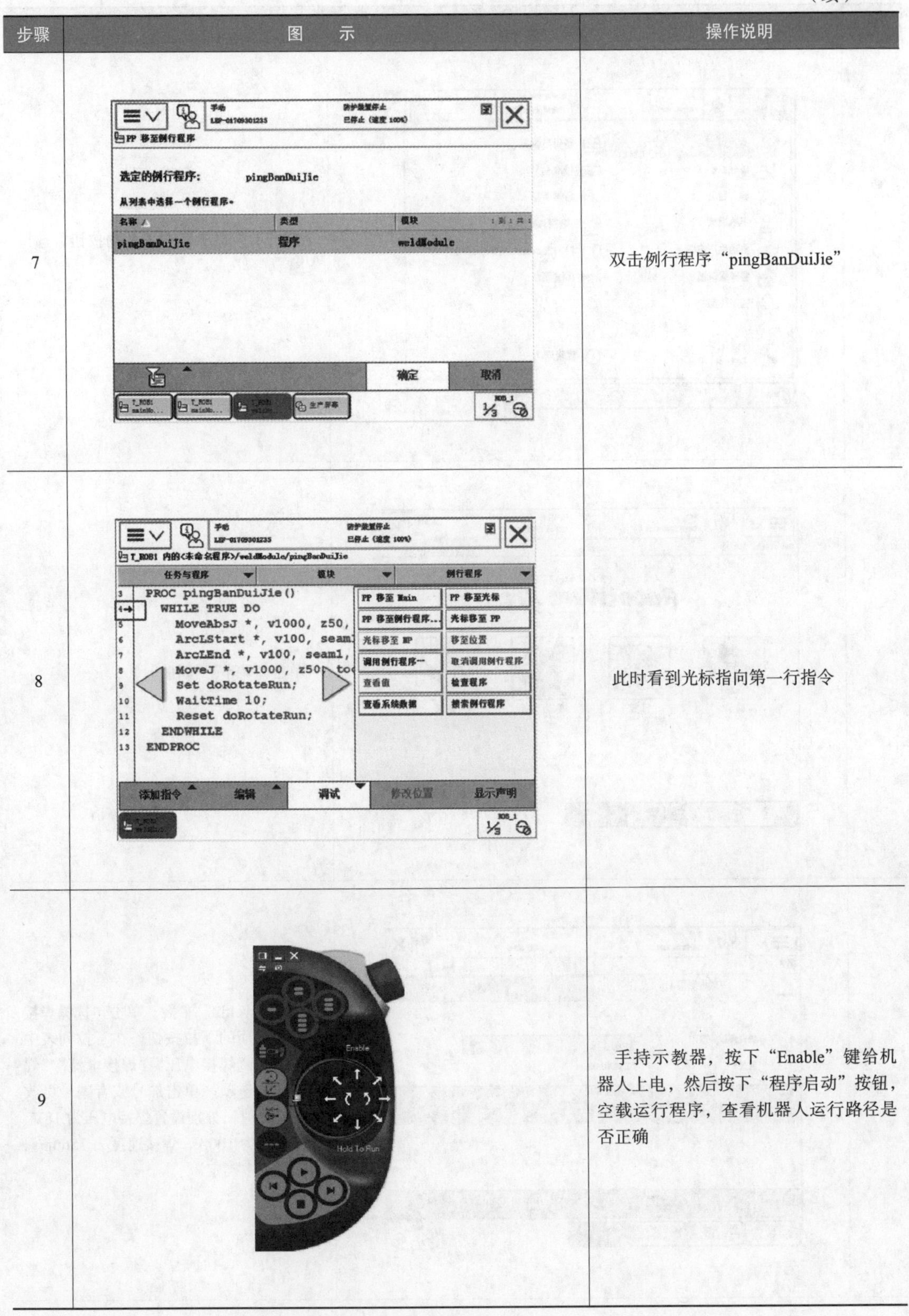

步骤	图　示	操作说明
7		双击例行程序“pingBanDuiJie”
8		此时看到光标指向第一行指令
9		手持示教器，按下“Enable”键给机器人上电，然后按下“程序启动”按钮，空载运行程序，查看机器人运行路径是否正确

表 3-28　运行程序的操作步骤

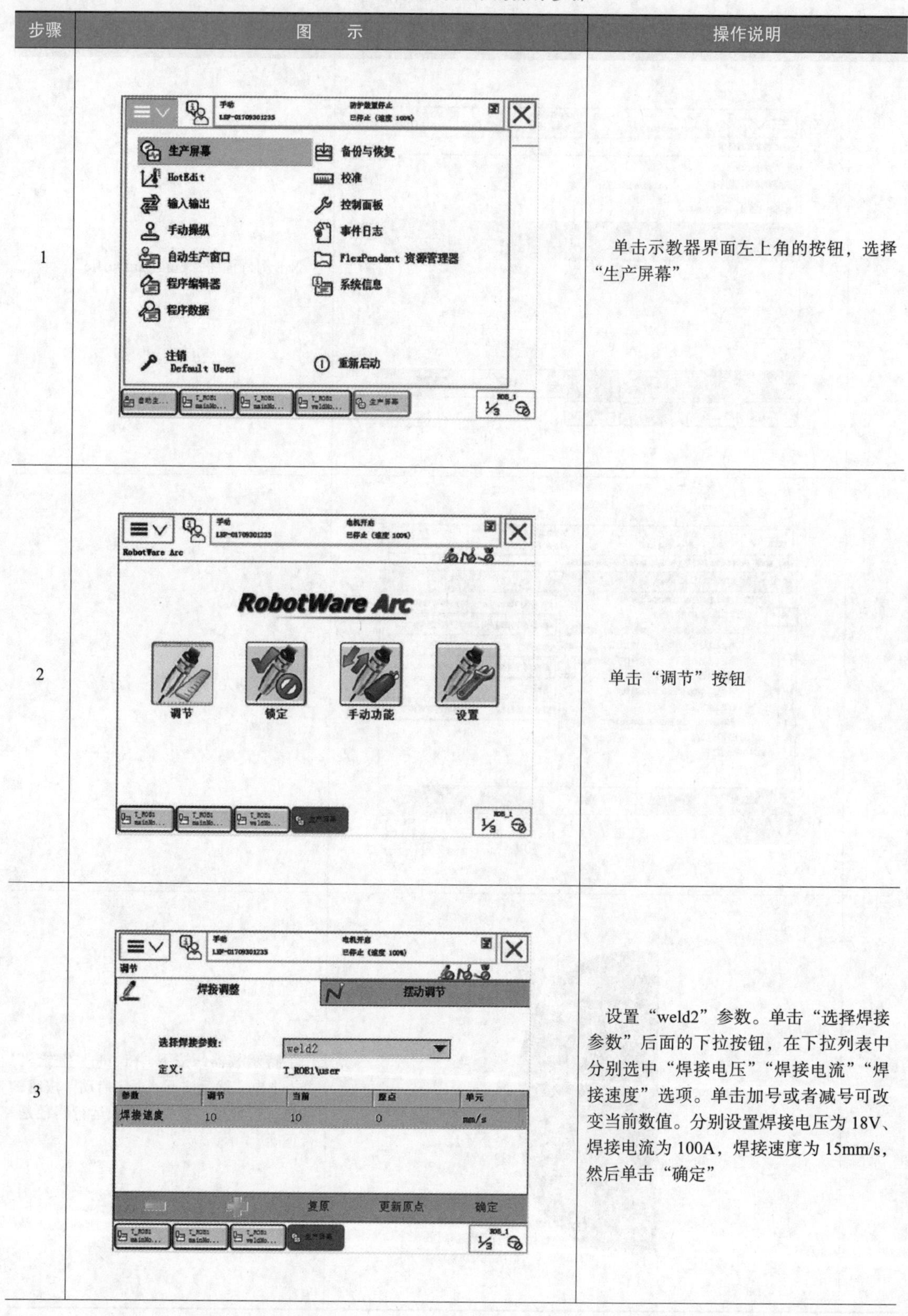

步骤	图　示	操作说明
1		单击示教器界面左上角的按钮，选择“生产屏幕”
2		单击“调节”按钮
3		设置“weld2”参数。单击“选择焊接参数”后面的下拉按钮，在下拉列表中分别选中“焊接电压”“焊接电流”“焊接速度”选项。单击加号或者减号可改变当前数值。分别设置焊接电压为 18V、焊接电流为 100A，焊接速度为 15mm/s，然后单击“确定”

（续）

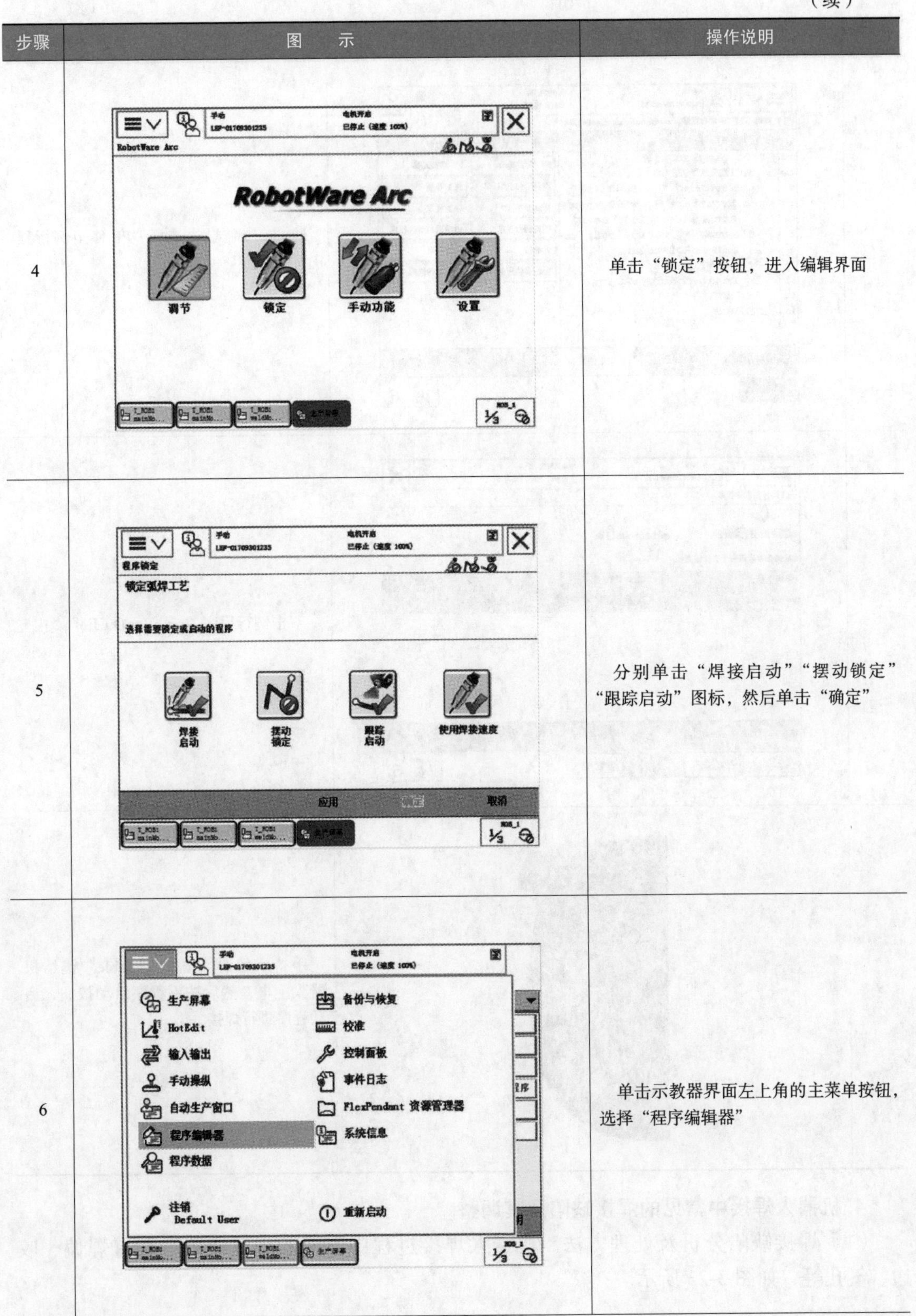

步骤	图　示	操作说明
4		单击“锁定”按钮，进入编辑界面
5		分别单击“焊接启动”“摆动锁定”“跟踪启动”图标，然后单击“确定”
6		单击示教器界面左上角的主菜单按钮，选择“程序编辑器”

（续）

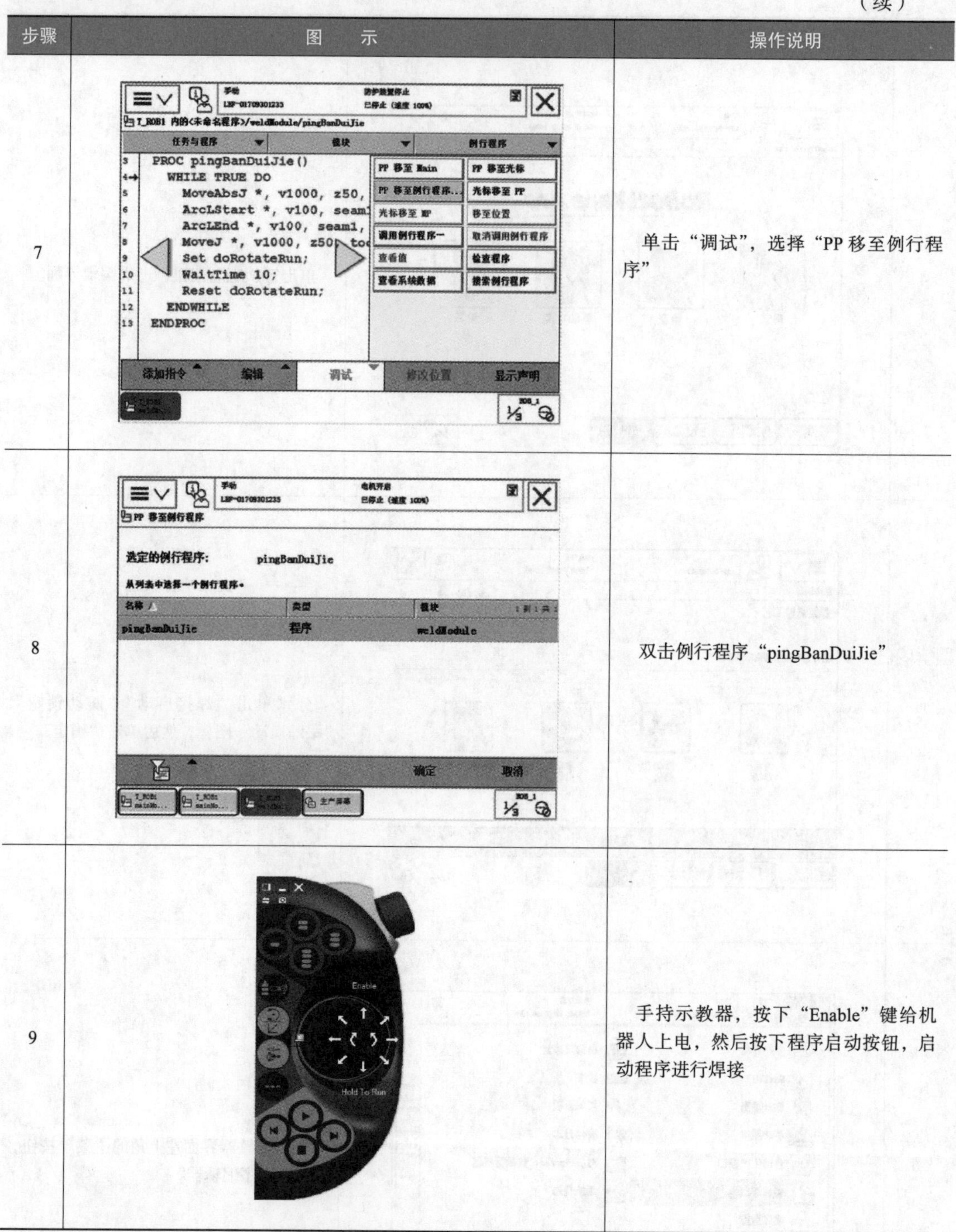

步骤	图　示	操作说明
7		单击“调试”，选择“PP 移至例行程序”
8		双击例行程序“pingBanDuiJie”
9		手持示教器，按下“Enable”键给机器人上电，然后按下程序启动按钮，启动程序进行焊接

4. 机器人焊接中常见的焊接缺陷及其调整

（1）焊接缺陷分析及处理方法　机器人焊接过程中出现的焊接缺陷一般有焊偏、咬边、气孔等，如图 3-23 所示。

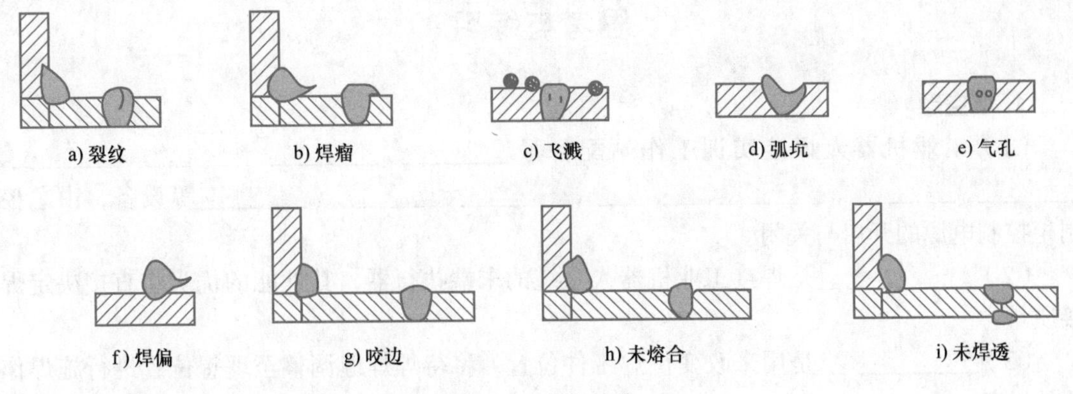

图 3-23　焊接缺陷

下面对几种典型缺陷产生的原因及修正方法分析如下：

1）焊偏。出现焊偏的原因可能为焊接的位置不正确或焊枪定位时出现问题。出现这种情况应考虑焊枪 TCP 的标定是否准确，如果不准确，必须重新标定。如果频繁出现这种情况就要检查机器人各轴的零点位置是否准确，如果不准确，必须重新校零，予以修正。

2）咬边。出现咬边缺陷的主要原因是焊接参数选择不当、焊枪角度或焊枪位置不对，应适当调整功率的大小来改变焊接参数，调整焊枪的姿态，以及焊枪与工件的相对位置。

3）气孔。出现气孔的原因可能为气体保护差、工件底漆太厚或者保护气不够干燥，应根据具体情况进行相应调整。

4）飞溅。出现飞溅过多的原因可能为焊接参数选择不当、气体组分原因或焊丝外伸长度太长。应适当调整功率大小来改变焊接参数，调节气体配比仪来调整混合气体比例，或调整焊枪与工件的相对位置。

5）弧坑。弧坑是焊缝结尾处焊丝冷却后形成的，在编程时添加埋弧坑功能，可以将其填满。

（2）弧焊机器人示教编程技巧总结　现将弧焊机器人示教编程技巧总结如下：

1）选择合理的焊接顺序。可通过减小焊接变形、焊枪行走路径长度来制订焊接顺序。

2）焊枪空间过渡要求移动轨迹较短、平滑、安全。

3）优化焊接参数。为了获得最佳的焊接参数，制作工作试件进行焊接试验和工艺评定。

4）选择合理的变位机位置、焊枪姿态、焊枪相对接头的位置。工件在变位机上固定之后，若焊缝的位置与角度不理想，就要求编程时不断调整变位机，使焊接的焊缝按照焊接顺序逐次达到理想位置。同时，要不断调整机器人各轴位置，合理地确定焊枪相对接头的位置、角度与焊丝伸出长度。工件的位置确定之后，编程者用眼观察焊枪相对接头的位置，其难度较大，这就要求编程者善于总结，积累经验。

5）及时插入清枪程序。编写一定长度的焊接程序后，应及时插入清枪程序，可以防止焊接飞溅堵塞焊接喷嘴和导电嘴，保证焊枪的清洁，提高喷嘴的寿命，确保可靠引弧，减少焊接飞溅。

6）编制程序需反复调整。应在机器人焊接过程中不断检验和修改程序，调整焊接参数及焊枪姿态等，才会形成一个好程序。

思考与练习

1. 填空题

（1）工业机器人焊接实训工作站配备了________、________、________、________、________、________、________、________、________、________、________等设备，由总控制柜控制电源的开启与关闭。

（2）____________是焊接工业机器人系统的末端执行器，其性能的优劣将直接决定焊接质量。

（3）____________是用来改变待焊工件位置，将待焊焊缝调整至理想位置进行施焊作业的设备。

（4）在直线焊接的焊接程序中，以____________作为起始语句，以____________作为焊接中间点用语句，以____________语句结束。

（5）____________参数是用来定义起弧和收弧时的焊接参数。

（6）焊接参数设置主要是指对____________、____________和____________这三个焊接参数进行设置。

2. 选择题

（1）焊接机器人使用的工具为（　　）。

A. 吸盘　　B. 机械手爪　　C. 焊枪　　D. 以上三种均可

（2）下列哪项不是清枪剪丝机的主要作用？（　　）

A. 清理机器人在自动焊接过程中产生的粘堵在焊枪气体保护套内的飞溅物，确保气体长期畅通无阻。

B. 清枪工位可以给焊枪保护套喷洒耐高温防堵剂，降低焊渣对枪套、枪嘴的粘连。

C. 剪丝工位可将熔滴状的焊丝端部（内部为焊渣）自动剪去，废料落入废料盒，改善焊丝的工况。

D. 给焊枪提供焊丝。

（3）下列指令中用于直线焊缝焊接的指令是（　　）。

A. moveL　　B. ArcC　　C. ArcL　　D.moveJ

（4）下列焊接参数中，（　　）用于定义弧焊摆动参数。

A. weavedata　　B. welddata　　C. speeddata　　D. seamdata

3. 判断题

（1）焊烟净化器可有效去除焊接过程中产生的烟尘，保证安全的焊接环境。（　　）

（2）在执行更换焊丝操作前，要保证焊接电源处于开启状态，否则送丝机不能工作。（　　）

（3）任何焊接程序都必须以 ArcLStart 或者 ArcCStart 开始，以 ArcLEnd 或者 ArcCEnd 结束。（　　）

自我学习检测评分表

任务	目标要求	分值	评分细则	得分	备注
认识工业机器人焊接	1. 了解焊接的定义及分类 2. 了解工业机器人焊接的优势	10	理解与掌握		
认识工业机器人焊接实训工作站	1. 掌握焊接实训工作站的主要组成 2. 熟悉焊接实训工作站的主要技术参数 3. 掌握焊接实训工作站各部件的功能与特点	20	理解与掌握		
工业机器人焊接工作站的基本操作	1. 掌握启动、关闭焊接工作站的操作方法 2. 掌握启动、关闭焊烟净化器的操作方法 3. 掌握更换焊丝的操作方法 4. 掌握工业机器人系统 ABB IRB 1410 的组成与主要技术参数	10	1. 理解与掌握 2. 操作流程		
简单路径工件的焊接	1. 掌握手动操纵机器人沿 T 形接头焊缝移动 2. 掌握弧焊常用的编程指令和程序数据参数 3. 掌握创建弧焊程序数据的操作方法 4. 掌握直线焊缝焊接的操作方法 5. 掌握工业机器人焊接中常见的焊接缺陷及处理方法	20	1. 理解与掌握 2. 操作流程		
安全操作	符合上机实训操作要求	10			

参考文献

[1] 韩鸿鸾 . 工业机器人工作站系统集成与应用 [M]. 北京：化学工业出版社，2017.

[2] 彭赛金，张红卫，林燕文 . 工业机器人工作站系统集成设计 [M]. 北京：人民邮电出版社，2018.

[3] 叶晖，等 . 工业机器人实操与应用技巧 [M]. 2 版 . 北京：机械工业出版社，2017.

[4] 兰虎 . 工业机器人技术及应用 [M]. 北京：机械工业出版社，2014.